谁是“造物主”

关于技术的哲学思考

林德宏　王治东　著

復旦大學出版社

前　言

我是教科学技术哲学的，满脑子想的都是科学与技术。我接触自然科学时，心情都很愉快。“学习、讲授和研究科学思想史，是我一生最幸运也最得意的选择。有那么多的科学家走进我心中，有那么多奇妙和深刻的思想融入我的脑海，我感到非常的充实和惬意，各种的乐趣难以言表，真乃人生一大快事！”①可是接触技术问题时，却心若寒冰、忧心忡忡。“人类在20世纪一方面创造了丰富文明，一方面又出现了两次世界大战，出现了南京大屠杀和奥斯威辛集中营。有人说20世纪创造的财富超过了历史创造财富的总和，又有人说第二次世界大战造成的财产损失和人员伤亡超过了历史上历次战争的总和。高技术已成为霸权主义的强大武器，霸权主义掌握了高技术，它就会主宰世界。一系列的全球性问题，使国际竞争愈演愈烈。21世纪的天下，仍不会太平，可能会出现巨大的灾难。物质文明和精神文明的发展，早已严重失衡。智慧与道德是人类两种基本的精神力量，这两种力量已严重分离，人类已患有这种‘精神分裂症’。科学技术的作用光辉灿烂，如日中天；道德的作用若有若无，寥若晨星。技术产品的更新一日千里，人类心灵的完善步履维艰，正应了那句老话：‘江山易改，本性难移。’物质文明不断发展，人性却不断被扭曲。”②

科学与技术是相互联系的，可是为什么会造成我很不相同的心境？这是因

---

① 林德宏：《科学思想史》（第二版），南京：江苏科学技术出版社，2004年，第379页。

② 林德宏：《创新：功利、效率与协调》，《南京社会科学》2003年第8期。

为科学的任务是解题,技术的任务是造物;科学求真,技术贪利;科学是知识形态的生产力,技术是物质形态的生产力;技术是生存方式而科学不是。什么量子纠缠、多重宇宙,同公众的生活没有关系,而人工智能、基因技术直接挑战人类的命运。这使我感到技术哲学研究远比科学哲学研究更加迫切,也更加复杂。

我研究科学技术哲学,主要的理论依据是恩格斯的著作。我在中国人民大学哲学系读本科时,自然辩证法课老师讲的是恩格斯的《自然辩证法》。我1962年给南京大学哲学专业本科生开自然辩证法课,讲的也是这本书。

我在《科技哲学十五讲》中,第一讲是"科学技术哲学概论",第一节是"两个名称的并存"。这个学科有两个名称:自然辩证法与科学技术哲学。"两个名称的并存,实际上反映了在这个学科领域存在着两种传统。一部分学者主要是通过恩格斯的《自然辩证法》了解这个学科的,把它视作马克思主义哲学的一个分支,强调用马克思主义的观点、方法来研究这个学科。另一部分学者主要是在欧美科学哲学的背景下来理解这个学科,强调这是哲学的一部分,强调国际学术交流,强调语境的统一。这两种传统都有各自的合理性,不要因为提倡一种而反对另一种。二者若能很好地结合,就朝这个方向努力。若一时难以结合,就并存,力求互补。"①

我整个科学技术哲学研究,都属于自然辩证法传统,这是恩格斯开创的传统。他的《自然辩证法》导言,是我科学思想史教学与研究的纲领。

我的技术哲学的思考,也是遵循恩格斯的传统,主要依据恩格斯的《自然辩证法》《路德维希·费尔巴哈和德国古典哲学的终结》《反杜林论》等著作。因此本书有大量的恩格斯论述的引文,以此探讨科技哲学问题。或者说,我是通过对恩格斯文本的解读来反思技术的,如技术哲学的基本问题、技术的内在矛盾、技术的高效率及其负面作用,都来自对恩格斯有关论述的理解。这是我思考技术问题的方式,望读者包容、谅解,不妨把它视作一种尝试。

我试图通过这种思考,揭示技术的哲学本质。"造物"与"取代"是技术的双

---

① 林德宏:《科技哲学十五讲》,北京:北京大学出版社,2004年,第4页。

重本质，对于技术而言，造物是手段，取代是目的。

恩格斯指出，"制造"是实验与工业实践活动的主要功能。技术制造出各式各样的物，甚至具有智能的物，极大地丰富了物的世界，空前提高了物的专业性、规范性和复杂性，这是对物的世界的肯定，是技术本质的正面。

取代就是用技术制造的物取代自然物和人。取代是造物的延伸。造物是创造人工自然物的价值，取代是用人工自然物的价值取消自然物和人的价值。恩格斯说制造使"自在之物"变成了"为我之物"，这就是说，技术就是要用"为我之物"取代"自在之物"。技术的逻辑是：尽可能地制造、然后尽可能地取代。凡尚未被取代的对象，必取代之；犹如一团烈火，凡遇物必燃之。技术把世界撕裂成两大块：技术世界（人造世界）与自然世界，技术世界不断吞噬自然世界，从不停止。而人工智能技术是对人的终极取代。取代就是技术对被取代物的否定，这是技术本质的反面。

人们往往重视技术的制造本质，却忽略了它的取代本质。本书就是要强调技术取代所产生的多方面的危机。

因此本书以人工自然物为切入点，从哲学基本问题引申出技术哲学的基本问题，即人与物的关系问题。由技术对自然和人的取代，进一步指出技术与自然、技术与人的矛盾，是技术的两大内在矛盾，反自然、反人类是技术负面作用的极端形式、终极形式。这样的探究方式，有助于哲学层面上的思考，也有别于技术社会学的研究。

从哲学的层面上说自然界是本原，因为各种自然物都是自然演化的结果。关于哲学基本问题的第一方面，恩格斯讲了精神与自然界的关系。他说："什么是本原的，是精神，还是自然界？""世界是神创造的呢，还是从来就有的？"[①]相对于精神而言，自然界是"从来就有的"，不是神的创造，所以没有造物主；如果说有，那就是自然界。关于哲学基本问题的第二方面，恩格斯指出：对不可知论"最令人信服的驳斥是实践，即实验和工业"。"我们自己能够制造出某一自然

① [德]弗里德里希·恩格斯：《路德维希·费尔巴哈和德国古典哲学的终结》，中共中央马克思恩格斯列宁斯大林著作编译局译，北京：人民出版社，2018 年，第 18 页。

过程”[①],“甚至我们还能引起自然界中根本不发生的运动(工业)”[②]。我们可以把恩格斯所说的“自然过程”引申为“自然物”。于是哲学基本问题的第二方面,也可以认为是人与物的关系问题。既然人制造了自然界没有也不可能有的人工自然物,那就可以说有创造者。

那么谁是创造者?既然技术造物,人工自然物又可称为技术物,那技术就是造物的主体,就是造物主吗?否,否。

按技术自主论、技术至上论的观点,技术具有独立性、自主性、主体性,那技术就是造物主。但技术是人开发、应用、控制的,人是技术的主人。把技术说成是造物主,是用技术的价值取代人的价值的说辞。恩格斯说,我们制造出某一自然过程,“并使它为我们的目的服务”。这样,“‘自在之物’就变成为我之物了”[③]。技术不是“自在之技”,而是“为我之技”。技术是人“制造”的,是为人服务的工具,唯有人是创造的主体。我在撰写本书时,甚感自己写的分量不够,想请一位合作者帮助,我想到了王治东教授。

王治东教授攻读硕士学位时,我说她适合做技术哲学。后来她一直在这个方向努力,并取得了很好的成绩,出版了三部技术哲学著作。

2012 年,她出版了《技术的人性本质探究:马克思生存论的视角、思路与问题》。她指出:“在技术哲学研究中一个比较明显的问题是:技术社会学,STS 路径的技术研究较多,而哲学路径的研究就比较弱化和软化。南京大学林德宏教授曾指出:目前纯粹哲学路径的技术哲学研究太少,对技术的哲学思考太薄弱。”“哲学是一种反思活动。哲学视角一定要带有审视性和批判性。哲学路径的技术研究是对于技术终极问题的思考,是对技术相关问题的反思:技术何以可能?何以存在?何以异化?以及对反思本身的反思何以成

---

① [德]弗里德里希·恩格斯:《路德维希·费尔巴哈和德国古典哲学的终结》,中共中央马克思恩格斯列宁斯大林著作编译局译,北京:人民出版社,2018 年,第 19 页。

② [德]弗里德里希·恩格斯:《自然辩证法》,中共中央马克思恩格斯列宁斯大林著作编译局译,北京:人民出版社,2018 年,第 97 页。

③ [德]弗里德里希·恩格斯:《路德维希·费尔巴哈和德国古典哲学的终结》,中共中央马克思恩格斯列宁斯大林著作编译局译,北京:人民出版社,2018 年,第 19 页。

为哲学反思的核心?"[1]她强调用马克思主义哲学探讨技术。"辩证自然观为技术反思提供了方法论指导。在辩证自然观看来,技术是重要的,但技术是有限度的。"[2]

2015年王治东教授出版了《技术化生存与私人生活空间:高技术应用对隐私影响的研究》。她说:"技术挤压私人生活空间主要在于技术渗透人类生活的方方面面,人处于技术化生存状态下,人类很大程度上受制于技术。"[3]她认为"隐私蕴含个性、自由、人权和价值等基本哲学维度"[4]。我在该书的序中说:"这本书是对技术至上论、技术应用天然合理论的有力冲击。"

王治东教授的第三本技术哲学著作是《资本逻辑视域下的技术正义研究》。她说:"技术化生存时代,人对技术的依赖达到空前,与此同时,人与技术的矛盾、技术与自然的矛盾同样以不可调和的方式涌现在人类世界,技术走向了正义的背面。特别是随着技术在人类生存场域的纵深发展,技术的不合理性、非正义性伴随着技术负面效应的显现不断被彰显。"[5]"技术本性与资本逻辑趋同,同样具有求利性。"[6]"人工智能技术的'利人性'是技术自主性的彰显。不过追逐技术的'利人性'的同时,可能会使技术的自主化达到奇点,从而出现'反人性'倾向。""技术的'反人性'体现在它者性的生成,也就是说,它可能发展成为一种独立于人而存在的物,不受人的控制能够自己独立发展。这就像人们普遍担心人工智能有朝一日可能取代人一样。总之,技术可能发展成为与人对立的它者而成为'反人性'的技术。"[7]

---

① 王治东:《技术的人性本质研究:马克思生存论的视角、思路与问题》,上海:上海人民出版社,2012年,第11页。

② 王治东:《技术的人性本质探究:马克思生存论的视角、思路与问题》,上海:上海人民出版社,2012年,第87页。

③ 王治东:《技术化生存与私人生活空间:高技术应用对隐私影响的研究》,上海:上海人民出版社2015年,第56页。

④ 王治东:《技术化生存与私人生活空间:高技术应用对隐私影响的研究》,上海:上海人民出版社2015年,第41页。

⑤ 王治东:《资本逻辑视域下的技术正义研究》,北京:人民出版社,2021年,第95页。

⑥ 王治东:《资本逻辑视域下的技术正义研究》,北京:人民出版社,2021年,第109页。

⑦ 王治东:《资本逻辑视域下的技术正义研究》,北京:人民出版社,2021年,第210页。

王治东教授说：“这三部著作之间是有紧密联系的，也可以说是关于技术研究的三部曲。”①这些著作表明，她主张用马克思主义哲学的观点和方法研究技术哲学，重视在哲学层面上对技术进行反思、批判性思考，在这些基本方面，我们是一致的。但她同时还关注现实哲学问题的研究，这是我所缺乏的。所以我很希望她也能参加本书的撰写。她同意了，这才有了这本比较充实的书稿。

我们这样写，仅仅是一种尝试，不当之处，请多指教。

林德宏

2024 年 2 月

① 王治东：《资本逻辑视域下的技术正义研究》，北京：人民出版社，2021 年，第 256 页。

目　录

上　篇

下 篇

上篇

第一章　技术的哲学意义

一、恩格斯重视技术的哲学意义

哲学的发展，需要自然科学的基础，也需要技术的基础。

马克思和恩格斯高度重视科学发展的历史，特别是 19 世纪科学的新成果。恩格斯在《自然辩证法》一书中，对科学发展的哲学意义做了十分系统、深刻的论述。可是在这部著作中，“科学”“自然科学”的词语频频出现，却看不到“技术”这个词。如果我们因此认为恩格斯有丰富的科学哲学思想，却很少谈论技术哲学，那就是误解。实际上这本书也论述了很多的技术哲学问题。

恩格斯的“科学”一词中，常包含技术，有时甚至就是指技术。例如，他说：“蒸汽机这一直到现在仍是人改造自然界的最强有力的工具。”①恩格斯显然认为蒸汽机是技术发明。可是他又说：“仅仅詹姆斯·瓦特的蒸汽机这样一项科学成果，在它存在的头 50 年中给世界带来的东西就比世界从一开始为扶植科学所付出的代价还要多。”②这里两次出现的“科学”，实际上指的就是技术。他还说“‘科学’又日益使自然力受人类支配”③，也是这个意思。

马克思在《资本论》中曾用“劳动资料的革命”“机器的急剧改良”，意指技术

---

① [德]弗里德里希·恩格斯：《自然辩证法》，中共中央马克思恩格斯列宁斯大林著作编译局译，北京：人民出版社，2018 年，第 22 页。

② 《马克思恩格斯文集》第 1 卷，北京：人民出版社，2009 年，第 67 页。

③ 《马克思恩格斯全集》第 3 卷，北京：人民出版社，2002 年，第 464 页。

创新,但并未直接用"技术创新"一词。《机器、自然力和科学的应用》是马克思的一本著作,其中谈到了很多关于技术的问题。从书名来看,马克思把技术理解为"科学的应用"。马克思在这部著作中,说到了"技艺""技能""技术能力""发明",也未用"技术"一词。

他们都把技术理解为科学的应用。技术发明的前提是遵从有关的自然规律。对自然规律的认识是自然科学研究的任务。技术专家根据科学家发现的自然规律,制定相关的技术规则,做出技术发明。从这个意义上可以说技术是科学的应用。

1831年,法拉第发现电磁感应,他使磁棒相对于线圈运动,线圈便有电流通过,这为发电机的发明提供了理论依据。次年,法国的皮克西就制成了世界上第一台发电机。1875年,世界上第一座直流发电站在巴黎建立。发电机的广泛应用引发了第二次工业革命,人类进入了电气化的新时代。科学创新成了技术创新的先导,技术创新是科学创新的应用。恩格斯写道:"这实际上是一次巨大的革命。蒸汽机教我们把热变成机械运动,而电的利用将为我们开辟一条道路,使一切形式的能——热、机械运动、电、磁、光互相转化,并在工业上加以利用。"①"在工业中加以利用",即在工业技术中应用。这也含有技术是科学应用的意思。马克思说:"自然科学却通过工业日益在实践上进入人的生活,改造人的生活。"②

恩格斯指出,自然科学通过哥白尼著作的出版,宣布了对神学的独立。"科学的发展从此便大踏步地前进,而且很有力量,可以说同从其出发点起初(时间)距离的平方成正比。这种发展仿佛要向世界证明:从此以后,对有机物的最高产物即人的精神起作用的,是一种和无机物的运动规律正好相反的运动规律。"③从哥白尼、伽利略、牛顿、林奈,到克劳修斯、法拉第、麦克斯韦、达尔文,

① 《马克思恩格斯全集》第35卷,北京:人民出版社,1971年,第445—446页。

② [德]马克思:《1844年经济学哲学手稿》,中共中央马克思恩格斯列宁斯大林著作编译局译,北京:人民出版社,2014年,第86页。

③ [德]弗里德里希·恩格斯:《自然辩证法》,中共中央马克思恩格斯列宁斯大林著作编译局译,北京:人民出版社,2018年,第11页。

他们都是当时社会知名度极高的人物。自然科学可谓英才辈出、群星璀璨，充分展示了精神的魅力。科学在文化上的影响，是当时的技术无法比拟的。当时技术对经济的影响很大，但在思想文化方面，人们更推崇的是科学。

在这种背景下，马克思和恩格斯把技术理解为科学应用，是可以理解的。但这并不表明他们不重视技术。

在当时的思想界看来，科学比技术更富有哲理，同哲学的关系更为密切。恩格斯说："这是地球从来没有经历过的一场最伟大的革命。自然科学在这场革命中也生机勃勃，它是彻底革命的，它和意大利伟大人物的觉醒的现代哲学携手并进。"①在16、17世纪的意大利，哲学已经同科学携手并进了。

然而，当时人们关注技术的应用，往往漠视了它所蕴含的哲理。技术的效率掩盖了它的哲学意义；它创造的物质利益，掩盖了文明精神价值。更为严峻的是，技术的成功，使人们忽略甚至回避了它向哲学、向整个社会提出的挑战。在很长的时期内，很多人都没意识到这点。

马克思、恩格斯却很早就清醒地认识到技术的哲学意义和引发的种种矛盾。

值得注意的是，马克思、恩格斯多次谈到"工业"，这既指工业生产，也指工业技术。恩格斯在谈论生产方式的变化时说："最初是从行会手工业到工场手工业的过渡，随后又是从工场手工业到使用蒸汽和机器的大工业的过渡。"②机器是工业技术的主要标志，工业技术是真正意义上的技术。

关于技术的哲学意义，恩格斯也有十分重要的论述。他在谈到对不可知论的驳斥时说："对这些以及其他一切哲学上的怪论的最令人信服的驳斥是实践，即实验和工业。既然我们自己能够制造出某一自然过程，按照它的条件把它生产出来，并使它为我们的目的服务，从而证明我们对这一过程的理解是正确的，

---

① [德]弗里德里希・恩格斯：《自然辩证法》，中共中央马克思恩格斯列宁斯大林著作编译局译，北京：人民出版社，2018年，第5页。

② [德]弗里德里希・恩格斯：《路德维希・费尔巴哈和德国古典哲学的终结》，中共中央马克思恩格斯列宁斯大林著作编译局译，北京：人民出版社，2018年，第47页。

那么康德的不可捉摸的‘自在之物’就完结了。”[①]科学实践和工业生产是人类的两项实践活动，其本质都是制造。科学实验能用不同于自然界演化的方式制造与自然界演化相同的自然过程。工业技术则能制造自然界不可能出现的自然过程。这都是对不可知论的最有力的批制，但技术制造的哲学意义高于科学实验。

恩格斯还指出：“在从笛卡儿、黑格尔和从霍布斯到费尔巴哈这一长时期内，推动哲学家前进的，决不像他们所想象的那样，只是纯粹思想的力量。恰恰相反，真正推动他们前进的，主要是自然科学和工业的强大而日益迅猛的进步。”[②]在这里，同自然科学并列的“工业”，指的就是工业技术。恩格斯认为，科学和技术都是推动哲学发展的动力。

二、技术对 19 世纪三大科学发现的贡献

恩格斯同时高度重视自然科学的哲学意义。19 世纪自然科学的三大发现，是马克思主义哲学诞生的自然科学前提。恩格斯写道：“首先是三大发现使我们对自然过程的相互联系的认识大踏步前进了。”[③]“由于这三大发现和自然科学的其他巨大进步，我们现在不仅能够说明自然界中各个领域内的过程之间的联系，而且总的说来也能说明各个领域之间的联系了，这样，我们就能够依靠经验自然科学本身所提供的事实，以近乎系统的形式描绘出一幅自然界联系的清晰图画。”[④]科学揭示了自然界各个领域的发展过程和相互联系，这为辩证唯物主义的创立提供了自然科学的依据。

① [德]弗里德里希·恩格斯：《路德维希·费尔巴哈和德国古典哲学的终结》，中共中央马克思恩格斯列宁斯大林著作编译局译，北京：人民出版社，2018 年，第 19 页。

② [德]弗里德里希·恩格斯：《路德维希·费尔巴哈和德国古典哲学的终结》，中共中央马克思恩格斯列宁斯大林著作编译局译，北京：人民出版社，2018 年，第 20 页。

③ [德]弗里德里希·恩格斯：《路德维希·费尔巴哈和德国古典哲学的终结》，中共中央马克思恩格斯列宁斯大林著作编译局译，北京：人民出版社，2018 年，第 41 页。

④ [德]弗里德里希·恩格斯：《路德维希·费尔巴哈和德国古典哲学的终结》，中共中央马克思恩格斯列宁斯大林著作编译局译，北京：人民出版社，2018 年，第 42 页。

但我们如果细心地阅读恩格斯的著作，就会发现，恩格斯认为自然科学的三大发现，也包含技术的贡献。

能量守恒与转化定律是自然界的一条普遍的、基本的定律。恩格斯说："由于热的机械当量的发现（罗伯特·迈尔、焦耳和柯尔丁）而使能的转化得到证实。""我们不仅可以证明，这种能在自然界中不断从一种形式转化为另一种形式，而且甚至可以在实验室中和工业中实现这种转化，使某一形式的一定量的能总是相当于这一或另一形式的一定量的能。""自然界中一切运动的统一，现在已经不再是一个哲学的论断，而是一个自然科学的事实了。"①

恩格斯在这里实际上提出了能量守恒与转化定律的发现有两个来源：科学实验和工业生产。近代科学实验需要一定的实验装备和动力，它是以技术为支撑的。但当时也没有什么专门为发现能量转化所做的科学实验，可是大工业生产每时每刻都在制造各种能量的转化。没有蒸汽机、发电机、电动机等机器，没有机器大工业就不可能制造能量的转化。同样，没有各种能量的转化，也就没有机器大工业。

历史的考察也证实了这一点，人类很早就能摩擦生火，实现机械能向热能的转化。可是热能向机械论的转化，却等到 18 世纪才由蒸汽机完成。1705 年，英国铁匠纽科门发明了大气活塞式蒸汽机，用于矿井排水和农田灌溉。1884 年，英国从事维修和制造机械的瓦特对蒸汽机进行了一系列的改进，蒸汽机效率大幅度提高。法国工程师卡诺在《关于火的动力和产生运种动力的机器的看法》一书的开头说："研究蒸汽机极为重要，其用途将不断扩大，而且看来注定要给文明世界带来一场伟大的革命。"②在这里，工业生产和工业技术的作用远早于和重于科学实验的作用。先是技术制造了能量的转化，然后科学家从中发现了能量转化的规律。因此能量守恒与转化定律的发现，一大半是技术的功劳。1840—1849 年，英国酿酒师焦耳精确地测出了热功当量。焦耳说："根据造物主的意旨，这些伟大的天然动力，都是不可毁灭的，而且无论在什么地方，

① [德]弗里德里希·恩格斯：《自然辩证法》，中共中央马克思恩格斯列宁斯大林著作编译局译，北京：人民出版社，2018 年，第 65 页。

② 阎康年：《热力学史》，济南：山东科学技术出版社，1989 年，第 90 页。

只要使用机械力,就总能得到完全当量的热。”①1850 年,焦耳当选为英国皇家学会会员,这被认为是能量守恒与转化定律得到公认的标志,焦耳也由工匠成为科学家。

说到达尔文进化论,人们都会称赞达尔文在贝格尔舰上的科学考察。但恩格斯认为,对达尔文理论的创立贡献更大的是人工育种的技术。英国的工业革命引起了农业生产的变革,当时英国人工育种活动十分流行,达尔文对此也进行了考察。这是两次不同的考察,第一次是对自然性状的考察,第二次是对人工培育性状的考察,后者是意义更为重大的考察。

关于这一点,恩格斯有比较细致的论述。“达尔文从他的科学旅行中带回来这样一个见解:植物和动物的种不是固定的,而是变化的。为了在家乡进一步探索这一思想,除了动物和植物的人工培育以外,他再没有更好的观察场所了。恰恰在这方面英国是典型的国家;其他国家例如德国的成就,同英国在这方面所取得的成就远不能相比。此外,大部分成果是在最近一个世纪获得的,所以要确定事实是没有多大困难的。当时达尔文发现,这种培育工作在同种的动物和植物中人工造成的区别,比那些公认为在异种的动物和植物的区别还要大些。”“物种就这样通过自然选择,通过适者生存而发生变异。”②恩格斯还强调,人工培育在同种生物中人工造成的区别,比异种间自然形成的区别还要大。“植物和动物经过人工培养以后,在人的手下变得再也认不出它们本来的样子了。”③“于是达尔文又研究了自然界中是否存在这样的原因:它们没有培育者的自觉意图,经过很长时间,会在活的有机体中造成类似人工培育所造成的变异。”④

---

① [美]威·弗·马吉:《物理学原著选读》,蔡宾牟译,北京:商务印书馆,1986 年,第 220—221 页。

② [德]弗里德里希·恩格斯:《反杜林论》,中共中央马克思恩格斯列宁斯大林著作编译局译,北京:人民出版社,2015 年,第 70—71 页。

③ [德]弗里德里希·恩格斯:《自然辩证法》,中共中央马克思恩格斯列宁斯大林著作编译局译,北京:人民出版社,2018 年,第 312 页。

④ [德]弗里德里希·恩格斯:《反杜林论》,中共中央马克思恩格斯列宁斯大林著作编译局译,北京:人民出版社,2015 年,第 71 页。

恩格斯的这些论述告诉我们:达尔文的自然选择理论来自人工育种的人工选择的技术。自然选择是自然界对自身的无意识的选择。人工选择是人们根据自己的意图,对不同的变异个体进行选择,使被选择的性状迅速加强积累,从而形成新的物种。人工选择与自然选择都能创造新的物种,但人工选择产生的性状变异比自然选择更快、更大。更重要的是,人工选择是工业上的人工制造在人工培育技术中的应用,创造出在自然生物界中很难出现,甚至不可能出现的新物种,以满足人的需要。

达尔文本人也对人工育种技术作了高度的评价。他写道:"这关键在于人类的累积选择的力量;自然给予了连续的变异,人类在对他们自己有用的一定方向上累加了这些变异。在这种意义上,才可以说人类为自己制造了有用的品种。"①值得注意的是,他说人工育种就是人工"制造"物种。

达尔文引述了人们对人工育种技术的赞叹。有人在谈到人工培育绵羊时说:"好像他们用粉笔在壁上画出了一个完全的形体,然后使它变成为活的绵羊。""选择是魔术家的杖,用这支杖,可以随心所欲地把生物塑造成任何类型和模式。"②人们通过人工培育活动而形成这样的观念:技术是魔杖,技术可以使我们"随心所欲"地设计,然后按照设计"塑造成任何类型"。

工业上的人工制造和农业上的人工育种,是人类造物的两大领域与两种形式,都是通过技术实用实现的。而达尔文的自然选择学说直接来自人工选择技术。

细胞学说的创立同显微镜的使用密切相关。植物学家施莱顿通过显微镜观察到胚胎细胞中的细胞核,并认为细胞是植物的基本构造。动物学家施旺原本学医,却把显微镜的观察对象从人体拓宽到动物体。他在他所观察的各种动物组织里都发现了细胞核。他与施莱顿共同研究。1839年,施旺发表了《关于动植物的结构和生长一致性的显微镜研究》一文,概述细胞学说的基本观点,并

① [英]达尔文:《物种起源》第一分册,周建人,叶笃庄,方宗熙译,北京:商务印书馆,1983年,第43页。

② [英]达尔文:《物种起源》第一分册,周建人,叶笃庄,方宗熙译,北京:商务印书馆,1983年,第44页。

说他的任务是要揭示和证明动植物两大有机界的最本质的联系。可以说,细胞是在显微镜中发现的,没有显微镜的观察和显微镜制造技术的不断提高,就不会有细胞学说。

谈到细胞学说,恩格斯关于人造细胞的论述非常值得我们关注。恩格斯很重视当时德国生物学家的"人造细胞",这涉及当时关于地球生命是否永恒的讨论。1868年,德国化学家李比希主张生命永恒论。他说:"我们只可以假定:生命正像物质本身那样古老,那样永恒,而关于生命起源的一切争端,在我看来已由这个简单的假定解决了。事实上,为什么不应当设想有机生命正像碳和它的化合物(!)一样,或者正像不可创造和不可消灭的所有物质一样,像永远和宇宙空间中的物质运动联结在一起的力一样,是原来就有的呢?"①

德国科学家瓦格纳也说:"物质是不灭的和永恒的……无论什么力量都不能把它化为乌有,这个事实是足以使化学家认为物质也是不能创造的……但是,根据现在流行的观点,生命仅仅被看作构成最低等有机体的某些简单元素所固有的一种属性,这种属性自然应当和这些基本物质及其化合物本身一样的古老,就是说,一样的是本来就有的。"②

名气更大的德国科学亥姆霍兹也持生命永恒论和地球生命外星迁入论。恩格斯也引述了他的话:"如果我们让有机体从无生命的实体中产生出来的一切努力都失败了,那么依我看来,一个完全正确的办法就是我们问一问:生命究竟曾经发生过没有,它是否和物质一样古老,它的胚种是否从一个天体被移植到另一个天体,并且在有适宜土壤的一切地方发展起来?"③

恩格斯不仅反对生命永恒论,而且更为重要的是,他主张将来人工可以制造生命。他说:"李比希认为碳化物和碳本身一样是永性的,这个主张如果不是

---

① [德]弗里德里希·恩格斯:《自然辩证法》,中共中央马克思恩格斯列宁斯大林著作编译局译,北京:人民出版社,2018年,第287页。

② [德]弗里德里希·恩格斯:《自然辩证法》,中共中央马克思恩格斯列宁斯大林著作编译局译,北京:人民出版社,2018年,第287页。

③ [德]弗里德里希·恩格斯:《自然辩证法》,中共中央马克思恩格斯列宁斯大林著作编译局译,北京:人民出版社,2018年,第287页。

错误的,也是值得怀疑的。”①“蛋白质是我们所知道的最不稳定的碳化物。只要它一失去执行它所特有的,我们称之为生命的那些机能的能力,它就立即分解,并且由于它的本性所致,它的这种能力迟早会丧失。难道可以认为这种化合物是永恒的,在宇宙空间能够经受住温度、压力、缺乏养分和空气等等的一切变化吗?”②

恩格斯下面的这段话更值得我们深思。“亥姆霍兹就人工制造生命的尝试没有取得结果这一事实所说的话,是极端幼稚的。生命是蛋白体的存在方式,这个存在方式的本质要素就在于和它周围的外部自然界的不断的新陈代谢,这种新陈代谢一停止,生命就随之停止,结果便是蛋白质的分解。如果有一天用化学方法合成蛋白体成功了,那么它们一定会显示生命现象,发生新陈代谢,即使是很微弱的和短暂的。但是这种物体肯定最多也不过具有最低等胶液原生物的形式,或者还更低得多的形式,而决不会是这样一些有机体的形式,这些有机体经过多少万年的发展已经分化出来,外膜已和内部区别开来并获得一定的遗传形态。但是,如果我们对蛋白质化学成分了解还不比现在多,因而或许再过一百年还不敢设想用人工方法合成蛋白质,那么,抱怨我们的一切努力等等都‘已经失败’,这就未免可笑了!”③

恩格斯的这段话告诉我们:“生命是蛋白体的存在方式”,这是他对生命本质的经典表述。如果我们有一天能用化学方法合成蛋白体,那就是人工合成生命。化学合成茜素的成功,已开始显示人工合成技术的魅力。恩格斯主张人工可以制造生命,这是一个非常重要的观点,这很可能是恩格斯对人工制造技术的最高期待。

恩格斯所引述的李比希、瓦格纳、亥姆霍兹的话表明,他们认为生命永恒、

---

① [德]弗里德里希・恩格斯:《自然辩证法》,中共中央马克思恩格斯列宁斯大林著作编译局译,北京:人民出版社,2018 年,第 290 页。
② [德]弗里德里希・恩格斯:《自然辩证法》,中共中央马克思恩格斯列宁斯大林著作编译局译,北京:人民出版社,2018 年,第 290 页。
③ [德]弗里德里希・恩格斯:《自然辩证法》,中共中央马克思恩格斯列宁斯大林著作编译局译,北京:人民出版社,2018 年,第 291—292 页。

生命不可创造的信念是：物质永恒，物质不可创造。他们把最抽象的“物质”，同作为物质具体形态的“物体”混为一谈了，否认了哲学上的“物质”同自然科学的“物体”的区别。关于物质与物体的关系问题，本书还会专门讨论。

在这样的背景下，德国科学家特劳白的“人造细胞”，制作了活细胞的模型，用来模拟细胞的生长。马克思、恩格斯对此给予了很高的评价。恩格斯说：“特劳白的‘细胞’的意义在于：它们表明了，内渗和生长也是无机界中没有任何碳素参与就可能发生的两种现象。”①恩格斯在这里提及“碳素”，表明他不同意李比希关于碳化物同生命一样永恒的观点。这使我们对细胞学说的哲学意义，有了更深一层的理解。

总之，作为马克思主义哲学创立的自然科学前提，包含技术的重要贡献。这三大科学发现，也可以说是技术的三大发明。马克思主义哲学的创立，既有科学基础，也有技术基础。

三、技术的哲学意义重于自然科学

这里的“重于”，主要是指技术对哲学发展的贡献比自然科学的贡献更重大、更重要。技术的哲学意义比自然科学的哲学意义更全面、更丰富、更基础、更深刻、更复杂，也更有挑战性。技术向哲学提出的问题更多、更广泛、更难回答和应对，直接涉及人类的未来和命运。

笔者提出这个观点的前提是，如何更全面地认识哲学的来源和发展动力。我们常说哲学是自然科学和社会科学的概括与总结，这固然很有道理，但我们应当注意，这里没提到技术。当然我们可以说，这里的科学包含技术。但在高技术迅猛发展的今天，直接写上“技术”，岂不更有意义？

我们更应当看到，哲学是人类认识的概括，但首先是人类实践活动的总结。哲学首先是对物质生产、经济、社会、科学技术、文化发展的规律，经济基础与上

---

① [德]弗里德里希・恩格斯：《自然辩证法》，中共中央马克思恩格斯列宁斯大林著作编译局译，北京：人民出版社，2018 年，第 292 页。

层建筑的发展规律的反思。这各个方面(特别是物质生产)都包含技术的重大作用。

为什么说技术的哲学意义重于科学呢？我们可以从以下几方面进行讨论。

自然科学是认识已有的自然界，技术则创造了从未有过的新世界。冯·卡门说："科学家发现已经存在的世界，工程师创造未曾出现的世界。"[①]技术是人类造物的手段。技术的各种功能都是通过用技术制造的物质装备实现的，工业生产制造了大量的各式各样的产品。这些人造物是人工自然物，或称技术物；它们已形成一个几乎是无处不在、无孔不入的庞大系统，形成了一个崭新的世界。其重要意义在于，技术物在单纯的自然条件下是不会出现的。问题的严重性正在于此。于是人类生活在两个世界之中——天然自然界与人工自然界。甚至可以说，我们直接生活在人工自然中，间接生活在天然自然中。这是两个非常不同的世界。自然物的演化遵循自然规律，技术物的运作执行技术规则。这对人们世界观的冲击是颠覆性的。"造物"的哲学意义重于"识物"。"制造"的哲学意义重于"反映"。

自然科学与技术是两种不同形态的生产力。科学是知识形态的生产力，是潜在的、间接的生产力；技术是现实的、直接的生产力。或者说，科学是认识型的生产力，技术是实践型的生产力。科学的生产力功能必须通过技术才能实现。科学是知识的生产，技术则是物质的生产。实践的哲学意义重于认识。当然，科学与技术相互联系、相互渗透。我们可以把科学生产力视作技术生产力的知识基础，技术生产力是科学生产力的实践前提。科学是产生思想的力量，但技术却是引起社会发展和变革的物质力量。

技术的发展和应用，可以成为一种生存方式。从工业社会开始，人类从自然生存发展到技术生存，即从依赖自然生存发展为依赖技术生存。近现代技术通过其各种功能，已渗透进人类社会的各个领域，基本决定了人类的生产方式、劳动方式、工作方式、管理方式、生活方式、消费方式、交往方式、通讯方式、休闲方式、思维方式、认知方式、教育方式；对经济、社会、政治、军事、文化、观念都产

---

① 李伯聪:《哲学视野中的"物"和"器"与"物理"和"器理"》,《哲学分析》2021 年第 3 期。

生了越来越广泛、越来越深刻的影响。人们应用技术的逻辑是使用→依赖→被控制。这是很难以应用者的初心为转移的。技术的发展状况怎样，我们的生活就怎样。技术越先进，我们对它的依赖就越严重。人工智能技术在当下的中国已同人们的生活不可分离。智能手机已成为第二个自我，它是每个人的身份证明，同自身的各种活动捆绑在一起，大有“一机在手，万事不愁”的味道。我们生活在网络之中，工作、学习、出行、消费、查询、娱乐、就诊全靠网络。我们靠网络生存、智能生活是技术生存的一种新形式。科学研究和普及活动，基本上不对客观在世界产生直接影响，所以它不是生存方式，也不可能成为生存方式。

技术的应用会破坏生态环境，科学研究和科学应用原则上不会有这样的负面作用。科学只是认识自然，技术则会破坏自然。这是技术应用双刃剑效应的一个显著表现。人工自然与天然自然的碰撞，是产生生态危机的根源。技术的两个特征是高效率和不自然甚至反自然，因为人工自然的建立是以损害天然自然为前提的，这两方面都是通过技术应用完成的。所以，两类自然的冲突，实际上是技术与自然的冲突。

科学求真，技术则求利，只求物质利益，并力求利益的最大化，永无满足之时。这为技术创新提供了永不衰竭的动力。技术创新与应用，的确为社会创造了巨大的物质财富。技术要实现利益的最大化，就要同市场紧密结合，让公众尽快尽多地购买和消费技术制造的各种产品和服务。为此，厂家台商家要尽力诱发制造公众的新物欲，技术成了物欲的永不停息的膨胀剂，并使消费者的物欲得到最大程度的满足。这就会导致人们热衷于物质利益的追求，沉溺于物质消费、物质享受和物欲的尽可能的满足，导致物欲横流、急功近利、物本主义盛行。人类已患有严重的物质的精神的分裂症，物质消费的精神追求严重失调。技术应用和道德教育隐含着深刻的矛盾，人们可以跨越式地从童年就开始应用新技术，道德教育却要从头做起。技术应用可以知其然，而不必知其所以然，道德教育却必须知其所以然，技术进步日新月异，道德进步却步履蹒跚。“攀登科技高峰”和“坚守道德底线”是我们常喊的两句口号，可见对技术创新的追求，和对道德维持的要求，真有天壤之别。

此外，技术是极其强大的力量，在国际社会中，谁掌握先进技术，谁就强大。

技术竞争、利益冲突，愈演愈烈，愈演愈残酷、危险。这使强者越强，富者越富，平等和公正遭到严重摧残。技术是丛林法则的制造者。显然，求利比求真要复杂千万倍，引发的矛盾更多、更深、更尖锐。这些都需要认真的哲学反思。对技术的反思比对科学的反思，重要千万倍。

技术已从多方面向人类的命运发出挑战，其中之一就是技术造成人的异化，使人成为"非人"。这主要表现在两个方面。其一，通过人体技术用技术手段改造人的躯体，强化人的体能，使人成为"超人"。这种高度技术化的超人，完全失去了躯体的自然属性，已不是原来意义上的人，实际上是把人改造为机器人。其二，智能机器人的功能全面地超过人，彻底地取代人，并使人类社会承认它们也是人，是另一种形态的所谓的"人"。智能机器人不仅取代人脑和人的躯体，还要取代人的情感、心态、性情、性格，最后取代人的社会身份、社会地位、社会权利。把人改造为机器人和把机器人优化为人，都是从根本上抹杀人与机器人的区别，导致人的非人化，即人的完全、彻底的异化。技术取代的实质是剥夺。机器人取代人的一部分功能，就是剥夺了人的这部分功能。完全取代就是完全剥夺，剥夺人的尊严和人类存在依据。这是技术对人类的最后的征服，是人类发展技术的最后结局。自然科学只会被人类掌控和应用，却不可能控制或征服人类。

技术的建设作用已大显神通，其危害作用，表层的已开始显露，深层的还未引起人们的足够重视。警钟早已响起，理性何时觉醒？哲学可以为技术唱赞歌，但更重要的是反思和批判。人类的命运需要哲学的呐喊。技术发展越快、越先进，其反面作用就越具灾难性。在技术万能、技术创新与应用天然合理，技术决定一切，技术自主、技术至上以及技术物本主义、泛技术论等思潮盛行的今天，对技术的反思与批判，就越重要、越迫切！

第二章　技术与哲学基本问题

恩格斯提出物质与精神的关系问题是哲学的基本问题。同样，这个问题也是技术哲学研究的基本问题。

一、人的创造是哲学基本问题产生的根源

这个问题提出的前提是人的存在。物质与精神的关系问题，揭示了人的本质、人的活动的真谛。

人的本质是什么？从哲学的层面讲，人是物质实体与精神主体的统一体。

人有双重本质：自然本质和社会本质。人的本质是个矛盾体，以社会本质为主。

人有双重生命：自然生命与社会生命，或物质生命与精神生命。人体是物质生命的承担者，人脑是精神生命的物质载体。人的躯体是生物体，是一种物质实体。人体的生理变化基本不听人脑的指挥，唯有精神具有主体性。人的行为的主体性，源于人的思想的主体性，从这个意义上可以说，唯有精神生命是人的主体，物质生命是前提和基础，精神生命是主体和精华。

人有双重生命，所以人既有物质需要，也有精神需要；既有物质欲望，也有精神追求；既有物质力量，也有精神力量。人类的一切活动都是物质与精神的相互转化，这是人生的真谛。在芸芸众生中，唯有人能实现这种转化，因为只有人具有物质精神二象性。所以人类既创造了物质文明，也创造了精神文明。

创造是人的本性和本质。笛卡儿说："我思故我在。"这固然有一定道理，但

有明显的缺陷。仅靠思索，人无法生存，应当说："我创造，故我在。"思索是创造活动的一个方面。

创造源于需要。人的自然生命是生物生命，所以人为了生存必然需要使用和消耗物质资源。马克思说："所谓人的肉体生活和精神生活同自然界相联系，也就等于说自然界同自身相联系，因为人是自然界的一部分。"①人类在很长的历史时期内，完全依靠自然界。所谓"靠山吃山，靠水吃水"，"留得青山在，不怕没柴烧"。人在自然界中生存，其生命的过程是自然界内部的物质转换。人的审美情趣也来自大自然。

人的生存使人产生了需要的意识。"需要是人们为了自身的生存和发展，对外部世界和自身的欲望和愿望。"②

人能在生存活动中对自己的需要进行思考和选择。马克思和恩格斯说："已经得到满足的第一个需要本身，满足需要的活动和已经获得的为满足需要的工具又引起新的需要。"③对于人来说，已有的需要得到基本满足后，又会产生更多、更新的需要。人类同其他高等动物的一个重要区别，就是人总向往尚未实现的需要。就整个人类而言，物质需要永无满足之时。

于是人类终于认识到，自己需要自然界，但自然界不能很好地满足自己的需要，或者干脆说：现有的自然界不能满足自己的需要。这并不奇怪，因为自然界不是为人而存在的，它不会按照人的需要来演化——这是人类对自然界客观性的最初认识。

那人类要满足自己的需要，就只有一种选择：主动地用自己的行动改变自然界，使自己所接触的部分自然能更好地满足自己的需要。列宁说："世界不会满足人，人决心以自己的行动来改变世界。"④这种行动就被称为劳动。

恩格斯说："劳动创造了人本身。"⑤"劳动是从制造工具开始的。"⑥"一句

---

①《马克思恩格斯全集》第42卷，北京：人民出版社，1979年，第95页。

② 林德宏：《科技哲学十五讲》，北京：北京大学出版社，2004年，第27页。

③《马克思恩格斯文集》第1卷，北京：人民出版社，2009年，第531页。

④《列宁全集》第55卷，北京：人民出版社，2017年，第183页。

⑤ [德]弗里德里希·恩格斯：《自然辩证法》，中共中央马克思恩格斯列宁斯大林著作编译局译，北京：人民出版社，2018年，第303页。

⑥ [德]弗里德里希·恩格斯：《自然辩证法》，中共中央马克思恩格斯列宁斯大林著作编译局译，北京：人民出版社，2018年，第309页。

话，动物仅仅利用外部自然界，简单地通过自身的存在在自然界中引起变化；而人则通过他所作出的改变来使自然界为自己的目的服务，来支配自然界。这便是人同其他动物的最终的本质的差别，而造成这一差别的又是劳动。”①恩格斯的这段话中有三个关键词：创造、制造、改变。这就是人类劳动的本质。

人类意识到必须用自己的劳动创造来改变自然界，使其更好地满足自己的需求量。这是人类的一次伟大的觉醒。

人类不仅需要创造，更重要的是人类具有创造的能力，能够创造。

由于人具有物质与精神二象性，所以人类的劳动创造能力也有体力和智力两类。马克思说：“我们把劳动力或劳动能力，理解为人的身体即活的人体中存在的，每当人生产某种使用价值时就运用的体力和智力的总和。”②

体力是人的躯体所具有的力，它能作用于物质对象，改变物体的状态与结构，是人体所具有的物质力量。体力的物质效果，可以同自然物体变化的效果相比较，都可以用牛顿力学来描述。因此，人的体力本质上也是一种自然的力。

智力是人脑所具有的思维的能力，它是一个很宽泛的概念，包括各方面的能力，如理解、学习、记忆、想象、联想、推论、演算、抽象、分析、综合、比较、选择、预测、反思等。智力有劳动创造提供行动的设计方案，并对设计方案进行选择和反思。对于制造活动而言，智力的作用是认识已有的物，设计还未出现的物。造物的方案确定后，就通过体力劳动来实现。恩格斯在谈到“劳动计划”时说：“在所有这些起初表现为头脑的产物并且似乎支配着人类社会的创造物面前，劳动的手的较为简陋的产品退到了次要地位；何况能作出劳动计划的头脑在社会发展的很早的阶段上（例如，在简单的家庭中），就已经能不通过自己的手而是通过别人的手来完成计划好的劳动了。”③“劳动计划”是“头脑的产物”。由“劳动的手”来“完成计划的劳动”。“劳动计划”是智力的“创造物”，这个创造过

---

① ［德］弗里德里希·恩格斯：《自然辩证法》，中共中央马克思恩格斯列宁斯大林著作编译局译，北京：人民出版社，2018年，第313页。

② 《马克思恩格斯全集》第23卷，北京：人民出版社，1972年，第190页。

③ ［德］弗里德里希·恩格斯：《自然辩证法》，中共中央马克思恩格斯列宁斯大林著作编译局译，北京：人民出版社，2018年，第311页。

程是在头脑中即思维中进行的，所以智力是人脑所具有的思想的力量。恩格斯说："劳动包括资本，并且除资本之外还包括经济学家没有想到的第三要素，我指的是简单劳动这一肉体要素以外的发明和思想这一精神要素。"①

体力与智力的相互配合，这就是人类的创造能力。人类的创造活动就是物质与精神相互转化的过程。认识事物、制定计划是从物质到精神，计划变为现实是从精神到物质过程。

综上所述，人是物质实体与精神主体的统一，这是创造的主体；人有物质需要与精神需要，这是创造的需要；人有物质力量与精神力量，这是创造的能力，而所有创造的过程都是物质与精神的相互转化；所以人类创造了物质文明与精神文明，这是创造的产物。物质与精神的协调是人类社会发展的根本动力，这是人类历史的最基本、最普遍、最伟大的规律。

由此可见，物质与精神的关系问题决定着人类的命运，当然是哲学的基本问题。

二、技术对哲学基本问题提出的新问题

恩格斯指出思维与存在的关系是哲学的基本问题。这个问题有两个方面。第一个方面是世界的本原是物质还是精神？

恩格斯在叙述中，有时把思维与存在的关系表述为精神与自然界的关系。"思维对存在，精神对自然界的关系问题，是全部哲学的最高问题"，"什么是本原的，是精神，还是自然界？——这个问题以尖锐的形式针对着教会提了出来：世界是神创造的呢，还是从来就有的？"②可见精神与自然界是世界本原的两个选项，二者必选其一。请注意，这对我们理解哲学基本问题至关重要。

"哲学家依照他们如何回答这个问题而分成了两大阵营。凡是断定精神对自然界来说是本原的，从而归根到底承认某种创世说的人（而创世说在哲学家

---

①《马克思恩格斯全集》第3卷，北京：人民出版社，2002年，第453页。

② [德]弗里德里希·恩格斯：《路德维希·费尔巴哈和德国古典哲学的终结》，中共中央马克思恩格斯列宁斯大林著作编译局译，北京：人民出版社，2018年，第18页。

那里,例如在黑格尔那里,往往比在基督教那里还要繁杂和荒唐得多),组成唯心主义阵营。凡是认为自然界是本原的,则属于唯物主义的各种学派。"①自然界还未出现人和精神时,是最初的、纯粹的、天然的"物质"。因此把这种"自然界"视作精神相对应的"物质",是完全合理的。于是唯物主义的核心观点,就是认为自然界是"物质",是本原,是"从来就有的",它不是被创造出来的,它没有从哪儿来的本原问题。

但是,工业生产制造了大量的产品,这给哲学基本问题提出了新的问题。

马克思在《关于费尔巴哈的提纲》中写道:"全部社会生活在本质上是实践的。"②因此思维与存在、物质与精神的关系在本质上也是实践的,必须在实践的基础上理解。离开了社会实践,就无法理解哲学基本问题。这个问题也是我们社会生活、社会实践中的基本问题。

我发现恩格斯在谈论不可知论的一段话非常重要、耐人寻味。"对这些以及其他一切哲学上的怪论的最令人信服的驳斥是实践,即实验和工业。既然我们自己能够制造出某一自然过程,按照它的条件把它生产出来,并使它为我们的目的服务,从而证明我们对这一过程的理解是正确的,那么康德的不可捉摸的'自在之物'就完结了。动植物体内所产生的化学物质,在有机化学开始把它们一一制造出来以前,一直是这种'自在之物';一旦把它们制造出来,'自在之物'就变成为我之物了。"③这段话有好几层意思。第一,对不可知论最有力的驳斥是实践,并把这种实践表达为"实验和工业"。第二,实验和工业的核心是"制造"。他在这段话中三次提到"制造"。这是人的"生产",而不是自然界的"产生"。第三,"制造""自然过程",是按自然的条件把它生产出来,并使它为我们的目的服务。第四,通过人的制造,自在之物变成了为我之物。

接着恩格斯举了茜素的例子。茜素过去从茜草根中"取得",后来是从煤焦

---

① [德]弗里德里希·恩格斯:《路德维希·费尔巴哈和德国古典哲学的终结》,中共中央马克思恩格斯列宁斯大林著作编译局译,北京:人民出版社,2018年,第18页。

② [德]弗里德里希·恩格斯:《路德维希·费尔巴哈和德国古典哲学的终结》,中共中央马克思恩格斯列宁斯大林著作编译局译,北京:人民出版社,2018年,第62页。

③ [德]弗里德里希·恩格斯:《路德维希·费尔巴哈和德国古典哲学的终结》,中共中央马克思恩格斯列宁斯大林著作编译局译,北京:人民出版社,2018年,第19页。

油里“提炼”出来。工业可以制造出植物根中的化学物质,两种茜素一模一样。于是工业提炼技术取代了植物的自然生长。

人的“生产”取代了自然界的“产生”,这是人类技术创造的奇迹。不仅如此,技术还创造了更加伟大的奇迹。

这仍然是恩格斯的科学概括。他指出:“人制造最广义的生活资料,这些生活资料是自然界离开了人便不能生产出来的。”①“我们还能引起自然界中根本不发生的运动(工业),至少不是以这种方式发生的运动,并且我们能赋予这些运动以预先规定的方向和范围。”②

人工制造的产品,是无人的自然界决不会产生出来的。人们能把它制造出来,是因为我们制造了自然界从未有过的新的自然过程,引起自然界根本不可能发生的运动,并赋予了预先规定的方向和范围。关于这个问题,我们往后在人工自然部分还会进一步讨论。

这就是说,人工制造的产品有两类。一类是人们用不同于自然界“产生”的方式(非自然方式)制造出自然界原本出现的产品,如茜素。这类制造实际上是“取代”。另一类是制造自然界根本不可能出现的产品,如提炼茜素的装备。这类制造是真正意义上的创造。这都是实验与工业的贡献。对于工业生产而言,实验是工业制造的前奏。先在实验室研究新产品,然后在厂房大批量生产。恩格斯所说的“实验与工业”可统称为工业,即工业生产和工业技术。

这就提出了一个重要的问题:对于第一类产品,我们可以说是自然界本来就有的,或“从来就有的”。可是第二类产品却是自然界从来没有的。

让我们再回忆恩格斯关于哲学基本问题第一方面所提出的尖锐问题:“世界是神创造的呢,还是从来就有的?”似乎二者必居其一。可是这类产品既不是神创造的,也不是从来就有的。那它是从哪里来的?它的本原是什么?于是哲学基本问题的第一方面就很复杂了。

---

① [德]弗里德里希·恩格斯:《自然辩证法》,中共中央马克思恩格斯列宁斯大林著作编译局译,北京:人民出版社,2018 年,第 300 页。

② [德]弗里德里希·恩格斯:《自然辩证法》,中共中央马克思恩格斯列宁斯大林著作编译局译,北京:人民出版社,2018 年,第 97 页。

但这个问题还有第三个答案——是人制造的。这是唯一正确的回答。

为此需要引出一个新概念——人工自然物。自然物分为两部分,其一是天然自然物,是从来就有的;其二是人工制造的人工自然物,这是自然界从来没有的。那人工自然物的本原究竟在哪里?

哲学基本问题还有第二方面。恩格斯写道:“但是,思维和存在的关系问题还有另一个方面:我们关于我们周围世界的思想对这个世界本身的关系是怎样的?我们的思维能不能认识现实世界?我们能不能在我们关于现实世界的表象和概念中正确地反映现实?用哲学的语言来说,这个问题叫作思维和存在的同一性问题,绝大多数哲学家对这个问题都作了肯定的回答。”①

恩格斯的这段论述也是十分经典的,其重要意义无需赘言。但工业制造的实践同样对此也提出了新问题。

思维能正确反映现实,这当然很重要。但反映是为了什么?是为了实践,这更加重要。马克思有句名言:“哲学家们只是用不同的方式解释世界,问题在于改变世界。”②那么,为什么哲学基本问题讲到思维能反映现实就没有下文了?这又如何说明人类的造物活动?这如何理解?

也许恩格斯关于哲学基本问题的表述,是对马克思主义诞生以前哲学发展的概括。正如马克思所说,从古代到近代,哲学家都关注解释世界,唯有马克思主义哲学才关注改变世界。西方古代哲学以本体论为重点,近代哲学以认识论为重点。恩格斯在这两方面都表明了坚定的哲学立场:唯物主义和可知论。

近代工业制造的方式是由技术决定的。人类用技术制物,用技术进行物质形态的创造。人工自然物是天然自然物与技术的结合,可称为技术自然物,简称为技术物。工业技术、造物技术向哲学基本问题的两个方面都提出了新的、不应回避的问题。

我们应当如何回答呢?

---

① [德]弗里德里希·恩格斯:《路德维希·费尔巴哈和德国古典哲学的终结》,中共中央马克思恩格斯列宁斯大林著作编译局译,北京:人民出版社,2018年,第18—19页。

② [德]弗里德里希·恩格斯:《路德维希·费尔巴哈和德国古典哲学的终结》,中共中央马克思恩格斯列宁斯大林著作编译局译,北京:人民出版社,2018年,第62页。

三、创造是技术唯物主义的核心

笔者曾提过一种回答。“人工自然有两个本原：第一本原是自然，因为人工自然物的原料来自天然自然。即使人工自然物的人工度已很高，也不能完全取消它所含有的天然自然成分，这是‘从来就有的’。第二本原是技术，它同自然的结合物，是‘从来没有的’。第二本原是从第一本原派生出来的，但两者不可相互取代。我们生活在天然自然与人工自然的双重世界里，这个世界有双重本原也是可以理解的。本原也是个发展概念，也可以有不同的层次。”①

也许有人会说，人工自然物既然是以天然自然为原料制成的，那就可以说人工自然物来自天然自然物，所以它的本原仍然是自然界，没有必要提出第二本原。此话有一定道理，但有可商榷之处。人工自然物已被赋予人的设计和意图，从而具有完全不同于天然自然物的新形式、新结构、新属性、新功能，一句话，具有了新本质。而且二者同人的关系也发生了根本的变化。天然自然物不是为人的，不受人的控制；人工自然物是为人的，受人控制。我们不能把人工自然物同天然自然物混为一谈，不能把人工自然物简单地归结为特殊的天然自然物。谁都知道一块石头同一个智能手机的价值以及同人的关系有天壤之别。

工业早已制造出许许多多物质的新形态，为什么我们不能相应地在哲学上提出本原的新形态？本原是溯源寻根的概念，因为溯源的层次不同，本原也可以有不同层次的区分。

马克思说：“宇宙的一切现象，不论是由人手创造的，还是由物理学的一般规律引起的，都不是真正的创造，而只是物质形态的变化。”②这就是说，宇宙的一切事物有两个来源：“人手创造的”和“规律引起的”。这实际上已蕴含有双重

---

① 林德宏：《技术的哲学意义——恩格斯技术哲学思想探索》，《东华大学学报(社会科学版)》2020 年第 3 期。

② [德]卡尔·马克思：《资本论》第 1 卷，中共中央马克思恩格斯列宁斯大林著作编译局译，北京：人民出版社 2004 年，第 56 页。

本原的意思。为什么说这两种现象“都不是真正的创造”? 马克思说:“人并没有创造物质本身。”①恩格斯也说:“我们面前的物质是某种既有的东西,是某种既不能创造也不能消灭的东西。”②他们在这里所说的“物质”,是最抽象的相对于“精神”而言的哲学概念,是本原,当然是不可以创造的,但“物质形态”是可以“变化”的,是可以创造的。

人工自然物是一种特殊的物质形态。既然这种形态在自然界中是不可能出现的,那它应该有来源,它是人的创造,人是它的本原,可称为第二本原,人工自然物本身就是矛盾体,既是自然,又是人工,具有双重的规定性,因此它有双重本原。思维与存在的同一性有双重含义:思维反映存在和思维创造存在。

迄今为止,地球的历史分为两大阶段:人类以前的历史即无人历史和人类出现以后的历史即有人历史。有人历史是无人历史的发展,它是历史的更高级阶段。青出于蓝而胜于蓝。关键的区别在于人类的有无。无人历史只有自然的演化,自然界是本原;有人历史既有自然的本原,更有人的创造。自然是“产生者”,人类是“生产者”。第一本原是演化本原,主体是自然界;第二本原是创造本原,主体是人。我们用技术来表征工业制造,所以第二本原又可称为技术本原。这是对人的主观能动性的进一步理解。哲学研究的目的,说到底是推动人类的进步、社会的发展。如果哲学不对这两种历史加以区分,只承认第一本原,否认第二本原,那哲学研究就只能以自然为中心,不可能以人为中心,就会严重脱离人的创造活动。

既然哲学基本问题有两个方面,意犹未尽,那就应当提出还有第三方面。这第三方面的问题是什么呢?

列宁说:“人的意识不仅反映客观世界,并且创造客观世界。”③这话明确指出,意识对客观世界的作用不仅是“反映”,还有“创造”。我们不是为反映而反映,反映是为了创造。从技术哲学的角度来说,意识不仅认识物,并且造物。

---

① 《马克思恩格斯全集》第2卷,北京:人民出版社,1957年,第58页。

② [德]弗里德里希·恩格斯:《自然辩证法》,中共中央马克思恩格斯列宁斯大林著作编译局译,北京:人民出版社,2018年,第133页。

③ 《列宁全集》第55卷,北京:人民出版社,2017年,第182页。

意识如何造物？对此，马克思有精辟的说明："蜘蛛的活动与织工的活动相似，蜜蜂建筑蜂房的本领使人间的许多建筑物感到惭愧。但是，最蹩脚的建筑师从一开始就比最灵巧的蜜蜂高明的地方，是他在用蜂蜡建筑蜂房以前，已经在自己的头脑中把它建成了。"①人在动手制造人工自然物以前，早已在自己的头脑中把它建成了。怎么建成？在头脑中制订造物的方案，对要建造的物的形态、结构提出方案，并预估它的属性和功能。设计完成时，一个完整的技术物便在头脑中出现了。在头脑中建成就是在思维中建成，不是动手而是动脑，这是思想的创造。然后按预先的设计方案造物，即脑中的物外化为现实的物。

因此，思维与存在的同一性有两层含义：思维反映存在和思维改变存在、创造新的存在形式。从物质的精神关系的角度来说，精神不仅反映物质，而且还能创造物质，即创造物质的新形态。

这样，哲学基本问题的第三方面就可以表述为：精神能否创造物质？或者说精神能否创造物质的新形态？精神能否造物？对这个问题作出肯定回答的是创造论，作出否定回答的是消极反映论。

精神创造物质？这岂不是唯心主义吗？不能这么说。这里所说的物质是指物质的形态，而非作为第一本原的物质。精神可以造物有个前提：精神正确地反映物的状况。唯心主义的错误在于，把原本属于有人历史中的创造，搬到无人历史中去了。这是认识的失误，若把唯心主义的一些观点从无人历史移植到有人历史，就有一定的合理性。

笔者曾写道："因此，物质的精神的基本关系有三个方面：第一方面，在本体论中，物质是本原，精神是物质的派生物。第二方面，在认识论中，精神是物质的反映。第三方面，在创造论中，精神可以转化为物质，精神可以创造物。"②因此，哲学基本问题的第三方面以前两方面为前提，是前两方面的逻辑展开。这三方面的问题各有其针对性，不能相互否定或取代。正确回答这三方面的问题，才是全面、完整地认识和对待了物质与精神的辩证关系。辩证唯物主义在

---

① 《马克思恩格斯文集》第5卷，北京：人民出版社，2009年，第208页。

② 林德宏：《哲学基本问题应包括三个方面》，《南京社会科学》2002年第6期。

本体论上认为精神是物质的派生物,在创造上主张精神可以创造物质。唯心主义的错误用创造论来回答本体论的问题,形而上学唯物主义的失误是用本体论来回答创造论问题。

恩格斯说:“随着自然科学领域中每一个划时代的发现,唯物主义也必然要改变自己的形式。”①这里的科学应当包括技术。随着工业制造技术的划时代发展,唯物主义也需要改变自己的形式,使自身更全面、更深刻、更完善。笔者认为,主张自然界是世界本原的唯物主义,可称为自然唯物主义。以工业制造技术为基础,在承认第一本原的前提下,主张技术本原是第二本原的唯物主义,可称为技术唯物主义,它是唯物主义的新形式。

技术唯物主义的核心观念是物质创造论。存在—反映—创造,这是三种不同的境界。从重视存在,重视反映,到重视创造,这是唯物主义哲学的不断发展。创造是哲学的一个基本范畴,应当在哲学教科书中有比较突出的位置。创造是一个十分广泛的概念,涉及人类的全部生活和文明的所有领域。没有创造,人类便毫无价值。马克思说:“如果我的生活不是我自己的创造,那么我的生活就必定在自身之外有这样一个根源。因此,创造是一个很难从人民意识中排除的观念。”②如果我们的生活不是我们自己的创造,那我会假想是神的创造。创造是客观事实,因为世界在不断出新。坚持人的创造、技术的创造,是反对神创论的最有力的思想武器。

创造论哲学直接关系生产力的发展,科学技术的进步,关系到人类的生存方式,是哲学中同现实关系最密切的一部分。可能它又是目前哲学研究中最薄弱的一部分。哲学不能“自恋”,不能只研究自己。哲学应当关注重大的现实问题,关心人类的发展和命运。创造论在这方面可以大有作为。技术哲学是创造论哲学的一个重要部分。

也许有人会认为实践论哲学已包含了创造论。但笔者认为不应当把创造

---

① [德]弗里德里希·恩格斯:《路德维希·费尔巴哈和德国古典哲学的终结》,中共中央马克思恩格斯列宁斯大林著作编译局译,北京:人民出版社,2018 年,第 22 页。

② [德]马克思:《1844 年经济学哲学手稿》,中共中央马克思恩格斯列宁斯大林著作编译局译,北京:人民出版社,2014 年,第 88 页。

论理解为实践论哲学的一部分。长期以来,哲学教科书是把实践作为认识论的一个基体范畴,着重讲实践与认识的关系,如实践是认识的源泉、发展动力和检验真理的唯一标准,并未强调实践在生产力发展和社会建设中的作用,因为这已超出了认识论的范围。

当然,实践是能动的变革、能动的改造,具有创造的含义。但实践与创造这两个概念还是有区别的,正如运动与发展这两个概念有所区别一样。运动未揭示事物变化的方向性,发展则揭示了从低级到高级的进步过程。实践本身未说明人类活动的方向性,创造则是不断出新的过程。实践可分为重复性实践和创造性实践两种形式。创造是最伟大的实践活动。

实践论的认识过程是实践—认识—再实践。创造论的创造过程是实践—认识—创造。用技术哲学的语言来表述:实验—设计—制造。或者是:认识已有的物—设计拟制造的物—制造出物。简言之,认识物—设计物—制造物。这是精神创造物质的过程。

这就是技术对哲学基本问题的新诠释。

第三章　技术哲学的基本问题

世界有层次结构，可分为大小不同的领域，其普遍性程度有所不同，因而抽象的程度也有差别。作为世界观学问的哲学，也应当有与之对应的层次结构。可以有最普遍、最抽象的第一哲学或称元哲学，也应有各个领域的哲学，是比较普遍、比较抽象的哲学，可称为第二哲学或分支哲学，如人生哲学、经济哲学、社会哲学、科技哲学、文化哲学、思维哲学等。

恩格斯所论述的哲学基本问题，是元哲学的基本问题，当然适用于各个分支哲学。正如恩格斯所说，这是"全部哲学的最高问题"，也是最抽象的问题，但各个分支因研究对象的区别，各有其特殊性。它们的抽象程度稍次，但比较贴近生活。因此哲学基本问题在不同的分支哲学中应当有不同的表现形式，或者说各有自身的基本哲学问题。

在技术哲学领域中，哲学基本问题的表现方式是人与物的关系问题。

一、以人为中心

哲学基本问题提出的前提是人的存在，因为只有人才有思维、意识、精神。离开了人，哲学的基本问题无从谈起。这也表明了人在哲学中的重要地位。

哲学基本问题说到底，是人们遇到的各种问题的哲学极致概括，比如我们在工作中都会遇到这样的问题：我们的工作方案是从客观实际出发，还是从主观臆想出发？这就要从哲学的高度认清是先有客观世界，还是先有主观意识，以及我们的主观意识是否应当同客观实际一致。从这两个问题再提高一步，便是哲学基本问题的两个方面。哲学基本问题也是实际工作中的基本问题，哲学基本问题只有对人们的认识和实践才有意义。无论哲学家们有关哲学基本问题的讨论多么高深、抽象，它最终都要回归现实生活，包括物质生活和精神生活。

人的本质是哲学基本问题提出的依据。人是物质实体与精神主体的统一体。唯有人能实现物质与精神的转化，因为人本身就是物质与精神的统一，哲学基本问题在哲学中的重要性，与人在哲学中的重要性是一致的。物质与精神的关系问题是哲学的基本问题，而物质与精神的统一是人的本质，所以在哲学中应突出人的地位，哲学应当以人为中心。

哲学是世界观，有了人，世界才分为自然界、人类社会和人类思维三大领域。唯有人是这三大领域的结合点，三大领域统一于人。要认清这三大领域的本质与联系，就要认清人的本质。人是自然界进化的最高形态，世界的本质在人那里得到了最充分的表现。

人类出现以后，历史以人为中心分为两大阶段：无人历史与有人历史。有人历史是人创造的，因而世界是人生活在其中的世界，是与人互动的世界。人们只能而且必须从人类的视角、立场来观察认识世界。

恩格斯认为我们的自然科学是以地球为中心的。“我们的整个的公认的物理学、化学、生物学都是绝对地以地球为中心的，都只是适用于地球的。”①“天文学以地球为中心的观点是褊狭的，被排除是合理的。但是，我们的研究再深入下去，这种观点就越来越有合理性。太阳等等服务于地球（黑格尔《自然哲学》第 157 页）。（整个巨大的太阳只是为小的行星而存在。）对我们来说，除了以地球为中心的物理学、化学、生物学、气象学等等，不可能有别的，而这些科学并不因为说它们是只适用于地球的并且因而只是相对的就损失了什么。如果人们把这一点看得很严重并且要求一种无中心的科学，那就会使一切科学停顿下来。”②为什么恩格斯说科学“以地球为中心”“只适用于地球”？唯一的理由

---

① ［德］弗里德里希·恩格斯：《自然辩证法》，中共中央马克思恩格斯列宁斯大林著作编译局译，北京：人民出版社，2018 年，第 112—113 页。

② ［德］弗里德里希·恩格斯：《自然辩证法》，中共中央马克思恩格斯列宁斯大林著作编译局译，北京：人民出版社，2018 年，第 113—114 页。

是我们人类生活在地球上,人类只是为了在地球上生存和发展才构建科学的。地球上的千千万万种生物都不需要科学,因为科学对它们毫无意义。黑格尔说:“太阳服务于行星,一般说来,正如同太阳、月亮、彗星、恒星都只是地球的条件一样。”[①]在人类看来,日月星辰都是人类生存的条件。这一切都是以人为出发点来思考的。自然科学以地球为中心,实质上就是以人类为中心,都是为人的。

恩格斯还有一句话非常耐人寻味。“我们的自然科学的极限,直到今天仍然是我们的宇宙,而在我们的宇宙以外的无限多的宇宙,是我们认识自然界所用不着的。的确,几百万个太阳中只有一个太阳和这个太阳系,才是我们的天文学研究的根本的立足点。”[②]以人为中心,或以人为主体,是指我们研究哲学,应以人为出发点、立足点,从人的角度观察世界,主动同客观世界互动。要关心人的精神升华,关心人类的命运。

这无需强调人类的优越性,更不能认为人类是世界的主宰。不能把人类的主体性曲解为人可以随心所欲,胡作非为。人类利用自然的前提与基础是尊重自然。在自然界的面前,人类身负“原罪”,这是无法否认和消除的事实,这是一种无奈。人类要生存和发展,必须“侵犯”自然。王充曾说,不相贼害,不成为用。王充这样叙述这种观点:“故天用五行之气生万物,人用万物作万事。不能相制,不能相使,不相贼害,不成为用。金不贼木,木不成舟。火不烁金,金不成器。故诸物相贼相利。”(《论衡・物势》)此话或许有些道理。面对自然界,我们不应有优越感,而应当有负罪感。

笔者对人类的态度是既歌颂又批判。人类不仅至今仍负“原罪”,不少人还在不断犯新罪,但这不能成为否定哲学应以人为中心的理由。对人类的批判、反思,是哲学以人为中心的应有之义。人有人性,也有物性。

哲学应突出人。说到底,因为我们是人。

---

① [德]弗里德里希・恩格斯:《自然辩证法》,中共中央马克思恩格斯列宁斯大林著作编译局译,北京:人民出版社,2018年,第353页。

② [德]弗里德里希・恩格斯:《自然辩证法》,中共中央马克思恩格斯列宁斯大林著作编译局译,北京:人民出版社,2018年,第119页。

二、物是人的对象

在哲学研究中以人为中心，在处理主客体关系时就是以人为主体。人是主体，那客体是什么？是物。马克思说："主体是人，客体是自然。"①人类诞生在物的世界，又始终生活在物的世界，无物即无人。关注人的哲学，顺理成章地也就要关注物。

人类起源于同物的交往，这种交往的最初的、也一直是最基本的形式就是劳动。关于人类的起源，恩格斯在《劳动在从猿到人转变中的作用》一文中，有几句十分重要的话："劳动创造了人本身。"②"劳动是从制造工具开始的。"③"手不仅是劳动的器官，它还是劳动的产物。"④"人类社会区别于猿群的特征在我们看来又是什么呢？是劳动。"⑤劳动是什么？"政治经济学家说，劳动是一切财富的源泉。其实，劳动和自然界在一起才是一切财富的源泉，自然界为劳动提供材料，劳动把材料转变为财富。但是劳动的作用还远不止于此。劳动是整个人类生活的第一个基本条件。"⑥自然界是物的系统，相对于人而言，自然界就是物，而不是别的什么东西。它为人类的劳动提供材料，劳动把材料制造成财富。天然自然物是人类潜在的财富，人工自然物是人类的现实的财富。

猿通过自身不断从自然界获取物的过程，不断提高获取效率的过程，使自身成为人。恩格斯这样叙述猿变为人的过程："手主要是用来摘取和抓住食物，

---

① 《马克思恩格斯文集》第 8 卷，北京：人民出版社，2009 年，第 9 页。
② [德]弗里德里希·恩格斯：《自然辩证法》，中共中央马克思恩格斯列宁斯大林著作编译局译，北京：人民出版社，2018 年，第 303 页。
③ [德]弗里德里希·恩格斯：《自然辩证法》，中共中央马克思恩格斯列宁斯大林著作编译局译，北京：人民出版社，2018 年，第 309 页。
④ [德]弗里德里希·恩格斯：《自然辩证法》，中共中央马克思恩格斯列宁斯大林著作编译局译，北京：人民出版社，2018 年，第 305 页。
⑤ [德]弗里德里希·恩格斯：《自然辩证法》，中共中央马克思恩格斯列宁斯大林著作编译局译，北京：人民出版社，2018 年，第 308 页。
⑥ [德]弗里德里希·恩格斯：《自然辩证法》，中共中央马克思恩格斯列宁斯大林著作编译局译，北京：人民出版社，2018 年，第 303 页。

就像低级哺乳动物用前爪所做的那样。有些猿类用手在树上筑巢,或者如黑猩猩甚至在树枝间搭棚以避风雨。它们用手拿着木根抵御敌人,或者以果实和石块掷向敌人。”①这里说到了食物、巢、树枝、棚、木棒、果实、石块,这都是物。人类的诞生,必须有物,人从物来。劳动使物变成了人,劳动又是应用物来创造物。劳动创造了人,单纯从形式逻辑的角度来看,似乎有点说不通。劳动创造了人,而只有人才能劳动,那么人与劳动孰先孰后?是人创造了劳动,还是劳动创造了人?这两种说法都对,人与劳动是同时出现、同时形成的。人创造了自己,人既是劳动的主体,又是劳动的客体。这是人类起源的辩证法,这是马克思主义关于人类起源的学说,它超越了达尔文的进化论。

恩格斯还论述了食物在从猿到人转变过程中的作用。根据已发现的史前时期的人的遗物来判断,并且根据是最早历史时期的人群和现在最不开化的野蛮人的生活方式来判断,最古老的工具是些什么东西呢?是打猎的工具和捕鱼的工具,而前者同时又是武器。但是打猎和捕鱼的前提是从只吃植物过渡到同时也吃肉,而这又是向人转变的重要一步。植物与动物是人类的两大食源。采集植物比较简单容易,一般不需要特别工具。所以原始人类早期是“只吃植物”。狩猎不仅艰难,而且有风险,特别是捕猎大型动物更无胜算,所以许多地区的原始人类的岩石壁画,多有野牛,这是捕猎前乞求神灵保护的巫术的需要。狩猎不仅需要体力,更需要技巧和特制的工具。但是如果猿人就因此只吃植物,那是不可能进化成人的。

恩格斯继续说:“肉类食物几乎现成地含有身体的新陈代谢所必需的各种最重要的物质;它缩短了消化过程以及身体内其他植物性过程即同植物生活相应的过程的时间,因此为过真正动物的生活赢得了更多的时间、更多的物质和更多的精力。这种正在生成中的人离植物界越远,他超出动物界的程度也就越高。如果说除吃肉外还要习惯于吃植物这一情况使野猫如野狗变成了人的奴仆,那么除吃植物外也要吃肉的习惯则大大促进了正在生成中的人的体力和独

① [德]弗里德里希·恩格斯:《自然辩证法》,中共中央马克思恩格斯列宁斯大林著作编译局译,北京:人民出版社,2018 年,第 304 页。

立性。但是最重要的还是肉食对于脑的影响；脑因此得到了比过去丰富得多的为脑本身的营养和发展所必需的物质，因而它就能够一代一代更迅速更完善地发育起来。请素食主义者先生们恕我直言，如果不吃肉，人是不会到达现在这个地步的。”①人的肉体是动物体，所以人吃肉食，可以直接转化为人体所需的营养，形成动物生命所需要的物质。如果人只吃素食不吃肉，过着“植物性过程”，这就同人体的动物性不相协调。“植物性过程”是一个重要概念，与之相对应也会有“动物性过程”。动物的进化比植物高级，因此动物性过程比“植物性过程”、肉食比素食也高一个层次。“生成中的人”越多吃肉食，就离植物界越远。野猫野狗如果习惯于素食，就会成为人的奴仆。在一定意义上可以说，吃什么样的食物，生命就会有什么样的特征。食物进入体内，就已经成为生命的一部分。所以生成中的人当初吃肉并不是为了追求舌尖上的美味，实际上有助于自身的进化。

“肉食引起了两个新的有决定意义的进步，即火的使用和动物的驯养。前者更加缩短了消化过程，因为它为嘴提供了可说是已经半消化了的食物；后者使肉食更加丰富越来，因为它在打猎之外开辟了新的更经常性的肉食来源，除此以外还提供了奶和奶制品之类的新的食品，而这类食品就其养分来说至少不逊于肉类。这样，对于人来说，这两种进步就直接成为新的解放手段。”②恩格斯精辟地论述了食物在从猿到人转变过程中的重要作用。食物是一种特殊的物，它直接进入人体内部，直接参与人体的生命过程，成为人的生命的一个要素。人类制造了食物，食物同时制造了人的生命。人类起源于动物性过程。人类通过食物实现了从植物性过程向动物性过程的转变。在生活资料中，食物对人类起源的作用最大。工具的作用在外，食物的作用在内。工具的作用在事业，食物的作用在生命。这就是物的哲学。

人类的起源以及每个人生命的诞生，都有物的贡献，都是物的人化。物我

① ［德］弗里德里希·恩格斯：《自然辩证法》，中共中央马克思恩格斯列宁斯大林著作编译局译，北京：人民出版社，2018年，第309页。

② ［德］弗里德里希·恩格斯：《自然辩证法》，中共中央马克思恩格斯列宁斯大林著作编译局译，北京：人民出版社，2018年，第310页。

一体,我中有物,物中有我,物我永不分离。正如庄子所说:"天地与我并生,而万物与我为一。"(《庄子·齐物论》)恩格斯也说:"人们就越是不仅再次地感觉到,而且也认识到自身和自然界的一体性,那种关于精神和物质、人类和自然、灵魂和肉体之间的对立的荒谬的、反自然的观点,也就越不可能成立了。"①恩格斯的人与自然的"一体性",是一个十分重要的概念。

人类出现以后,每个人生命的维持需要一定的物,主要的仍然是食物。食物的缺失,必然导致人的动物性过程的中断。关于生命的本质,恩格斯提出了一个重要的论断:"生命是蛋白体的存在方式,这个存在方式的本质要素就在于和它周围的外部自然界的不断的新陈代谢,这种新陈代谢一停止,生命就随之停止,结果便是蛋白质的分解。"恩格斯在这里加了一个注:"在无机体内也可以发生这种新陈代谢,而且到处不断地发生,因为到处都有化学作用,即使这种作用发生得很慢。而差别在于:在无机体的场合,新陈代谢破坏它们,而在有机体的场合,新陈代谢是它们存在的必要条件。"②生命就是蛋白体同外部自然界的新陈代谢,生命靠新陈代谢来维持。这种新陈代谢就是物的不断转换和更新。

不仅如此,这种物的新陈代谢还是人类从事各种事业的先决条件。恩格斯说:"正像达尔文发现有机界的发展规律一样,马克思发现了人类历史的发展规律,即历来繁芜丛杂的意识形态所掩盖着的一个简单事实:人们首先必须吃、喝、住、穿,然后才能从事政治、科学、艺术、宗教等等;所以,直接的物质生活资料的生产,从而一个民族或一个时代的一定的经济发展阶段,便构成为基础,人们的国家制度、法的观点、艺术以至宗教观念,就是从这个基础上发展起来的……"③吃、喝、住的、穿的全是物,且不说人们从事各种活动还有借助于其他的各种物。这是一个十分简单的事实,但却蕴含着一个极其深刻的道理。物质决定意识,物质资料生产是社会的基础,也说明了物的重要性。

---

① [德]弗里德里希·恩格斯:《自然辩证法》,中共中央马克思恩格斯列宁斯大林著作编译局译,北京:人民出版社,2018年,第314页。

② [德]弗里德里希·恩格斯:《自然辩证法》,中共中央马克思恩格斯列宁斯大林著作编译局译,北京:人民出版社,2018年,第291页。

③《马克思恩格斯全集》第25卷,北京:人民出版社,2001年,第594—597页。

人类诞生以后,必须进行两种交往,与物的交往和与人的交往。

与物的交往就是作为主体的人与作为对象的物的交往,这就是人针对物的活动,包括制造物的生产活动和消费物的生活活动。人类最伟大的功绩就是创造了新的自然界,最重大的过程就是消费了原有的自然界。天然自然界演化出人类,这是自然的奇迹;人类又制造了新的自然界,这是人类的奇迹。物的创造使猿成为人,物的技术制造使人成为巨人。人类成了真正的造物主。人体的自然进化从此结束,开始新的体外进化,即通过物的进化表现出人的进化,从此人的价值越来越表现为他所占有或创造的物的价值。

第二项交往是人与人的交往。在很长的历史时期内,人与人的交往既是为了谋取物,又是为了争夺物。人与人的许多交往实际上都是为了物。掠夺是占有别人的物,妥协就是给对方物。人与物的交往决定了人与人交往的性质和形式。人际冲突特别是人的群体之间的冲突,实质是利益冲突。人们一直以为利益就是物质利益,此外没有别的利益。人们的无止境的占有物的欲望,同地球有限的物质资源产生剧烈的冲突。

在生活中人与物的关系极其密切,公众有很多关于物的日常用语:物以稀为贵、一物降一物、见物如见人、见物不见人、物是人非、地大物博、物华天宝、睹物思人、眼空无物、言之无物、物以类聚、物力维艰、物极必反、恃才傲物、物换星移、暴殄天物、物欲横流等。有趣的是,古汉语常用物表述人,如待人接物中的"物"指的是人。生活中我们把比较有名气的人称为人物。此外还有购物、物价、物业、物流、物色、宝物、礼物、废物、蠢物、怪物等日常话语。既然公众语言中有这么多的"物",为什么哲学家们却不怎么关注呢? 这是一个令人深思的问题。

三、人与物的关系

人与物的关系问题,是技术哲学的基本问题,这是由技术的本质决定的。技术具有双重本质:造物是手段,取代是技术的最终目的。

技术的主要任务是造物,技术的所有功能都是通过它所制造的物实现的。

人类制造技术物是为了实现两个取代:对自然物的取代和对人体的取代。技术取代就是技术的价值取消、代替自然和人的价值。

自然界不是为人的,它不是为了满足人的需要而存在和运转的。人类有强烈的让自然界充分满足自己需要的欲望,设法使自然界尽量满足自己,这就发明了技术。人们用技术物来取代天然自然物,而技术物对人的服务远超过了天然自然物。例如,气温过高或过低人都不喜欢,人类制造出空调,就可以调节自己周身的温度。

技术物还要取代人自身。人体的许多功能也不能令人满意。人们的生产活动需要消耗体力,可是人的体力根本不是人的强项。人的绝对体力比不过大象,人的相对体力比不过小小的蚂蚁。据一些力学家的测定,一只蚂蚁能举起超过自身体重 400 倍的重物,能拖动超过自身体重 1 000 多倍的重物,而举重冠军还不能举起 3 倍于自己体重的杠铃。王充说:"夫一石之重,一人挈之,十石以上,二人只能举也。世多挈一石之任,寡有举一石之力。""石"是汉代的重量单位,1 石为 120 斤,一人能举起 120 斤,两个人就举不起 1 200 斤,即一个人不可能举起 600 斤(相当于一般成年人体重的 4 倍)。若硬要做自己力不胜任的事情,则会损伤身体。"故引弓之力不能引强弩,弩力五石,筋绝骨折,不能举也。故力不任强引,则有变恶折脊之祸。"(《论衡·效力》)

康德认为人体的结构与功能有根本的缺陷。"人的精神所寄托的物质之粗糙,以及受精神刺激支配的纤维之脆弱和体液之迟钝。"人"总是处于疲乏无力状态","思维能力的迟钝,是粗糙而不灵活的物质所造成的一种结果"①。

面对这些先天的缺憾,人类怎么办?用体育锻炼的方法来增强体力?这不是出路,举重运动员的局限就是证明。那指望什么呢?幸运的是我们的祖先做出了极其智慧的选择:依靠技术。人体靠自身既然不能走出困境,那只有在体外寻找出路。这条出路找到了:用体外的物来取代人自身的物。人体不能自我完善,那就用别物代替,天然自然物不可能扮演这个角色,就只能用人工自然物

① [德]康德:《宇宙发展史概论》,上海外国自然科学哲学著作编译组译,上海:上海人民出版社,1972 年,第 209—210 页。

来承担重任。

为了弥补自身体力不足，古人就制造了各种机械如杠杆、滑轮、斜面、劈，在客观上放大了人的体力。有了千斤顶，人人都成了大力士。所以阿基米德说，给我一个支点，我就能托起地球。

“取代”自身，从而超越了自身。取代创造奇迹。从一个方面讲，技术发展的历史，就是不断用人工自然物取代人自身的历史，在客观上不断提高人的功能的历史。人类打制第一块石器就是为了用它取代双手，增强拳头的冲击力并避免双手受伤。体力不足，机械装置功能有限，于是就发明动力机。人手运作缓慢，动作不精准，又容易疲劳，于是发明了工作机。后来人们又发现自己计算速度缓慢，又容易遗忘，心有余而“脑”不足，于是又发明了电脑，用来取代人脑。现在又要用智能机器人取代整体的人。

历史表明，人类通过技术用物取代人的事业获得了巨大成功，人们早已不对自己体能、脑能的不足感到遗憾了。可是这又引起了一系列的问题：这种取代有极限吗？或者说人能完全被物所取代吗？人类应当追求这个目标吗？技术物对人的每一次新的取代，是否都使人增加了一分物性？人与物是否还有界限？这样不断取代下去会产生什么后果？会把人置于何地？人能完全等同于物吗？最终的取代是人类超越自己，还是否定自己？这种取代能决定人类的命运吗？等等。这些问题概括起来就是一个重要的哲学问题——人与物的关系问题。

这个问题同技术的关系十分密切。前已说过，天然自然物不能很好地满足人的需要，人类就用人工自然物来取代它，并同样获得巨大的成功。所以用来取代人的当然不可能是天然自然物，只能是人工自然物，而人工自然物只能由人来制造。这就必须要改变自然界的习常过程，这就要创造特别的条件，人的体能做不到这点，这就要通过技术的手段。技术出色地完成了这项取代的任务，造物也就成了技术的主要任务。可见这些问题都是由技术引起的。

所以人与物的关系问题是技术哲学的基本问题，这是人们对技术的基本立场，对技术中的各种问题的认识，都以对这个问题的回答为基础。所以技术哲学的研究应当高度关注人与物的关系问题。

随着技术的发展,人与技术、人与物的关系也在不断变化。总体来看,经历了从比较协调到剧烈冲突的演变过程。

在手工劳动中,劳动器官是手,工具是手的延伸,是手的辅助,对劳动效率的提高不占主导地位。手工工具是由人打造的和直接控制的,是以物的形态表现的人的劳动能力。手有两种主要功能:一是改变物体的位置和状态,靠力气;二是控制自身和工具,靠技巧。所谓巧夺天工的“巧”来自调控和熟练。调控是通过不断尝试,对手的动作进行不断调控,使由此引起的物的变化达到预期的设想。这需要悟性。熟练是调控成功后的不断重复,熟能生巧。

手技的最大特点,是它是人体的技巧,是生理性技术,同人体不可分离,它被封闭在人体之内。能工巧匠离世后,他的手技也随之消失。手技未形成知识,未符号化,只能用肢体语言呈现,很难言传,只能身教。徒弟学技主要是观察和模仿师傅的动作,师傅也只能手把手地教。所以手工技术的发展是很缓慢的。

在手工劳动中,工具完全由人控制,按人的意愿运作,无“报复”可言。劳动者是主人,工具只是帮手,顺手则用,不顺手则弃,手工制成的器物也都很“单纯”,能用则用,不能用则弃,人与物的关系比较和谐。

到了近代,出现了机器大工业,人与技术、人与物的关系出现了颠覆性的改变。机器的运转取代了人的劳动,制造物的不再是手而是机器,机器成了制造者。人手的技巧转变为机器的功能,技术发生了从体内到体外、从人到物的变化,机械性技术取代了生理性技术。

劳动者与劳动工具的关系,出现了一种崭新的形式——人机关系,即人与机器的关系。机器本来也是人的智力的物化,但它是技术专家的物化,并不是机器工人的智力物化。对于工人来说,机器是外来的、外在的东西。他们站在机器面前劳动时,会觉得机器是个陌生的怪物,一笔勾销了他过去多年在手工劳动中积累的技能和经验,老师傅变成了新学徒。机器作为生产工具当然也是人的器官的延伸,但是间接的非具象的延伸。手工工具有具象性,如五指伸开就像锄头、耙子,手指握紧就像锤子。所以工人不仅在知识、经验、功能上同机器隔阂,而且在心理上也常是对立的。机器是独立于工人以外的存在,机器一旦启动，即使离开工人也仍然按它的程序运转。工人双手的动作及其速度、节奏，都身不由己，必须服从机器的运转，否则就会遭到惩罚。工人的自由被剥夺了，工人的尊严被嘲弄了。手工劳动具有的原始艺术性，消失在机器的机械性之中。机器使工人的动作变得那么单调。手工劳动的动作是人类舞蹈的起源，机器生产与艺术无缘。机器产品都是相同的规格，毫无个性可言。机器仿佛也要把工人改变为无个性的零件。工人的操作只是机器运转的一道工序，工人在客观效果上也就成了机器的一部分。卓别林在影片《摩登时代》中扮演一个工人，整天用扳手拧紧螺丝帽，不断重复这个动作。下班回家，看到迎面走来女士大衣上的纽扣，也误以为是螺丝帽，也要用扳手去扳一下，精神似乎有点失常。车间里的传送带速度越来越快，他实在跟不上，身不由己地躺在传送带上，跟着机器一块运转，被机器吞噬，成了机器的一个部件。这就是被机器控制的工人的命运。

马克思对机器生产中人的异化现象，做了系统的深刻的论述。他指出，在资本主义生产中，人与机器、人与技术、人与物的关系发生了严重的冲突。

"按照国民经济学的规律，工人在他的对象中的异化表现在：工人生产得越多，他能够消费的就越少；他创造价值越多，他自己越没有价值、越低贱；工人的产品越完美，工人自己越畸形；工人创造的对象越文明，工人自己越野蛮；劳动越有力量，工人越无力；劳动越机巧，工人自己越愚笨，越成为自然界的奴隶。"①人与技术、人与物的演变完全背道而驰！原本正常的关系完全被颠倒了，仿佛一切都适得其反，这就是异化。不仅工人被异化了，实质上这也是技术的异化。

异化也有一个过程，从手的动作的异化，到内心意识的异化。"在手工业生产中以及甚至在工场手工业中，工具的动作决定于人的动作。相反，在机械工厂中，人的动作决定于机器的动作。"马克思接着引用别人的话说："（工人）无条件地必须使自己的身体和精神的活动适应于由均匀的无休止的力量来发动的

---

① [德]马克思：《1844 年经济学哲学手稿》，中共中央马克思恩格斯列宁斯大林著作编译局译，北京：人民出版社，2014 年，第 49 页。

机器的运动。"①从身体的异化到精神的异化,从外部到内部,从浅层到深层,逐步演变为人的全面异化。

"工人没有头脑和意志,他们只是作为工厂躯体的肢体而存在,这是资本的合法权利;正因为如此,资本才作为头脑而存在。"②机器剥夺了工人的头脑和意志,使工人成为从属于机器的物,这是最彻底的异化。

"人们在这里只不过是没有意识的、动作单调的机器体系的有生命的附件、有意识的附属物。"③有意识的人反而成了无意识机器的附属物。意识本是物质的最高精华,却成了物的附属物。意识被嘲弄了,人格被亵渎了。

从哲学上讲,这种人与物关系的异化,就是人失去了主体的地位,反主为客;机器成了主人,反客为主。主客体颠倒了。马克思说:"在这里,机器的特征是'主人的机器',而机器的职能的特征是生产过程中('生产事务'中)主人的职能。"④

在人机关系中,主客体的关系被颠倒了,从属关系当然也被颠倒。"在工场手工业和手工业中,是工人利用工具,在工厂中,是工人服侍机器。在前一种场合,劳动资料的运动从工人出发,在后一种场合,则是工人跟随劳动资料的运动。在工场手工业中,工人是一个活机构的肢体。在工厂中,死机构独立于工人而存在,工人被当作活的附属物并入死机构。"⑤从利用工具到服侍机器,从以人为出发点和中心,到以物为出发点和中心,这就是从手工劳动到机器生产带来的变异。这就是为提高技术水平而付出的沉重代价。

"这样被判决活埋在工厂里,不停地注视着永不疲劳的机器,对工人来说是一种最残酷的苦刑。"⑥工人受苦刑,最后被机器活埋!触目惊心,惨不忍睹。

"科学对于劳动者来说,表现为异己的、敌对的和统治的力量。"⑦这里的科

---

① [德]马克思:《机器。自然力和科学的应用》,北京:人民出版社,1978年,第164页。
② [德]马克思:《机器。自然力和科学的应用》,北京:人民出版社,1978年,第212页。
③ [德]马克思:《机器。自然力和科学的应用》,北京:人民出版社,1978年,第163页。
④ [德]马克思:《机器。自然力和科学的应用》,北京:人民出版社,1978年,第207页。
⑤《马克思恩格斯全集》第44卷,北京:人民出版社2001年,第486页。
⑥ [德]马克思:《机器。自然力和科学的应用》,北京:人民出版社,1978年,第170页。
⑦ [德]马克思:《机器。自然力和科学的应用》,北京:人民出版社,1978年,第207页。

学是指以机器为代表的近代技术，难怪欧洲工人运动的最初形式是砸毁机器。马克思说："工人破坏机器和普遍反对采用机器，这是对资本主义生产所发展起来的生产方式和生产资料的首次宣战。"①

马克思写道："资本家对工人的统治，就是物对人的统治。"②马克思从哲学的高度概括了资本主义生产异化的实质：物对人的统治。产品是生产者生产的，生产者反被他所生产的产品统治；人是造物者却反被物所统治，岂非咄咄怪事？难道这就是技术应用的逻辑吗？

马克思的这个重要论断表明，人与物的关系的确非同一般，它涉及技术的本质和人类的命运，随着人工智能技术的发展，人与物的关系问题更加突出，这个问题笔者将做专题讨论。

马克思用尖锐的语言揭露了资本主义生产所造成的异化。笔者认为，这种异化同技术的本性相关，技术被资本支配，只要应用技术就可能产生异化。当然在不同的条件下，异化的性质、形式和程度也有所不同。技术是双刃剑，它是技术的最重要的负面作用——人与物关系的颠倒。无论是什么时期什么样的技术，它的基本问题都是人与物的关系。

人类的技术活动主要有三个方面：技术创新、技术应用和技术管控。技术哲学的基本问题也主要有三个方面。

第一个方面，技术创新的主体是人还是物？技术创新的目的是为人还是为物？

第二个方面，谁是技术应用的主体？是技术为人服务，还是人为技术服务？是人利用技术还是技术利用人？

第三个方面，谁是管控主体？是人管控技术还是技术管控人？

这三方面问题的本质是相同的：谁具有最高的价值？是人的价值高于技术，还是技术的价值高于人？所以技术哲学的基本问题是价值论问题。

技术的功能是通过物实现的。在现实生活中，同人们打交道的并不是看不

① [德]马克思：《机器。自然力和科学的应用》，北京：人民出版社，1978年，第198页。

② 《马克思恩格斯文集》第8卷，北京：人民出版社，2009年，第49页。

到的技术,而是具体的物。从一般哲学的层面讲,人与技术的关系,说到底是人与物的关系。因此,技术哲学的基本问题也可以表述为人与物的关系,并进一步引申为是人创造物,还是物创造了人?是人利用物,还是物利用人?是人控制物,是物控制人?总之,在技术哲学研究中,人是根本,还是物是根本?对这个问题的不同回答,形成了两种对立的思潮:人本主义和物本主义。

第四章　技术与物本主义

异化的实质是物统治人。正如马克思所说："他创造的价值越多，他自己就越没有价值。"①核心问题是在人与物之间，谁更有价值？是人的价值高于物的价值，还是物的价值高于人的价值？或者说，谁是最高的价值？这就是物本主义产生的主要根源。

一、什么是物本主义

资本主义生产所产生的异化，不仅摧残了工人的身体，还损伤了工人的精神。由于资本与技术的强势，这种异化从工厂扩散到社会，弥漫到社会生活的各个角落，形成了物本主义的思潮。

人类生活遵循两条基本原则：利益原则与效益原则。

个人、集体、地区、国家所作所为的基本目的，就是谋取和维护自身的利益。马克思说："人们奋斗所争取的一切，都同他们的利益有关。"②"思想一旦离开了'利益'，就一定使自己出丑。"③由于物质利益具有先行性、基础性，在很长的历史时期内，它是人们的主要利益，所以人们一般把利益理解为物质利益。我们应当关注物质利益，邓小平对此有非常贴近群众生活的表述："不讲多劳多得，不重视物质利益，对少数先进分子可以，对广大群众不行，一段时间可以，长

---

①《马克思恩格斯全集》第3卷，北京：人民出版社，2002年，第269页。

②《马克思恩格斯全集》第1卷，北京：人民出版社，1972年，第82页

③《马克思恩格斯全集》第1卷，北京：人民出版社，1972年，第103页。

期不行。革命精神是非常宝贵的，没有革命精神就没有革命行动。但是革命是在物质利益的基础上产生的。如果只讲牺牲精神，不讲物质利益，那就是唯心论。”①除了物质利益以外，还有精神利益。在大多数情况下，人们忽视的不是物质利益，而是精神利益。婴儿的求生本能使他们很早就意识到食物的重要。马克思说：“最文明的民族也同最不开化的野蛮人一样，必须先保证自己有食物，然后才能考虑去获取别的东西。”②无论在什么环境下，婴儿都知道食物的重要性，这是人们最初的物质利益的意识。至于精神利益，人们有一定的文化后才意识到它的存在，人类最初的精神需要是母爱。

许多人都追求个人物质利益的最大化，有人甚至形成了病态的心理。可是，要获取物质利益，一定要有劳动和资源的付出，这就是成本。这就要权衡得失，以此作为判断自己行为是否值得的标准。斯宾诺莎写道：“人性的一条普遍规律是，凡人断为有利的，他必不会等闲视之，除非是希望获得更大的好处，或出于害怕更大的祸患；人也不会忍受祸患，除非是为避免更大的祸患，或获得更大的好处。也就是说，人人是两利相权取其大，两害相权取其轻。我说人权衡取其大，权衡取其轻，是有深意的，因为这不一定说他判断得正确。这条规律是深入人心，应该列为永恒的真理与公理之一。”③人们在做一件事时，事先总要权衡利害、得失，特别是两利取其大，即哪个利更大。权衡的核心是评估哪个价值更高。这是价值判断，不管对不对，只计较值不值。利大就值得去做，这是人们行为的永恒规则。几乎人们的所有行为，都要做价值评估，然后据此做出抉择。

人与物的关系既然如此重要，那在处理这个关系时，当然也要遵行这个规则。对人与物进行价值评估，评估到最后必然要提出这样的问题——人与物相比，哪个价值更高？认为人是最高价值，就是人本主义；主张物的价值最高，就是物本主义。凡片面推崇物的价值，以不同形式忽视、贬低人的价值和精神的

---

① 《邓小平文选》第2卷，北京：人民出版社，1994年，第146页。

② 《马克思恩格斯全集》第12卷，北京：人民出版社，1998年，第354页。

③ 北京大学哲学系外国哲学史教研室编译：《十六—十八世纪西欧各国哲学》，北京：商务印书馆，1975年，第349页。

价值，皆属物本主义思潮。

前已说过，因为人有物质与精神双重生命，所以人们必须妥善处理物质与精神即人与物的关系。只讲物质需要、物质生活、物质利益、物质享受、物欲满足，不讲精神需要、精神生活、道德、理想、信仰、精神追求，迷信、崇拜物的价值，把人的价值归结为他所占有和消费的物的价值，最后沦为经济动物、技术奴隶、智慧强盗，都是物本主义的表现。

马克思说："人们的存在就是他们的实际生活过程。"[①]在现实生活中，人们打交道最多的物是商品。人们在决定是否购买某件商品时先关心其性价比，盘算购买是否合算、划得来。卖方根据市场规律开出价格，是高一点还是低一点，都是为了谋取利益的最大化。买卖双方讨价还价，这种博弈既是买卖双方的矛盾，也是买方的需要同卖方售物的矛盾。双方自愿买卖，在这种情况下人与物并无冲突。

在公众的日常生活中，人与物的冲突主要表现在两方面：物质享受与精神追求方面，突出表现为对物欲的态度，是节欲还是纵欲。

人人皆有物欲，这是最基本的生存欲望。追求物质享受，这是人们追求幸福生活的一个基本目标。恩格斯说："在资本主义生产方式下，生产达到这样的高度，以致社会不再能够消耗掉所生产出来的生活资料、享受资料和发展资料，因为生产者大众被人为地和强制地同这些资料隔离开来。"[②]恩格斯把生活中需消耗的物分为三种：维持基本生活条件的物、享受生活的物和为发展服务的物。剥夺广大生产者同这些物的联系是资本主义的罪恶，物质享受是人的不可侵犯的权利。

物欲满足的特点是立即带来生理上的快感并由此引起心理上的愉悦。物具有难以抵制的诱惑力。波德里亚说："我们生活在物的时代。""今天，在我们的周围，存在着一种由不断增长的物、服务和物质财富所构成的惊人的消费和丰盛现象。""恰当地说，富裕的人们不再像过去那样受到人的包围，而是受到物

---

① 《马克思恩格斯全集》第 3 卷，北京：人民出版社，1960 年，第 29 页。

② ［德］弗里德里希·恩格斯：《自然辩证法》，中共中央马克思恩格斯列宁斯大林著作编译局译，北京：人民出版社，2018 年，第 300—301 页。

的包围。”①于是一些人狂热追求物质消费,热衷于超前消费、超支消费、攀比消费、虚荣性消费、奢侈型消费、浪费型消费、过度消费、畸形消费。

物本主义消费观来自物本主义物欲观。这种物欲观认为所有的物欲都天然合理,都应当受到尊重,都应当得到满足,这是人性的要求。所谓人生就是吃喝玩乐,别无他求。所有的物欲都应得到最大限度的满足,应随心所欲,为所欲为,对物欲的任何约束都是不可取的。人生的最高目的,最终目的甚至唯一目的就是物欲的最大满足。这就必然会导致纵欲、物欲横流,而节欲如登,纵欲如崩。

物质利益与人格尊严的冲突。马克思在谈论资本主义生产的异化时,说到了“物的人格化和人格的物化的对立”②。在物质利益与人格尊严之间,哪个更重要?如果为了自己的私利,唯利是图,利令智昏,不择手段,那就是人格的物化,为物丧失人格。

物本主义会把人异化为物的奴隶,成为畸形的人。物本主义又会导致物质文明与精神文明的严重失调,造成畸形的社会。

二、物本主义不是唯物主义

唯物主义在哲学基本问题上推崇物质的地位,而物本主义在日常生活中推崇物的价值。这容易使人以为物本主义是唯物主义的具体应用,甚至认为物本主义就是唯物主义,是唯物主义的一种形式。这种误解是完全错误的,物本主义根本不是唯物主义,二者有严格的区别。

唯物主义与物本主义是两个不同领域的概念,不可相互取代。唯物主义是本体论概念,主张物质是世界的本原,这是对哲学基本问题第一方面的回答,是论述各种哲学问题的基本哲学立场。有一些哲学观点可以追溯其哲学立场,有

---

① [法]让·波德里亚:《消费社会》,刘成富、全志钢译,南京:南京大学出版社,2000年,第1—2页。

② [德]卡尔·马克思:《资本论》第1卷,中共中央马克思恩格斯列宁斯大林著作编译局译,北京:人民出版社,2004年,第135页。

一些问题直接涉及哲学基本问题的第二方面。如在认识论领域，主张人的认识应符合客观实际，主张认识的内容是对客观对象的反映，主张实践在认识中的决定作用；又如在社会历史观上，主张社会存在决定社会意识，经济基础决定上层建筑，物质资料的生产是社会发展的决定力量。这些看法我们通常称之为唯物主义的观点，是用唯物主义解释人类认识与社会历史的本质与规律。

但物本主义既不是唯物主义的哲学立场，也不是唯物主义的观点。

物本主义是价值论的概念。价值是一种关系，是主体对客体的感受和评价，而不是实体。价值是客体的属性、功能对主体需要的满足。某种客体是否能满足主体的需要，能满足到什么程度，就要做出评价。同一种客体状况，对不同的人，会有不同的评价，因为各人的需要不同。同一种物的属性与功能，对这个人来说很有价值，是享受；对另一个人来说，可能毫无意义，甚至是灾害。而不同人的不同需要，直接取决于各人的爱好、修养、品性、文化水平、道德观念和人生观。

笔者曾在一次聚会中编了一个故事。一位经济学家和一位哲学家携手外出旅游，由于某种原因，二人被困在一个小岛上。小岛荒无人烟，草木不生，没有任何东西可以果腹。若干天后，一个人获救，另一个人已被其吃掉。我问：谁吃掉了谁？是哲学家吃掉了经济学家，还是经济学家吃掉了哲学家？众人大笑，异口同声地说：是经济学家吃掉了哲学家。哲学家认为两人应并肩走完生命的历程；经济学家则认为与其两人都饿死，还不如一个人吃掉另一个人，也许这个人能侥幸获救，后来这位经济学家成就辉煌。这个故事纯属虚构又极端夸张，不妨看做一种隐喻，但那么多的人竟不假思索，脱口说出同一个答案，却使我震惊。二十几年后，一位教授还主动说到这个故事，当时他是听别人传说的。

对同一件事，不同的人有不同的评价，因为各人的评价尺度不同。概括起来有两种尺度：物的尺度和人的尺度。物的尺度——看是否给自己带来更多的物质利益和物的享受。人的尺度——看是否合乎自己的理想、信念、精神追求和人格的尊严。那位经济学家用的是物的尺度：与其失去两人，还不吃掉一人以保存另一个人，实际上把人当作了物。哲学家用的是人的尺度：两人相互鼓励，相互关爱，直到生命的最后一刻。

物的尺度和人的尺度是不同层次的尺度，因为物质需要与精神需要是不同层次的需要。人与动物的根本区别不在于物质需要，而在于人有精神需要。所以人的精神需要、人的尺度是人的深层本质的表现。在现实的日常生活中，物的尺度有一定的合理性，我们也会经常采用物的尺度。但是，如果这两种尺度发生冲突，主张人的尺度应服从物的尺度，就是物本主义；主张人的尺度高于物的尺度，便是人本主义。这里的“人本主义”，是相对于物本主义而言的。

恩格斯在评论施达克关于费尔巴哈的著作时说：“事实上，施达克在这里向那种由于教士的多年诽谤而流传下来的对唯物主义这个名称的庸人偏见作了不可饶恕的让步，虽然这也许是不自觉的。庸人把唯物主义理解为贪吃、酗酒、娱目、肉欲、虚荣、爱财、吝啬、贪婪、牟利、投机，简言之，即他本人暗中迷恋着的一切龌龊行为；而把唯心主义理解为对美德、普遍的人类爱的信仰，总之，对‘美物世界’的信仰。”[①]显然，从物的尺度来看，上述这些都是应当向往的，但这并不是唯物主义。

我们在谈论同哲学基本问题相关领域时，常说物质第一性、精神第二性。但如果我们把这里的“物质”换成“物”，笼统地说物的因素第一、精神因素第二，那就不妥了。我们不能把物质第一性，说成物的价值、物的条件、物的力量、物的利益、物的享受第一性。

我们通常说物质决定意识，但这不等于说物质生活决定精神生活。物质生活是精神生活的基础和前提。但不能说有什么样的物质生活，就有什么样的精神生活。不能说钱多了，就一定幸福美满。也不能说有钱人的道德一定高尚。我们常说利令智昏、财迷心窍、为富不仁。有时我们会发现，贫穷地区的老百姓反而善良淳朴。不能认为经济发展是社会道德水平提高的决定因素，认为 GDP 增长了，精神文明建设的水平就自然而然地提高了。

我们认为经济基础决定上层建筑，但不能因此说 GDP 决定上层建筑，不能

---

① [德]弗里德里希·恩格斯：《路德维希·费尔巴哈和德国古典哲学的终结》，中共中央马克思恩格斯列宁斯大林著作编译局译，北京：人民出版社，2018 年，第 26—27 页。

把经济增长等同于社会的全面进步。经济基础决定社会意识的总体状况，但不能决定每个人的精神面貌。历史的进程是由多种力量的合力决定的，恩格斯说："根据唯物史观，历史过程中的决定性因素归根到底是现实生活的生产和再生产，无论马克思或我都从来没有肯定过比这更多的旧东西。如果有人在这里加以歪曲，说经济因素是唯一决定性因素，那么他就是把这个命题变成毫无内容的、抽象的、荒诞无稽的空话。经济状况是基础，但是对历史斗争的进程发生影响并在许多情况下主要决定着这一斗争形式的，还有上层建筑的各种因素。"①如果认为由于经济增长，各种社会矛盾都自行消解，这就是唯经济主义或经济万能论，是典型的物本主义，是对唯物史观的"歪曲"。

物质文明与精神文明的发展、物质文化与精神文化的发展，常处于不平衡状态。在一定条件下，一个国家、一个地区的经济发展水平并不高，但精神文化的某一方面却可以十分辉煌。马克思写道："关于艺术，大家知道，它的一定的繁盛时期决不是同社会的一般发展成比例的，因而也绝不是同仿佛是社会组织的骨骼的物质基础的一般发展成比例的。"②经济落后的国家或地区一个时期的艺术反而领先，如 18 世纪的德国和 19 世纪的俄国。

在现实生活中，物的因素和人的因素哪个更重要？哪个作用更大？这是一个复杂的问题，在不同的场合会有不同的情况。笼统地只注重物的因素或者只强调人的因素都是片面的。具体情况要具体分析。二者应当协调，但这里是否有某种规律性的内容呢？笔者认为，人与物的综合作用可以表述人的作用与物的作用的乘积，而不是二者的算术之和。二者之积比二者之和，更恰当地表示人与物的综合作用。二者失衡，其综合作用就小，二者协调、均衡，其综合作用就比较大。若二者之和为 10，其中一方为 1，另一方为 9，则二者之积为 9，小于二者之和。若两个方面皆为 5，则综合作用为 25。

总之，物本主义貌似唯物主义，却绝不是唯物主义。要严格划清唯物主义与物本主义的界限，为此要弄清"物质"与"物"的区别。唯物主义的"物"，指高

① 《马克思恩格斯文集》第 10 卷，北京：人民出版社，2009 年，第 591 页。

② 《马克思恩格斯全集》第 12 卷，北京：人民出版社，1962 年，第 760—761 页。

度抽象的“物质”,而物本主义的“物”,指的是具体的可供人消费的“物”。

三、技术是物本主义的重要根源

物本主义的产生具有深厚的社会经济根源。

从古至今,在很长很长的历史时期里,物的消费是人类生命的第一前提,物质生产是人类活动的第一要务。社会中的绝大多数人都必须把自己的主要精力放在物质生产之中,它是人类从事各种活动的前提和基础。马克思、恩格斯说:“我们首先应当确定一切人类生存的第一个前提也就是一切历史的第一个前提就是:人们为了能够‘创造历史’,必须能够生活。但是为了生活,首先就需要衣、食、住以及其他东西。”①恩格斯称这是马克思两大发现之一。在这种背景下,在所有人的潜意识中,都认为物是最重要的东西。离开了物,人无法成为人,社会也不可能存在。

在原始社会,各个民族都有物的图腾,都流行关于万物有灵的传说,但这还不是物本主义,而是原始的宗教心理。采集与狩猎活动使先民崇拜自然物与自然生长过程,包括对人类生殖的崇拜,并以树和蛋作为自然生长过程的象征②。近年来三星堆也出土了高大的神树。

古代人类的生存方式是自然生存,是人类主要依赖自然物的生存方式。它分为原始自然生存和农业自然生存两个阶段,在原始自然生存中,人们以采集和狩猎为生,自然界提供什么,人类只能消费和利用什么,像动物一样生存。在农业自然生存中,人们开始参与动植物的生产过程,出现了农业与畜牧业。但这是生物型生产,胚种怎样,动植物就长成什么样,实质上仍是“自然生长”。在自然生存中,人与物的关系是消费与被消费的关系,说得直白一点,是吃与被吃的关系,这是许多国家远古岩画的主题。这也是人类的“原罪”,他要生存就必须剥夺别的生物的生命。当然人们并不因此而有负罪感。

---

① 《马克思恩格斯文集》第1卷,北京:人民出版社,2009年,第531页。

② 林德宏:《神话中的树与蛋》,载于林德宏:《物质精神二象性》,南京:南京大学出版社,2008年,第445—449页。

随着近代工业的出现，人类转向技术生存，即主要依赖人工制造物的生存。人类从生存于天然自然界转向生存于人工自然界；从崇拜自然物与自然生长，转向崇拜人造物和人工制造；从使自己的肉体同自然界相适应，转向使自然界同自己的需要相适应，崇拜机器是崇拜技术制造的象征。

技术的主要任务是造物，人工自然物只有通过技术才能造成，所以人工自然物都是技术物。技术物有两大类：生产工具和生活器物。

公众最关注的是同他们生活关系最直接、最密切的生活器物，不是哲学的物质概念，甚至也不是生产工具。

技术制造物有一系列优势，如生产的高速度、更新的高速度、数量大、种类多、标准化高、功能多、效率高、应用广、外形美、操作简便，能迎合人的欲望，能制造新的欲望，能体现人的爱好，具有难以抵制的诱惑力。

我们被技术物包围，无论何时，无论何处，皆是如此。技术物花样不断翻新，琳琅满目，眼花缭乱，呼吸的都是技术的气息。有物则喜，无物则悲；有物为贵，无物为贱；有物气傲，无物气馁，有物越强，无物越弱；物多高人一等，物少低人三分。有了飞机，我们可以如夸父追日；有了飞船，我们可以如嫦娥奔月；有了各种机械，我们可以如精卫填海；我们还想成为盘古，开天辟地。有了各种各样的物，似乎我们无所不能，可以为所欲为。可是我们自己，又自愧不如一颗小小的螺丝钉，无数的身边之物、手中之物，渗进我们的内心，成为我们的灵魂。物成为人的身份，决定人的命运。现在我们又同智能手机捆绑在一起。离开了它，我仿佛不再是我。手机成了另一个我，原本的我即将在手机中消失。我将变成它，它却成了我。那生我养我的大自然，不过是贴在墙上的一幅风景画。

既然技术物分为两大类，所以物本主义主要表现在两个方面。其一，对生产工具的迷信，即对机器的崇拜，贬低人的价值。这是人与物的矛盾。其二，对生活器物的贪婪，痴迷于对物的占有和享受，放弃精神追求，这是物欲与理性的冲突。物本主义是对人与精神的否定。对公众的影响，主要在第二个方面。只有一些学者，才会对第一方面产生忧虑。

物本主义是技术发展的副产品。

近代工业技术是空前强大的生产力，创造了人类的空前辉煌。宇宙的年龄大约是138亿年,人类的历史约400万年,这表明地球人类在宇宙中是很迟才出现的,这是宇宙演化的奇迹。近代工业的历史是两百年多一点,这表明近代工业在人类历史中也是很迟才出现的,都是“大器晚成”。可是近代工业一旦出现,社会的面貌便焕然一新。我们不妨把人类的历史浓缩为一天,计86400秒。工业历史是人类历史的两万分之一。这就是说,近代工业是这一天的最后一小时、最后一分钟的最后4.32秒才出现的。马克思说:“资产阶级在它不到一百年的阶级统治中所创造的生产力,比过去一切世代创造的全部生产力还要多、还要大。对自然力的征服,对机器的采用,化学在工业和农业中的应用,轮船的行驶,铁路的通行,电报的使用,整个大陆的开垦,河川的通航,仿佛用法术从地下呼唤出来的大量人口,——过去哪一个世纪料想到在社会劳动里蕴藏有这样的生产力呢?”①马克思谈到美国经济的发展时还说:“在英国需要整整数百年才能实现的那些变化,在这里只要几年就发生了。”②神奇的“法术”就是技术。

技术似乎取代了上帝,成为名副其实的造物主。

为什么技术能创造如此神奇的生产力?关键是它制造了空前先进的生产工具。马克思解开了这个秘密。“劳动资料是劳动者置于自己和劳动对象之间,用来把自己的活动传导到劳动对象上去的物或物的综合体。劳动者利用物的机械的、物理的和化学的属性,以便把这些物当作发挥力量的手段,依照自己的目的作用于其他的物。”“这样,自然物本身就成为他的活动的器官,他把这种器官加到他身体的器官上,不顾圣经的训诫,延长了他的活动的器官。”③生产工具是主要的劳动资料。生产力水平的提高取决于生产工具的功能。生产工具是物或物的综合体。近代工业的典型生产工具综合体便是机器,它能把某种物蕴含的力量激活并按照自己的需要作用于别的物。机器成了人的特殊劳动器官,不是生长出来的,而是制造出来的体外的劳动器官。

马克思高度评价了机器的作用:“大生产——应用机器的大规模协作——第一次使自然力,即风、水、蒸汽、电大规模地从属于直接的生产过程,使自然力

---

① 《马克思恩格斯选集》第1卷,北京:人民出版社,2012年,第405页。
② 《马克思恩格斯全集》第34卷,北京:人民出版社,1965年,第33页。
③ 《马克思恩格斯文集》第44卷,北京:人民出版社,2001年,第209页。

变成社会劳动的因素……自然力作为劳动过程的因素，只有借助机器才能占有，并且只有机器的主人才能占有。”①机器大规模地占有了自然力，使其成为社会生产力。恩格斯说：“仅仅詹姆斯·瓦特的蒸汽机这样一个科学成果，它连存在的头 50 年中给世界带来的东西就比世界从一开始为发展科学所付出的代价还要多。”②

蒸汽机还引发了社会变革。19 世纪中叶，西欧沿海各国资本主义已有一定的发展，可是位于欧洲腹地的奥地利仍然是封建专制的君主国。当蒸汽机进入奥地利后，君主国的丧钟便敲响了。恩格斯在《奥地利末日的开端》一文中写道：“欧美的公众现在可以高兴地看到梅特涅和整个哈布斯王朝怎样为蒸汽机轮撕碎，奥地利君主国又怎样为自己的机车碾裂。这是非常有趣的场面。”③果然，恩格斯说这段话还不到两个月，维也纳就爆发了 1848 年革命。所以马克思称蒸汽机是比布朗基等人“更危险万分的革命家”。

机器的灵魂是高效率，因而对经济、社会产生巨大的作用，使许多人从心理上或从理性上产生了对机器的依赖和崇拜。机器成为高效率的象征，凡是具有一定效率的事物，常被人称为机器，这已成为一种工业文化——机器文化。

机器很早就引起了哲学家的关注。弗兰西斯·培根 1620 年在《新机器》一书中写道：“钟表制造……肯定是一种微妙而又实实在在的工作：钟表的齿轮有点像天体轨道，它们有规律的交替运动有点像动物的脉搏跳动。”④1651 年霍布斯在《利维坦》中说：“由于生命只是肢体的一种运动，它的起源在于内部的某些主要部分，那么为什么我们不能说，一切像钟表一样用发条和齿轮运行的‘自动机械结构’也具有人造的生命呢？是否可以说它们的‘心脏’无非就是‘发条’，‘神经’只是一些‘游丝’，而‘关节’不过是一些‘齿轮’。”⑤机械钟表早在 13 世纪就已出现，它的精密结构和运行的准确无不令人惊叹，它是最初的计时机器

① [德]马克思：《机器。自然力和科学的应用》，北京：人民出版社，1978 年，第 205 页。

② 《马克思恩格斯文集》第 1 卷，北京：人民出版社，2009 年，第 67 页。

③ 《马克思恩格斯全集》第 4 卷，北京：人民出版社，1958 年，第 521 页。

④ [美]安德鲁·金柏利：《克隆——人的设计与销售》，新新闻编译中心译，海拉尔：内蒙古文化出版社，1997 年，第 301 页。

⑤ [英]霍布斯：《利维坦》，黎思复、黎廷弼译，北京：商务印书馆，1985 年，第 1 页。

和机械怪物，甚至使人想到它也有生命，从此齿轮成了机器的标志。

笛卡儿认为动物是机器。他说：“动物体内的大量骨骼、肌肉、神经、动脉、静脉和一切别的部分，可以比作机器的零件，只因为它们出自上帝之手，所以无比地井井有条，自身具有更奇妙的活动，远胜过人所能发明的任何机器。”①莱布尼茨认为活的身体都是机器。“自然的机器，也就是活的身体，即使分成最小的零件，也还是机器。”②生物体是“自然的机器”，是由零件组装成的。

1712 年纽可门研制了早期的工业蒸汽机。1748 年拉・梅特里出版了《人是机器》一书，明确提出人是一台结构精致的机器：“人体是一架会自己发动自己的机器：一架永动机的活生生的模型。体温推动它，食料支持它。”③

哲学家首先关注机器蕴含的哲学意义。他们说什么是机器，不仅是一种比喻，而且是一种哲学观点。这种观点虽同物本主义有关，但更准确地说，它是机械论。

政治家也有类似的看法。列宁有“国家机器”的说法，美国总统杰弗逊把政府称为“机器式政府”。美国纽约市曾有“花呢机器”之称，田纳西州被冠以“脾气火暴机器”的美名，新泽西州被称为“海牙机器”。

地学家则说地球是机器。德国地理学家盖约特说：“地球真是一部奇特的机器，它的所有部件共同协调地工作着。”④英国地质学家虎顿也说：“地球是机器，它是根据化学和力学的原理构成的。”⑤

此外，还有“宣传机器”“教育机器”“心理机器”“房屋是居住的机器”“开动脑筋”等说法。

这些都引起了我们的深思。为什么我们会觉得什么都像机器？为什么我

---

① 转引自 *Great Books of the Westen World*, vol,31, p.59。

② [美]安德鲁・金柏利：《克隆——人的设计与销售》，新新闻编译中心译，海拉尔：内蒙古文化出版社，1997 年，第 304—305 页。

③ [法]拉・梅特里：《人是机器》，顾寿观译，北京：商务印书馆，1959 年，第 20 页。

④ [美]普雷斯顿・詹姆斯：《地理学思想史》，李旭旦译，北京：商务印书馆，1982 年，第 183—184 页。

⑤ [苏]B. B. 齐霍米罗夫、B. E. 哈茵：《地质学简史》，张智仁译，北京：地质出版社，1959 年，第 51 页。

们对机器会给予如此慷慨的赞美？为什么机器触动我们这么多的感受和感情？为什么机器能引起我们这么多的思索和追问？

马克思说，由于机器的使用，“随着一旦已经发生的、表现为工艺革命的生产力革命，还实现着生产关系的革命”①。机器造成了生产力、生产关系即经济基础的革命，当然也会造成上层建筑的震动。

机器制造是新时代技术的集大成，是一个时代的物的精粹，它第一次向世界展示了技术的魔力。它制造了一个新的物的世界，从根本上改变了人类的生存方式和社会面貌。它带来了新的文化、新的观念、新的哲学。机器制造了新世界、新时代，也“制造”了新哲学——机械论以及更深层次的技术唯物主义，还有它的副产品技术物本主义。技术制造了人们对物的崇拜，也制造了人们对它的崇拜。

维纳说：“在历史上，机器曾经一度冲击过人类的文化并给它带来了极大的影响。机器对人类文化的这次冲击称为工业革命，当时所涉及的机器都是作为人肌的代替物的。”②维纳也把人和国家比作机器：“现在世界矛盾的双方本质上都在使用着某种国家管理机器，虽然它从任一方面说来都不是一部独立的制订策略的机器，但它却是一种机械技术，这种机械技术是适应于那群醉心于制订策略的，像机器般的人们的紧急需要的。”③正是人与机器的某些相似，成为他创立控制论的基础。但他也指出，我们不能“仅仅为了获得利润和把机器当作新的偶像来崇拜”④。

美国物理学家卡普拉指出，把世界看作一台机器，是近代科学家的共识。“笛卡儿和牛顿——还有哥白尼、伽利略以及其他同时代的人——都是天才。他们具有创造性和革命性的思想，正如我所提到的，他们敢于宣称：‘我不需要

---

① [德]马克思：《机器。自然力和科学的应用》，北京：人民出版社，1978年，第111页。
② [美]N. 维纳：《人有人的用处——控制论和社会》，陈步译，北京：商务印书馆，1978年，第111页。
③ [美]N. 维纳：《人有人的用处——控制论和社会》，陈步译，北京：商务印书馆，1978年，第149页。
④ [美]N. 维纳：《人有人的用处——控制论和社会》，陈步译，北京：商务印书馆，1978年，第132页。

教会,不需要亚里士多德,我自己可以找到世界运动的原理,我把世界看成一部机器。’提出这种观点是极其大胆的。”①这种看法可以这样表述:我不需要教会,也不需要哲学,我只需要机器。卡普拉还说,把宇宙也看作一台巨大的机器,表明还原论方法已渗透到文化之中。既然万物都是机器,那由万物构成的宇宙,当然也是机器了。“像人造机器一样,宇宙机器也被认为是由零件组装而成。因此,各种复杂的现象总被认为可以通过把它们还原有最基本的构件,以及寻找构件之间的机制的方法加以理解。这种被称作还原主义的方法已被深植于我们的文化之中,以至于常被等同于科学方法。”②既是组装,就可以拆开,还原为构件。研究课题也是由各个子问题构成的机器式结构。

卡普拉写道:“有趣的是,在生物学发展的每一个阶段,人体基本上都被看作是一台机器。在笛卡儿时代,人体先被看作是一种机械装置,随后又成了一种化学机器,更后成了一种电磁-物理-化学机器。现在人们被看成为计算机,把大脑看成了电脑,这正是笛卡儿把人体比喻成一台机器的直接延伸。”③笔者曾对卡普拉的这段话有如下评论:“卡普拉不愧是一位目光深邃的物理学家,他看出了从笛卡儿时代到现代,在科学技术界一直存在着一种思潮——把人看作机器,只是在不同的时期把人看作是不同形态的机器——从机械装置,到物理机器、化学机器,一直到计算机。可见他所说的‘机器模式’的影响是多么根深蒂固!”④

技术是近代物本主义产生和流行的决定性因素。技术通过生产工具的更新,把生产力的水平推向空前的高度;技术为人们物欲的满足提供了多种各样的新手段,使人们的物欲得到空前的满足。

---

① [波]维克多·奥辛廷斯基:《未来启示录——苏美思想家谈未来》,徐元译,上海:上海译文出版社,1988年,第240页。

② [美]弗·卡普拉:《转折点:科学·社会·兴起中的新文化》,冯禹、向世陵、黎云译,北京:中国人民大学出版社,1989年,第37页。

③ [波]维克多·奥辛廷斯基:《未来启示录——苏美思想家谈未来》,徐元译,上海:上海译文出版社,1988年,第240—241页。

④ 林德宏:《人与机器——高科技的本质与人文精神的复兴》,南京:江苏教育出版社,1999年,第78页。

四、精神是物质的最高精华

精神是物质的最高精华，这是恩格斯的一个十分重要的观点。1876年他在论述天体演化时说："物质在其一切变化中仍永远是物质，它的任何一个属性任何时候都不会丧失，因此，物质虽然必将以铁的必然性在地球上再次毁灭物质的最高的精华——思维着的精神，但在另外的地方和另一个时候又一定会以同样的铁的必然性把它重新产生出来。"①

"物质的最高精华"，这里的"物质"指的是什么？笔者认为，这句话中的物质有两种含义。"物质在其一切变化中仍永远是物质"中的"物质"，是哲学的物质概念。物质的具体形态即物不断变化，但"物质"本身不变。"物质的最高精华"中的"物质"，指的是物。

恩格斯在《自然辩证法》导言的初稿中说："对于有机物最高精华的运动即对于人的精神起作用的，是一种和无机物的运动规律正好相反的规律。"②这种"物"指的是无机物，有机物，或称为自然界。无机物—有机物—精神，精神是最高阶段。

"最高精华"同"最高产物"是一个意思。恩格斯在导言正文中说："从此以后，对有机物的最高产物即人的精神起作用的，是一种和无机物的运动规律正好相反的运动规律。"③

恩格斯论断的关键词是"最高精华"或"最高产物"。为什么恩格斯说思维着的精神是有机物（自然界）的"最高产物"？请注意"最高"二字。除了人的精神以外，还是否有别的更高级的存在。这是一个十分重要的哲学问题，恩格斯认为没有。这个问题可以换一种形式表述：除了地球人以外，是否还有更高级

---

① [德]弗里德里希·恩格斯：《自然辩证法》，中共中央马克思恩格斯列宁斯大林著作编译局译，北京：人民出版社，2018年，第27页。

② [德]弗里德里希·恩格斯：《自然辩证法》，中共中央马克思恩格斯列宁斯大林著作编译局译，北京：人民出版社，2018年，第6页。

③ [德]弗里德里希·恩格斯：《自然辩证法》，中共中央马克思恩格斯列宁斯大林著作编译局译，北京：人民出版社，2018年，第11页。

的智慧生物?恩格斯的回答也是否定。

为什么?在评论热寂说时,恩格斯认为宇宙的演变是循环过程,并坚信发散在宇宙空间中的热一定能够重新集结起来。他认为宇宙在时间和空间上都是无限的。"诸天体在无限的时间内永恒重复的先后相继,不过是无数天体在无限空间内同时并存的逻辑补充。"①天体在宇宙中的演变是"永恒重复"的过程。这个"永恒重复"就是"永恒循环"。

恩格斯继续写道:"这是物质运动的一个永恒的循环,这个循环完成其轨道所经历的时间用我们的地球年是无法量度的,在这个循环中,最高发展的时间,即有机生命的时间,尤其是具有自我意识和自然界意识的人的生命的时间,如同生命和自我意识的活动空间一样,是极为有限的;在这个循环中,物质的每一有限的存在方式,不论是太阳或星云,个别动物或动物种属,化学的化合或分解,都同样是暂时的,而且除了永恒变化着的、永恒运动着的物质及其运动和变化的规律以外,再没有什么永恒的东西了。但是,不论这个循环在时间和空间中如何经常地和如何无情地完成着,不论有多少亿个太阳和地球产生和灭亡,不论要经历多长时间才能在一个太阳系内而且只在一个行星上形成有机生命的条件,不论有多么多的数也数不尽的有机物必定先产生和灭亡,然后具有能思维的脑子的动物才从它们中间发展出来,并在一个很短的时间内找到适于生存的条件,而后又被残酷地毁灭,我们还是确信:物质在其一切变化中仍永远是物质,它的任何一个属性任何时候都不会丧失。"②恩格斯认为宇宙的演变是个大循环,所有的物质的存在方式,即所有的物,都有生有灭、灭后又生。如同宇宙中的热从发散到聚集,然后再发散再聚集。"再次毁灭",即不止毁灭一次。"物质……再次毁灭物质的最高精华",这是物质的自我毁灭,物质有自我再生能力。

大循环表明,在已出现的"最高发展"之后,不可能再有更高级的"最高发

① [德]弗里德里希·恩格斯:《自然辩证法》,中共中央马克思恩格斯列宁斯大林著作编译局译,北京:人民出版社,2018年,第27页。

② [德]弗里德里希·恩格斯:《自然辩证法》,中共中央马克思恩格斯列宁斯大林著作编译局译,北京:人民出版社,2018年,第27页。

展”了。恩格斯所说的“最高发展”，指的就是人的生命、人的意识的出现。所以人类出现以后，不可能出现比人类更高级的“超人”；人类意识出现以后，也不可能有更高级的“超意识”出现。恩格斯的这段论述，关系到人体技术、人工生命技术、人工智能技术的发展是否有极限的问题。

恩格斯指出：“物质从自身中发展出了能思维的人脑，这对机械论来说，是纯粹偶然的事件，虽然事情的发生是逐步地必然地决定了的。但是事实上，进一步发展出能思维的生物，是物质的本性，因而凡在具备了条件（这些条件并非在任何地方和任何时候都必然是一样的）的地方是必然要发生的。”①任何物的发展都是有限的，这是由“物质的本性”决定的。

能思维的人脑的出现是物发展的最高阶段，也就是说，在人的精神出现以后，物不可能再产生别的更高级的存在。

恩格斯在这里论述的物质运动循环，是自然界演化的循环，更准确地说，是天然自然物的循环。那人工自然物的演变是否也遵循这样的循环？这是一个大问题。

笔者认为，只要人工自然物是一种物，必然包含在物的永恒循环之中。

从宏观的角度讲，天然自然界是人工自然物的载体。从微观的角度来看，无论人工自然物的人工度有多高，其中仍不可避免地包含一定的天然自然物（如基本粒子、夸克）。一旦天然自然界在某个时期毁灭了，其中的人工自然界必然也随之毁灭。皮之不存，毛将焉附？所以，人工自然物、人工自然界也处于永恒循环之中，也有生有灭，灭后再生。人工自然界的毁灭，可能是天然自然界所致，如太阳熄灭；也可能是人工自然物自我毁灭，如核武器毁灭地球。因此，人工自然界的命运，实际上同天然自然界命运一样，甚至是由天然自然界的命运决定的。

人工自然物是天然自然物发展的最高精华，犹如精神是物质发展的最高精华。

---

① ［德］弗里德里希·恩格斯：《自然辩证法》，中共中央马克思恩格斯列宁斯大林著作编译局译，北京：人民出版社，2018 年，第 86 页。

因此,任何物的存在都是短暂的,其发展和功能都是有限的。我们没有必要也不应该迷信、崇拜任何物。

人及其精神是物质发展的最高精华,所以人的价值高于物的价值。人生苦短,更应当珍惜。如果每个人的生命都永恒,那也就无价值可言了。所以精神的价值高于物的价值,精神追求是更高的追求。这是对物本主义的哲学批判,是最彻底的批判。

造物是技术求利的主要手段。技术以物取胜,以物获利,并力求尽快尽多获利,永无满足之时,这是技术的逻辑,也是资本的逻辑。技术以此获得辉煌,同时也为自我否定创造了条件。真所谓成也"萧何"败亦萧何。

技术创新首先是为富人服务的,因为这可以获得很高的利润。技术创新也会迎合公众的物欲,竭力调动物欲,甚至制造新物欲。物欲是技术创新的动力,技术又是物欲的膨胀剂。在媒体的配合下,技术创新在市场上大显身手,搞得物欲横流。技术制造的机器成了人们的偶像,技术被奉为工业神。迷信、迷恋物,就是迷信、迷恋技术。技术制造了物本主义,同时物本主义也制造了技术。

现在,技术发展的速度越来越快,更新的周期越来越短,功能越来越强,"颠覆性的创新"已成为时尚,技术在社会上也越来越强势,已经成了文化的霸主。

但,这是否只是好事呢?否,否。人类社会是个大系统,技术是其中的一个子系统。如果一个子系统发展过快,过于强势,就会破坏大系统的和谐,有损于大系统的整体功能,甚至导致系统的崩溃。技术正是这样的子系统。

康德说:"一个确定的自然规律:一切东西,一旦开始,就不断走向消亡。"①"一切东西",概莫能外,技术一旦形成,便开始走向反面。技术的发展令人欢欣鼓舞,技术的结局也会令人胆战心惊。

技术也处于永恒的循环之中,它也有生有灭,灭而再生。技术发展越快,距离奇点就越来越近,毁灭的时刻也就越来越早。所以技术的发展不是越快越好。

笔者认为,有两种力量可以毁灭整个人类。一是特大的自然灾害,如天体

---

① [德]康德:《宇宙发展史概论》,上海外国自然科学哲学著作编译组译,上海:上海人民出版社,1972 年,第 203 页。

碰撞、太阳熄灭。二是技术的疯狂发展，如核武器的严重失控和大规模核战争。技术越先进，其破坏作用就越大。高效益总是伴随着高风险。技术灾难发生的概率远远高于自然灾难发生的概率。我们可以预测，技术灾难的到来一定在自然灾难之前。

既然技术求利，那技术就必然追求利益最大化，尽可能地发展。贪婪是技术的本性，技术自身没有节制的机制。现有技术已完全满足公众的需要，有的早已过度发展。务必要节制，让技术之火在理智的火炉中燃烧。

恩格斯说："整个自然界，从最小的东西到最大的东西，从沙粒到太阳，从原生生物到人，都处于永恒的产生和消逝中，……当然，对这种循环的经验证明并不是完全没有缺陷的，但是这些缺陷与已经确立的东西相比是无足轻重的，而且会一年一年地得到弥补。"①人类社会是自然界长期发展的产物，自然界是社会存在的物质基础，人类的全部活动都不能离开自然界，都不能违背自然界的发展规律。笔者认为，恩格斯所说的永恒循环也完全适用于社会，适用于各种社会存在和社会意识。因此世界万事万物都处于永恒循环之中，这是世界观的一个重要部分，这不仅对抵制物本主义，约束技术发展有重要意义，而且对人生观、价值观都有重要影响。一切都有生有灭，但我们不必为此惋惜、伤感。正如康德所说："这个大自然的火凤凰之所以自焚，就是为了要从它的灰烬中恢复青春得到重生。"②

发展与循环的统一是恩格斯自然观的基本观点。每一种存在都是有限的，在时间、空间上有限，其功能、作用、影响有限。既然是具体的存在，就必然有生有灭。存在于有限的时间中又会不断发展，经历从低级到高级、从简单到复杂的历程，呈现出不同的发展阶段。任何发展都是有限的。发展也是从生到灭，灭而再生的过程。事物通过自身的发展逐渐走向高潮，然后是退潮，直至消失。然后在经过大尺度的时间之后，又出现新的发展。从这个意义上可以说，自然

---

① [德]弗里德里希·恩格斯:《自然辩证法》，中共中央马克思恩格斯列宁斯大林著作编译局译，北京:人民出版社，2018 年，第 18—19 页。

② [德]康德:《宇宙发展史概论》，上海外国自然科学哲学著作编译组译，上海:上海人民出版社，1972 年，第 156 页。

物的发展也是走向消亡的过程。

技术的发展也遵循这样的规律，技术发展无限、技术万能、技术发展越快越好的观点，都是没有根据的。

精神是物质发展的最高阶段。精神高在何处？相对于物而言，精神有许多优越性。精神使人具有自我意识、自主意识和对客观世界的认识，具有想象、设计、反思、预见、评价的功能。此外，物质守恒，精神不守恒；物只可转移，精神可以传播；物的存在和运动受时间和空间的限制，意识的存在和传播不受时间和空间的限制；物的相加是线性关系，精神作用的相加是非线性关系；物具有物理性，精神具有心理性；物的可取代性高，精神的可取代性低；等等。如果精神没有这些优点，物就不会发展出精神。青出于蓝而胜于蓝。

物质先于精神，精神优于物质，这是物质与精神关系的比较全面的表述。我们不应当迷信物的功能，不应当迷恋物的享受，而应当从理论上认清物本主义的荒唐。

第五章　中国古代的造物哲学

中国古代哲学的一个特点，是关于"物"的论述很多，内容丰富，涉及面很宽，并屡见深刻的见解，成为中国古代哲学的重要部分。

一、中国古代的物性论

"物"一词在中国古代哲学的典籍中出现的频率很高。据统计，《庄子》一书中，"物"出现205次，"万物"出现91次，"造物者"出现7次。其中《齐物论》篇物13次，万物4次。《大宗师》物13次，万物2次。《在宥》物19次，万物2次。《天地》物11次，万物6次。《秋水》物10次，万物12次，《知北游》物25次，万物9次。《庚桑楚》物13次，万物1次。《徐无鬼》物12次，万物1次。《则阳》物11次，万物4次。《天下》物13次，万物14次。陈鼓应先生说，庄子的"物"可理解为外物、物象、事物。但估计有不少指的是我们通常所说的"物体"。笔者曾发表过一篇文章，涉及天地万物、气化万物、圣人创物、百工开物、物阜民安、君子爱物、格物致知、重已役物等方面内容[①]。

为什么中国古代哲学有这个特点？这个问题比较复杂。在中国古代哲学中，物不是本体论的概念，而是生存论、价值论的概念。它不是世界的本原，而是人们生活不可缺少的食物、器物和生产工具。物的概念和理论都不很抽象，公众容易理解和接受，有许多是公众生活和生产经验的概括。中国古代关于物

---

① 林德宏：《中国古代关于物的哲学》，《江海学刊》2009年第2期。

的哲学理论，是精英哲学和公众哲学的结合。这表明中国古代哲学关注公众的现实生活。

中国古代长期是农业社会。中国地域辽阔，但人口众多，西汉时期人口近6 000万，约占当时世界人口的四分之一。人均拥有的土地资源不多，人均耕地面积小，全国陆地面积30%以上不宜耕作。中国的自然灾害也较多，甲骨文中已有“灾”字。李约瑟说中国是个季风国家，六、七月雨水特别多。四季最分明的地区正是中华文化的重要发源地——黄河、长江流域。大部分地区冬季寒冷干燥，使我国成为同纬度冬季最冷的国家。夏天又是世界上同纬度除沙漠地区以外最热的国家。一旦季风反常就会出现大范围的旱涝灾害。所以英国学者布克耳说中国人的生存条件比欧洲人的更加艰难。

这么少的耕地，这么差的自然条件，要养活那么多的人，的确是天大的难题。西晋的陈寿在《三国志》中说：“国以民为本，民以食为天。”其中“民以食为天”已成为根深蒂固的观念，世代相传。唐朝李绅的名句“谁知盘中餐，粒粒皆辛苦”千古传诵。

在这种历史背景下，人们世代的艰辛形成了一种传统的意识：离开了物，人们就无法生存，物多则富，物少即贫。“贵五谷而贱金玉”是宋应星编撰《天工开物》的原则。朱柏庐的《治家格言》说：“一粥一饭，当思来之不易；半丝半缕，恒念物力维艰。”笔者以为，揠苗助长、杀鸡取卵、竭泽而渔，虽缺乏远见，遭人嘲笑，但也许是饥饿难忍的无奈之举。

衣食温饱不仅是生活的头等大事，而且影响着人的精神面貌。《管子·牧民》写道：“仓廪实而知礼节，衣食足而知荣辱。”“厚德载物”，德之深厚可以承载天下万物。儒家主张以德治国，把德与物联系在一起，意味深长。

荀子还谈到了物与礼的关系。“礼起于何也？曰：人生而有欲，欲而不得，则不能无求；求而无度量分界，则不能不争；争则乱，乱则穷。先王恶其乱也，故制礼义以分之，以养人之欲，给人之求，使欲必不穷于物，物必不屈于欲，两者相持而长，是礼之所起也。”（《荀子·理论》）礼起源于欲和物的协调。

物对民生、社稷如此重要，中国古代哲学关注物，也就可以理解了。

亚里士多德说：“有多少类实体，哲学就有多少个部分，所以在这些部分中间，必须有一个'第一哲学'和一个次于'第一哲学'的哲学。"[①]物是一个庞大的实体系统，应当有关于物的哲学。中国古代哲学关于物的系统就形成了一种哲学，可称为"物性论"，同人性论相对应。它是关于物的性质、功能、价值以及同人关系的哲学。它不是本体论哲学，而是生存论、价值论哲学。它是一种"第二哲学"。"形而上者谓之道，形而下者谓之器。"(《易经·系辞》)关于"道"的哲学是第一哲学，关于器的哲学就是第二哲学，也可称为器物论。研究器物的哲学，是对形而上学的超越，使哲学别开生面。中国古代的物性论就是一种形而下学。世界有层次，哲学也应有层次。

二、圣人创物论

在中国古代的哲学中，物不是本原。那物是从哪里来的呢？道家认为道生万物。"道生一，一生二，二生三，三生万物。"(《道德经》四十二章)元气论认为气化万物，物是气的凝聚。王夫之说："物之所造者，气也。……物者，气之凝滞者。"(《庄子解》)张载说："太虚不能无气，气不能不聚而为万物，万物不能不散而为太虚。"(《正蒙·太和》)"在天为气，在地成形，形气相感而化万物矣。"(《黄帝内经·素问》)

在中国也有盘古化生万物的神话。天地间最早出生的盘古临死时，身体变为万物。左眼变为太阳，右眼变为月亮，四肢五体成为四极五岳，血液变成江河，身上的小虫变为黎民百姓，等等。但这对中国古代物性论没有什么影响。

从技术哲学的角度来讲，我们更关注的是生产工具，以及生活工具是怎么来的。中国古代哲学的回答是：圣人造物和百工开物。这同古希腊哲学的神创物很不相同。

关于人类技术的起源，公元前五世纪的普罗泰戈拉叙述了一个神话故事，虽文字较长，笔者还是引述如下："从前有一个时候只有神灵，没有凡间的生物。

---

① 北京大学哲学系外国哲学史教研室编译：《古希腊罗马哲学》，北京：商务印书馆，1961年，第237页。

后来应该创造这些生物的时候到了,神们便用土、水以及一些这两种元素的不同的混合物在大地的内部造出了它们;等到他们要把它们拿到日光之下来的时候,他们就命令普罗米修斯和艾比米修斯来装备它们,并且给它们逐个分配特有的性质。……普罗米修斯来检查分配工作,他发现别的动物都配备得很合适,只有人是赤裸裸的,没有鞋子,没有床,也没防身的武器。轮到人出世的指定时间快到了,普罗米修斯不知道怎样去想办法救人,便偷了赫斐斯特(古希腊的冶金之神——引者)和雅典娜的机械技术,加上火(这些技术没有火就得不到,也无法使用),送给了人。于是人有了维持生活所必需的智慧,……于是人便具备了生活的手段。”普罗泰戈拉是哲学家,据说还富于唯物主义精神。但他讲的是神创万物的传说——人类的技术是普罗米修斯从神那里偷来的。于是人类“就发明了有音节的语言和名称。并且造出房屋、衣服、鞋子和床来,从土地里取得了养生之资”①。

柏拉图则对神创万物论进行哲学论述。“我们要提出一个在开始研究任何东西的时候总要提出来的问题:整个世界究竟是永远存在而没有开始的呢,还是创造出来的而有一个开始呢?我认为它是创造出来的。因为它是看得见的,摸得着的,并且具有一个形体;所有这些东西都是可以感觉的,而一切可以感觉的东西都是意见和感觉的对象,因此都处在一个创造过程中而是创造出来的。我们在前面说过,凡是创造出来的东西都必然是由于某种原因而被创造出来的。因此我们现在的任务就是要来发现这个世界的创造主和父亲。但是这个任务的确是不容易的,即使我们把这个创造主找到了,要把他告诉所有的人也是不可能的事情。”②他认为世界是被创造出来的,因为所有这些“形体”都处在创造过程之中。因为世界处于创造过程之中,所以世界被创造出来了。这不是论证,而是同义语反复。然后他说这必然是由于某种原因被创造出来的。创造有原因,但为什么这个原因就是创造主呢?没有说明。

---

① 北京大学哲学系外国哲学史教研室编译:《古希腊罗马哲学》,北京:商务印书馆,1961年,第136—137页。

② 北京大学哲学系外国哲学史教研室编译:《古希腊罗马哲学》,北京:商务印书馆,1961年,第208页。

那这个创造主又是什么呢？柏拉图继续写道："这个世界的创造主用什么样的模型来创造这个世界呢？他用的是永恒不变的模型呢，还是创造出来的模型？如果这个世界是美的，而它的创造主是好的，显然创造主就得要注视着那永恒不变的东西，把这种东西当作模型。如果不是这样（这是一种不敬神的假定），那么，他所注视着的必然是创造出来的东西。但是每个人都会看得很清楚，他所注视着的乃是永恒不变的东西，因为在一切创造出来的东西中，世界是最美的，而在一切原因中，神是最好的。既然世界是这样产生出来的，因此它必然是照着理性所认识的，永恒不变的模型创造出来的。"①这个创造主就是神，因为世界是最美好的，创造主是最好的，只有神能按照永恒不变的模式创造世界。

神创世界这本是一个荒唐的命题，所以像柏拉图这样充满睿智的大哲学家，对此的哲学论证也无法自圆其说。

但在中国古代的文化中，神创论的影响并不大。自然物可以由气演化而成。人造物呢？则有圣人造物论。我们还是先引述一篇哲学家写的传说故事。韩非子写道："上古之世，人民少而禽兽众，人民不胜禽兽虫蛇。有圣人作，构木巢以避群害，而民悦之，使天王下，号曰有巢氏。民食果蓏蚌蛤，腥臊恶臭两伤害腹胃，民多疾病，有圣人作，钻燧取火以化腥臊，而民说之，使王天下，号之曰燧人氏。"（《韩非子·五蠹》）普罗泰戈拉和韩非子都是哲学家，却讲述了关于技术起源的两个完全不同的故事。中西古代文化的差异由此可见一斑。

圣人燧人氏是怎么发明钻木取火的呢？说来有趣，竟是向鸟儿学来的。"遂明国不识四时昼夜，有火树名遂木，屈盘万顷。后世有圣人，游日月之外，至于其国，息此树下。有鸟若鸮啄树则灿然火出。圣人感焉，因用小枝钻火，号燧人。"（《抱朴子·对俗》）燧人氏向鸟学习，可见不是神。

普罗米修斯和燧人氏两位都是英雄，但普罗米修斯是神明，而燧人氏是人，被尊称为圣人。普罗米修斯从最高的神宙斯那里偷来火，燧人氏则是自己钻木

① 北京大学哲学系外国哲学史教研室编译：《古希腊罗马哲学》，北京：商务印书馆，1961 年，第 208 页。

取火。普罗米修斯因违反宙斯的天条，被用铁链锁在高加索山上，宙斯命鹫鹰啄食他的躯体，而燧人氏被大众拥戴为帝王。这岂不令人深思？

在中国古代的典籍中，有很多关于圣人创物的记载。

《易经·系辞》：“黄帝尧舜垂衣裳而天下治，盖取诸乾坤。刳木为舟，剡木为楫，舟楫之利，以济不通，致远以利天下。”“备物致用，立成器以为天下，莫大乎圣人。”

《山海经》：“后稷是始播百谷。”“义均始为巧倕，是始作下民百巧。”(《海内经》)巧倕是义均的称呼，传说他发明了规、矩、准、绳、耒、耜、铫、耨等用器。“淫梁生番禺，是始为舟。”“吉光是始以木为车。”“般是始为弓矢。”“晏龙是始为琴瑟。”“鼓、延是始为钟，为乐风。”(《海内经》)

《抱朴子·对俗》：“太昊师蜘蛛而结网。”《国语·郑语》：“先王以土与金、木、水、火杂以成万物。”《搜神记》：“神农以赭鞭鞭百草，尽知其平毒寒温之性，臭味所主，以播百谷，故天下号神农也。”方以智写道：“上古圣人，备物致用。炼金楺木，建宫室，造衣服，分干支，明岁月，立书契，纪制度，使物各得其宜而至化行焉。”(《物理小识·总论》)“备物致用，立成器，以为天下利，莫大乎圣人。”“圣人制器利用以安其生，因表理以治其心。器固物也，心一物也。”(《物理小识·自序》)

传说伏羲和神农是两位大发明家。伏羲：结网捕鱼、家养动物、制陶埙、琴瑟。神农：制耒耜、种五谷、治麻为布、作五弦琴、削木为弓、制作陶器。中医有医源于圣之说，圣人出，医方兴、医道立。

圣人创物只是传说而非信史，不能当作技术史来阅读，但可以视作中国古代造物论的一个特色。所谓圣人，主要指帝王，也指有大学问的君子。如孔子就被称为圣人。重要的是圣人是人，而不是神。当然圣人也会被神化，所以圣人创物的传说又是神话。所以圣人难免与众不同，有一些神的特征。“圣人皆无父。”(《春秋公羊传》)传伏羲、少昊、神农、帝喾、颛顼、尧、舜、禹、契、弃等圣人皆处女所生，如同圣母玛利亚生耶稣一样。这都是半人半神的人物。

但从总体上看，圣人是人。燧人氏向小鸟学习钻木取火，伏羲向蜘蛛学习织网，都是后知后觉。“巫步多禹”的故事颇为有趣。“昔者姒氏治水土，而巫步多禹。”(扬雄《法言·重黎》)李轨注:“姒氏,禹也。治水土涉山军川,病足,故行跛也……而俗巫多效禹步。”这些巫都是大禹的粉丝,颇似邯郸学步。禹足病行跛,可见禹也是人。

有人对《黄帝内经》假托黄帝与岐伯的对话提出质疑。清代崔述指出:“世所传《素问》一书,载黄帝岐伯问答之言,而《灵枢》《阴符经》,或亦称为黄帝所作。至战国诸子书述黄帝者尤众,若《庄子》书称黄帝问道于广成子之类。余按黄帝之时,尚无史册,安得有书传于后世?”(《补上古考信录·黄帝说》)

圣人创物是个文化现象,可以从不同角度解读。古代中国宗教的影响远不如欧洲,不重神权,但重王权。所以圣人创物是否是为了强化王权而编出的故事?但这些传说都关注民生,因为圣人所创之物多为民生所必需。民以食为天,民以物为生,所以重民必重物,创物者被奉为圣人。管子说:“得人之道,莫如利之。”(《管子·版法》)所以他主张以人为本,以利为先。庄子说:“爱人利物之谓仁。”(《庄子·天地》)把“爱人”与“利物”联系在一起。这些大约就是古人编造圣人创物故事的本意。圣人重物创物,我们也应当重物爱物,这从一个方面说明了为何中国古代哲学重视物的缘由。

三、百工造物论

《考工记》是春秋时期记述官营手工业各工种规范和制造工艺的著作。其中写道:“知者创物,巧者述之,守之世,谓之工,百工之事,皆圣人之作也。”知者发明,巧者记录,百工按照前人的制造传统制造,他们都是圣人。圣人创物是神话传说,百工造物则有大量的文献记载。百工指各行各业的工匠。

“工欲善其事,必先利其器。”(《论语·卫灵公》)荀子说:“百工以巧尽械器。”(《荀子·荣辱》)百工用技巧制造器械。“论百工,审时势,辨功苦,尚完利,便备用,使雕琢文采不敢专造于家,工师之事也。”(《荀子·王制》)考察各类工匠的手艺,审察各个时节的生产事宜,鉴定产品的质劣,关注产品的坚固好用,储藏设备用具便于使用,使雕刻图案的器具与彩色花纹的礼服,不敢私自制造,这是工师的职责。“传曰:农分田而耕,贾分货而贩,百工分事而劝,士大夫分职而听。”(《荀子·王霸》)当时已有农、贾、工、士大夫的社会分工。

沈括认为圣人不可能创造那么多的物，造物主要靠百工。“技巧、器械、大小尺寸、黑黄苍赤，岂能尽出圣人？百工、群有司、市井、田野之人，莫不预焉。”(《长兴集卷十九》)造物以百工为主，还包括“市井、田野之人”，这都是老百姓。他认为创物者不是圣人，而是普通的劳动者。造物者从圣人转向凡人，这是中国古代造物论的一次飞跃。

宋应星的《天工开物》是世界上第一部关于农业和手工业生产的综合性著作，被誉为中国17世纪的工艺百科全书。它蕴含着许多关于百工造物论的思想。

《天工开物》的书名有两个来源。“天工人其代之。”(《尚书·皋陶谟》)“开物成务。”(《周易·系辞》)前者认为人工可以取代天工，这是很杰出的技术哲学思想。但“开物成务”容易误读，关键是如何理解“开”这个多义词。原文是“夫易，开物成务。”这是讲易经能使我们通晓万物的道理，办事就会成功。那这层意思同技术造物的关系不大。这里的“开”指开通。莫非宋应星认为自己的著作也会有这样的效果？莫非他用“开物”作为书名另有深意？

宋应星说：“人工天工亦见一斑。”(《天工开物·五金》)他把人工与天工并列。在他看来，“工”包括人工和天工。因此我们可以设想《天工开物》中的“天工”，可能是天工和人工的简述。那这里的“开”就不是针对阅读《周易》而言的，而是“工”的效果。那这里的“开”应当指的是开采、开发。

他认为物有两种来源。他在叙述制盐技术时说“或假人力或由天造”(《天工开物·作咸》)，即有的食盐是由人工提炼出来的，有的则是天然生成的。推而广之，生活中的各种物都有这两个来源。因此，他所说的“开物”是指创物。他把“人力”与“天造”并列，即人工自然物与天然自然物并列，把物区分为人造、天造两种，这是技术哲学研究的逻辑起点。

为何有时天工要由人代？“草木之实，其中蕴藏膏液，而不能自流。(必)假借水火，凭借木石，而后倾注而出焉。”(《天工开物·膏液》)种子含油脂，但不能“自流”，工匠便木榨石磨，使其流出。他还说：“万物巧生以待。”(《天工开物·作咸》)“五谷不能自生，而生人生之。”(《天工开物·乃粒》)天然自然物的状态、属性有时不能满足我们的需要，所以要加工。万物各有其用，有待人们去开发。“夫财者，天生地宜，而人功运施而出者也。”（《野议》）自然资源的价值很高，但不会自动让人使用，需要人工运作。“不能自流”“不能自生”，即不能按人的意愿变化，但人力可以引起这些变化。宋应星的同乡帅念祖说：“盖以人力尽地利，补天工。”（《区田编·舟车》）

宋应星叙述工匠把黄金做成金箔时说：“盖人巧造成异物也。”（《天工开物·五金》）“异物”乃不常见之物，这还是人工自然物的本质特征。金矿石不可能自行变为金箔。

如何造物？宋应星指出要发挥法、巧、器三大要素的作用，即操作方法、操作技巧、操作工具的配合。他还把拟人化的比拟用于技术操作的记述。“生钢（即铁——引者）先化，渗淋熟铁之中，两情投合。”“生熟相和，炼成则钢。”（《天工开物·五金》）所谓“两情投合”，指相互协调。

宋应星还叙述了冶炼的程序：“四面筑炉”，“甲炉既倾，乙炉疾继之，丙炉又疾继之”（《天工开物·五金》）。各道工序相互衔接，配合默契。

“制器尚象。”（《周易·系辞上》）观察和模仿自然物，是工匠造物的设计思想。

《考工记》：“天有时，地有气，材有美，工有巧，合此四者，然后可以为良。”（《序官》）手工造物，材要美，工要巧，还要关注季节、地域的不同。战国时期，已有一些地方名牌产品，如郑国的刀、宋国的斧、鲁国的削刀、吴国粤地的剑，换个地方，质量就差，所以选材要因时因地制宜。《齐民要术》：“顺天时，量地利，则用力少而成功多，任情返道，劳而无获。”（《种谷第三》）技术追求效率，所以造物要遵守规则，不能恣意妄为。“百工治器，必贵于有用。器而不可用，工不为也。”（《二程集·论学篇》）实用是百工造物的准绳。

元代的薛景石是位木匠，编《梓人遗制》。段成已在序中说：“有景石者，夙习是业，而有智思，其所制作不失古法而间出新意，砻断余暇，求器图之所自起，参以时制而为之图。”段赞薛这位木匠，是位技术学家，薛景石在叙述提花机的制作时说，这是工匠的创造。他又说到当时的许多工匠的创新都各有法式，互有长短，需认真总结。段成已指出：“夫工人为之为器，以利言也，技苟有以过人,唯人人之我若而分其利,常人之情也。”工匠造器为的是谋利,担心有人超过自己,分享他的利益,称这是人之常情。这实际上是说当时木工业已有技术竞争。“每一器,必离析其体而缕数之。分则各为其名,合则共成一器。”每一部件皆详细说明其尺寸和安装的位置。当时木工已有组装产品。

有趣的是柳宗元写过一篇《梓人传》,不忍割爱,全文引述。“裴封叔之第,在光德里。有梓人款其门,愿佣隙宇而处焉。所职,寻、引、规、矩、绳、墨,家不居砻斫之器。问其能,曰:‘吾善度材,视栋宇之制,高深圆方短长之宜,吾指使而群工役焉。舍我,众莫能就一宇。故食于官府,吾受禄三倍;作于私家,吾收其直大半焉。’他日,入其室,其床阙足而不能理,曰:‘将求他工。’余甚笑之,谓其无能而贪禄嗜货者。”这位梓人称自己的才能是执掌度量长短,规划方圆和校正曲直的工具。他善于测量和计算木材,揣摩房屋的式样、高深、圆方、短长是否合适。他说他指挥许多工匠去操作。离了他,众木匠就造不成房子。他们的工作重要,所以收入也高。但是,他的木床缺少一条腿,他却叫别的工匠来修理。这并不奇怪,他的房间里只有测绘器具,并无磨砺和砍削的工具。他为此遭人嘲笑。其实当时的梓人已有分工,他不是直接干活的匠人,而是指挥别人干活的工程师,所以他的收入远高于普通工人。中国古代还有“物勒工名”的制度,对百工的工作质量提出了要求,实行个人负责制,不合质量者,追问工人的个人责任。《唐律疏议》:“物勒工名,以考其诚,功有不当,必行其罪。”

鲁班可说是百工造物的杰出代表。他是春秋战国时期的一位木匠,出生于世代工匠的家庭。相传他发明了铁锯、斧头、曲尺、墨斗、刨子、石磨、木鸢、云梯等物。据说他的妻子云儿发明了伞。他被后人尊称为百工圣祖。成语“班门弄斧”也说明他的影响之大。在中国古代木匠是个大行业,房屋多为木质结构,这同西方古代多用石块造房不同。宋初喻皓也是木工,曾著《木经》,早已失传。明代有《鲁班经》,是民间木工行业的专用书,前身是《鲁班营造法式》。这表明在中国古代的工匠有一定的社会地位。

哲学家庄子有很多关于物的论述,是中国古代物性论的大师。笔者以为,他关于造化的比喻最为精彩。“今大冶铸金,金踊跃曰我且必为镆铘,大冶必以为不祥之金。今一犯人之形而曰:‘人耳人耳。’夫造化者必以为不祥之人。今一以天地为大炉,以造化为大冶,恶乎往而不可哉。"(《庄子·大宗师》)西汉贾谊说:"天地为炉兮,造化为工,阴阳为炭兮,万物为铜。"(《鹏鸟赋》)王充也提到"天地为炉,万物为铜,阴阳为火,造化为工。"(《论衡·物势》)把天地比作大熔炉,把造化比作技术高超的冶炼工匠,这气派令人击掌。"造化为工",造化造物,如同大冶铸金。造化不是神,甚至也不是圣人,而是百工!这是对百工的赞歌,这是中国古代造物论的精华!

四、中医的制药理论

药物也是物,中国古代造药是一个重要的造物领域。中医药物又是一种特殊的物,其制造过程也有特殊性。

古代中国曾称医生为工。《黄帝内经》多次谈到圣人,如"上古圣人作汤液醪醴,为而不用,何也?"(《黄帝内经·素问》)圣人创药,医生只是工。"病为本,工为标。"(《黄帝内经·素问》)古代中医界还有"上工望而知之,中工问而知之,下工脉而知之"的说法。望、闻、问、切是中医获取病人信息的不同方法,反映工的不同水平。圣人创医,工行医。名医有时也被称为圣人。"是故圣人不治已病治未病,不治已乱治未乱,此之谓也。"(《四气调神大论》)

普通中医既然是工,那就要造物,即制造药物。众所周知,中药采用自然药材,以植物为主,论述中草药的古代文献多称本草,最早的医药典籍称《神农本草经》。但从自然药材到药物,也经历了从天然自然物到人工自然物的发展过程。这也是一种造物活动,有两道主要工序:炮制药材和制造方剂。

中药制造的前提是选材,中药药材的来源很宽泛,还有"药食同源"的说法,都来自神农尝百草。"空腹食之为食物,患者食之为药物。"(《黄帝内经·太素》)李时珍把《本草纲目》所载药物分为16部:水、火、土、金石、草、谷、菜、果、木、服器、虫、鳞、介、禽、兽、人,颇有万物皆药的味道。孙思邈说:"今之医者,但知诊脉处方,不委采药时节,至于出处土地,新陈虚实,皆不悉,所以治十不得五六者,实由于此。"(《千金要方卷一·序例》)

孙思邈更强调炮制的重要,称此为"合和"。"凡草有根、茎、枝、叶、皮、骨、花、实,诸虫有毛、翅、皮、甲、头、足、尾、骨之属,亦须烧炼炮炙,生熟有密,一如后法,顺方者福,逆之者殃。"(《千金要方卷一·序例》)中药的炮制包括修制、水制、火制、水火共制等。修制包括剪、摘、揉、擦、磨、刷、括、筛、剥、刨、捣、敲、碾、切。水制包括淘洗、淋润、浸泡以及水漂等。火制包括清炒、辅料炒、煨、煅。药材经过炮制可以提高药效,降低药物毒副作用并方便存储。炮制药材如同烹饪食材,都有一定的技术要求。

更有意义的是制造方剂。剂,古作齐,指调剂。方剂是为治疗疾病而组合成的若干药物的名称、剂量和用法。"调剂百药,和之为宜。"(《汉书艺文志》)

中药经历了从单味药到多味药的发展过程,即从单方发展为复方。神农尝百草只能提供单味药,后来医生们逐渐发现,把几种药物组合在一起,疗效会更好。这是对中医药物认识的一次飞跃。各种药物相互补充、相互配合,形成一个微药物系统,产生了各组成药物所没有的整体疗效。多味药的奇妙之处在于,医生通过参组药物的多少和每种参组药物数量的增减,按不同的比例组合,形成了方剂的高度多样性。方剂数量之多令人咋舌,《黄帝内经》载方剂 13 首,《伤寒论》113 首,《金匮要略》262 首,《千金方》5 300 多首,《本草纲目》11 000 首。有文字记载的中药约 8 000 种,方剂 10 万首。现在同方剂有关的书籍达两千种,记载方剂约 20 万首。南京中医药学院 1993 年出版的《中医方剂大辞典》载有方名的方剂多达 96 592 首。

方剂深刻地揭示了中西药物的区别。西药是单味药,中药能多味药。西药是化合物,中药是混合物。西医单药独进,中医多药配合。西药的疗效来自化学结构,中药的疗效来自药的物性。西药的根据是关于分子结构的研究,中药的根据是关于宏观物体的体验。

《黄帝内经》提出了君、臣、佐、使的组方原则。"主病之谓君,佐君之谓臣,应臣之谓使。"(《至真要大论》)针对主要病症的药物称君药,辅助君药的称臣药,减弱副作用的称佐药。此外使药是向导药物,俗称药引子,能导向定位,引导药物的药力直达病灶。

张仲景主张"以理立法,以法立方"。孙思邈指出,若配伍不当,药反而成害。"药有相生相杀,气力有强有弱,君臣相理,佐使相持,若不广通诸经,则不知有好有恶，或医自以意加减，不依方分，使诸草石强弱相欺，入人腹中，不能治病，更加斗争。草石相反，使人迷乱：力甚刀剑。”（《千金要方卷一·序例》）

传统中医药学认为，各种药物有相须、相使、相畏、相恶、相杀、相反等各种关系，即“药有相生相杀”。这是对中医药物药性、药力的辩证分析，这是制造方剂的基本观点。

同一种多味药可以以不同的形态出现，即有不同的剂型。《千金要方》叙述了汤剂、散剂、丸剂、膏剂、酒剂、丹剂等。“凡药有宜丸者、宜散者、宜汤者、宜酒渍者、宜膏煎者，亦有一物兼宜者，亦有不入汤酒者，并随药性，不得违之。”（《千金要方卷一》）药性决定剂型。正如宋应星所说，“草木之实，其中蕴藏膏液，而不能自流”，把药物煮成汤液，就是使蕴藏在其中的药力发挥作用。

医生开方子，就是在制造一首方剂，对药物的配伍与数量的搭配进行设计。医生先在自己的头脑中制造一剂多味药，由别人按方制成实体。几种药材在天然自然条件下不可能相聚，这只能是人的操作，受味药的综合药力，也是人的作品。刚采取来的药材，是天然自然物，经过炮制和方剂的设计和实施，再据此做成各种剂型的药物，这就成了人工自然物。中医在诊治过程中，不像西医那样选择早已制成的药物，而是设计尚未形成的药物。西医是药物的选择者，不参与制药活动；中医是药物的设计者，参与了制药过程。所以中医曾被称为工。

方剂的设计具有高度的多样性和灵活性。《黄帝内经》说：“气有多少，形在盛衰，治有缓急，方有大小。”（《至真要大论》）方剂因人而异，因时而变，不拘常规。“方因证立”，“方随证变”，“根据病情的差异和变化，进行加减调整，或化裁出新方，方随证变，随证加减，方随法变，法变方亦变”①。

方剂富有个性，形成了中医的个性化治疗、非标准化治疗。同一种症证，不同的医生可能会有不同的理解，从而开出不同的方剂。于是中医药典籍出现了一个特殊的品种——医案。记载名医所开的处方，供后学参考。最早的医案是宋代许叔微的《伤寒九十论》。明清时医案众多。同一种药可以用不同的方剂，如制感冒的方剂就有三拗汤、羌活汤、六君子汤、桂附理中汤等多种，方剂和医案数量的

① 祝世讷：《中国智慧的奇葩——中医方剂》，深圳：海天出版社，2013 年，第 6 页。

增多,是中医药事业不断发展的体现。名医会逐步形成自己的风格,他们的名方会流传于世。名医制药犹如制造工艺品,使中医药物具有一定的工艺性。

中医药学的理论基础是中国古代的物性论。

中药学理论的逻辑起点是自然界万物的多样性和可体验性。神农尝百草,“百”是多,“尝”是体验。

《黄帝内经》指出气是世界本原,气化为物。“在天为气,在地成形,形气相感而化生万物矣。”(《素问·天元纪大论》)“太虚寥廓,肇基化元,万物资始,五运终天,布气真灵,总统坤元,九星悬朗,七曜周旋,曰阴曰阳,曰柔曰刚,幽显既位,寒暑弛张,生生化化,品物咸章。”(《素问·天元纪大论》)“品物咸章”,万物的性能都得以表现,如阴阳、柔刚、幽显、寒暑等。

《黄帝内经》又说:“帝曰:善。余闻气合而有形,因变以正名。天地之运,阴阳之化,其余万物,孰少孰多,可得闻乎?岐伯曰:悉乎哉问也。天至广不可度,地至大不可量,大神灵问,请陈其方。草生五色,五变之变,不可胜视;草生五味,五味之美,不可胜极。嗜欲不同,各有所通。”(《素问·六节藏象论》)天广不可度,地大不可量,万物之多亦不可数。天地的气运,阴阳的变化,对万物性能的生成各起不同的作用。这些性能如同色味皆可体验。有的不能直接体验的,也可根据经验推想。

中医在现有的植物、动物中寻找药物,是因为相信在无法计数的众多生物中,既然有许多能为我们提供营养,那也就会为我们治病。它关注的是物的性能,从中发现治病的特殊功能。当然这是一个反复的尝试过程。为此,人们就要观察物、体验物、记录物、接触物、亲近物、与物为伴、以物为用。这从一个方面说明为什么中国古代哲学把物当作十分重要、十分基本的概念。

中国药学是中国古代物性论的光辉应用,同时又对中国古代物性论的发展做出了重要的贡献。

五、中国古代哲学的重己役物论

关于人与物的关系,中国古代哲学有不少论述,其中最精彩的是荀子的“重己役物”。他说有的人放纵欲望，热衷于追求物质利益。这样的人，即使封侯称王，实际上同盗贼没有区别。“夫是之谓以己为物役矣”，把自己当作万物的奴役。而有些人虽粗茶淡饭，衣鞋简朴，但为天下操劳，不图享乐。“夫是之谓重己役物。”（《荀子·正名》）这叫作保重自己，役使万物。这告诉我们，“重己役物”应该是我们处理人与物关系的最基本原则：尊重自己，役使万物。

荀子还说：“志意修则骄富贵，道义重则轻王公，内省而外物轻矣。传曰：‘君子役物，小人役于物。’”（《荀子·修身》）若内心清醒，那身外之物就微不足道了。正如古书所言：君子役使外物，小人被外物所役使。圣人“知其所为，知其所不为也，则天地官而万物欲使。”（《荀子·天论》）圣人能利用天地、操纵万物。

荀子重视物对人的价值。“万物，所以养民也。”（《荀子·王制》）所以他强调人对物的能动作用。“大天而思之，孰与物畜而制之。从天而颂之，孰与制天命而用之。望时而待之，孰与应时而使之。因物而多之，孰与聘能而化之。思物而物之，孰与理物而勿失之也？愿与物之所生，孰与有物之所以成。”（《天论·王论》）与其尊崇天而思慕它，不如把天当作物蓄养起来并控制它。与其颂扬和顺从自然，不如掌握它的规律而利用它。与其盼望和等待时节，不如因时制宜地使用它。与其依赖万物的增多，不如充分发挥自己的才能使其变化。与其想到物使用物，不如管理好万物并使它们更好地成长。与其希望了解万物产生的原因，不如获取已经生成的万物。

君子的高明在于善于利用物。“假舆马者，非利足也，而致千里；假舟楫者，非能水也，而绝江河。君子生非异也，善假于物也。”（《荀子·劝学》）使用马车的人，脚走得并不快，却能到达千里之外；使用船舶的人，不是自己能游泳，却能横渡江河。君子的本性同一般人没什么差别，只是君子善于借助外物来实现自己的愿望。

荀子不仅提出君子役物，还认为“君子可胜物”。他提出一个问题：“人力不若牛，走不若马，而牛马为用，何也？”因为人能“胜物”，即人能有效地控制物，使其为己所用。人何以能胜物？靠“力”。“多力则强，强则胜物。”“弱者不能胜物。”（《荀子·王制》）此处的“力”，不是人的体力，而是指能力，如“善假于物”。这里已包含以物胜物，以物役物的意思。这里的“力”还指“群力”。为何人力不如牛，为何能胜牛？“曰：人能群，彼不能群也。人何以为君？曰：分。分何以能行？曰：义。故义以分则和，和则一，一则多力，多力则强。”（《荀子·王制》）我们可否把这里的“分”与“和”引申为分工与合作。在荀子看来，胜物和役物都很重要，胜物是役物的前提。胜物也需“重己”，重视自己能力的提高和发挥。

关于这个问题，庄子也有深刻的论述。他说：“物物而不物于物。”（《庄子·山木》）人应当主宰万物，而不被外物所役使。他把“物物”理解为“胜物”，至人能达到这种状态。“至圣人之用心若镜，不将不迎，应而不藏，故能胜物而不伤。”（《庄子·应帝王》）至人之心犹如明镜，顺任物的变化，如实反映而无所隐藏，所以能“胜物”而不被物所损伤。“君子不为苛察，不以身假物。”（《庄子·天下》）君子不斤斤计较物的得失，不使自己被物所役。郭象在《庄子注疏》中说：“夫用物者，不为物用也。不为物用，斯不物矣。不物，故天下之物，使各自得也。”

庄子还有一个重要论断：“有大物者，不可以物；物而不物，故能物物。明乎物物者之非物也。”（《庄子·在宥》）拥有许多物，但不可被物支配。支配物而不被役使，这才能主宰物。应当明白，能主宰物的并不是物。

那主宰万物的是什么呢？这是一个根本性的哲学问题。

元气论哲学家黄宗羲认为气是主宰。“草木之荣枯，寒暑之运行，地理之刚柔，气纬之顺遂，人物之生化，夫孰使之哉？皆气之自为主宰也。”（《崇仁学案三，恭简魏庄渠先生校》）

可是董仲舒说：“凡气从心。心之君也。”（《春秋繁露·循天之道》）不少哲学家认为心是主宰。朱熹写道：“心，主宰之谓也。”（《朱子语类》第1册）“人心至灵，主宰万变，而非物所能宰。”（《答潘叔度》）“夫心者，人之所以主乎身者也，一而不二者也，为主而不为客者也，命物而不命于物者也。”（《观心说》）心是躯体之主，是主体而不是客体。心指挥物而不是物指挥心。王阳明也说：“心者，天地万物之主也。”（《答季明德》，载《王文成公全书》卷六）心是主宰，实际上是说人是物的主宰。《尚书·泰誓上》：“惟天地，万物之母；惟人，万物之灵。”万物之灵即万物之主。

“以本为精，以物为粗。”（《庄子·天下》）精细的道是本，物不是本。所以在中国古代哲学中几乎找不到物本主义的论述。

人被物所役，只有当物的功能、价值相当高时才会出现。古代中国处于自然生存方式之中，主要依赖天然自然物生存。董仲舒说："天地之生万物也以养人。"（《春秋繁露·服制象》）人靠万物生养，而万物为天地所生。荀子说："夫天地之生万物也，固有余足以食人矣；麻葛、蚕丝、鸟兽羽毛齿革也，固有余足以衣人矣。"（《荀子·富国》）天生万物"有余"，这是荀子对自然生存的歌颂。天然自然物"养人"，而不是"役人"。人与天然自然都是生养关系，人与物没有根本性冲突。在特殊情况下，天然自然物会对人造成伤害，但不是哲学上所说的人被物所主宰。

如果沉溺于物质享受，放纵物欲，那人也会被物欲所控制，在客观上成为物的奴隶。《礼记·乐记》曰："夫物之感人无穷，而人的好恶无节，则是物至而人化为物也。人化物者，灭天理而穷人欲者也。"丧失天理，不节制物欲，外物一来，则人随物化，即人被物所控制。物对人有诱惑力，物欲横流而不能自拔，那人就会为物所伤。所以庄子提醒人们，"不以物挫志"（《庄子·天地》），"无物累"（《庄子·天道》）。挫志、物累的责任不在物而在人。

中国古代哲贤主张人役物又爱物。王充说："夫人，物也。虽贵为王侯，性不异于物。物无不死，人安能仙。"（《论衡·道虚》）人是一种动物，亦有生有死。张载："民吾同胞，物吾与也。"（《西铭》）百姓是我同胞，万物与我同类。人与人相亲，人与物平等。罗钦顺："盈天地之间唯万物，人固万物中一物尔。"（《困知记》）庄子提出了著名的齐物论："天地与我并生，而万物与我为一。"（《庄子·齐物论》）孟子说："亲亲而仁民，仁民而爱物。"（《孟子·尽心上》）君子把仁爱施以百姓，进而爱惜万物。既然物我一体，那爱人同爱己、爱物都是一致的。"圣人处物而不伤物。不伤物者，物亦不能伤也。"（《庄子·知北游》）人不伤物，物亦不伤人，人与物"和睦"相处。

总之，在长期的自然生存方式中，劳动效益的提高主要靠劳动者的勤劳。农业生产工具的作用不大，几千年都没有明显改进和革新。手工业劳动主要靠熟练，熟能生巧，工具的状况同农具相似。农作物、手工制造物的规模、功能、作用与地位完全不可与近代机器同日而语，有天壤之别，不足以向人的尊严发出挑战。所以，一般说来，在农业社会，人文文化是主导文化，物本主义思潮不可能出现，也谈不上人与物的冲突。

自然生存方式早已成为历史，但它的人与自然、人与物和谐共存的哲学思想，至今仍有启迪的意义。

第六章　物质、物与人工自然物

前面已谈到“物质”和“物”这两个概念（有时还说到“物质的形态”），这两个概念之间的关系是怎样的？

恩格斯在叙述哲学的基本问题时，论述了思维与存在的关系。“全部哲学，特别是近代哲学的重大的基本问题，是思维和存在的关系问题。”①他又说道：“思维对存在、精神对自然界的关系问题，是全部哲学的最高问题。”②他在这里并未用物质和精神来表述。笔者认为，我们把这一问题表述为物质与精神的关系问题，并不违背恩格斯的意思。他在谈论费尔巴哈的唯物主义时说：“物质不是精神的产物，而精神本身只是物质的最高产物。这自然是纯粹的唯物主义。”并说这是“把唯物主义这种建立在对物质和精神关系的特定理解上的一般世界观”③。由此可见恩格斯是从物质和精神的关系上来理解唯物主义的。思维可以用精神来表述，恩格斯说过“在精神中，即在思维中”④。“存在”是哲学中的一个古老概念，对它可以有不同的理解。用物质与精神的表述具有合理性。恩格斯提到“物质需要”“物质生活”⑤。这很好理解，但若说“存在需要”“存在生

---

① [德]弗里德里希·恩格斯：《路德维希·费尔巴哈和德国古典哲学的终结》，中共中央马克思恩格斯列宁斯大林著作编译局译，北京：人民出版社，2018年，第17页。

② [德]弗里德里希·恩格斯：《路德维希·费尔巴哈和德国古典哲学的终结》，中共中央马克思恩格斯列宁斯大林著作编译局译，北京：人民出版社，2018年，第18页。

③ [德]弗里德里希·恩格斯：《路德维希·费尔巴哈和德国古典哲学的终结》，中共中央马克思恩格斯列宁斯大林著作编译局译，北京：人民出版社，2018年，第21页。

④ [德]弗里德里希·恩格斯：《路德维希·费尔巴哈和德国古典哲学的终结》，中共中央马克思恩格斯列宁斯大林著作编译局译，北京：人民出版社，2018年，第10页。

⑤ [德]弗里德里希·恩格斯：《路德维希·费尔巴哈和德国古典哲学的终结》，中共（转下页）

活”，就有点别扭了。恩格斯在批判杜林时说：“世界的统一性并不在于它的存在，尽管世界的存在是它的统一性的前提，因为世界必须先存在，然后才能是统一的。在我们的视野的范围之外，存在甚至完全是一个悬而未决的问题。世界的真正的统一性在于它的物质性。”①

恩格斯又用精神与自然界的关系来表述哲学的基本问题。的确，自然界是物质的存在。“唯物主义把自然界看做唯一现实的东西。”②恩格斯在叙述费尔巴哈的唯物主义观点时写道：“自然界是不依赖任何哲学而存在的；它是我们人类（本身就是自然界的产物）赖以生长的基础；在自然界和人以外不存在任何东西。”③这可以被视作恩格斯对自然界的理解。

那么恩格斯是怎样理解物质的呢？

一、恩格斯论物质和物体

恩格斯并未直接给物质的概念下定义，但他叙述了物质的含义。

他写道：“物质本身是纯粹的思想创造物和纯粹的抽象。当我们用物质概念来概括各种有形地存在着的事物的时候，我们是把它们的质的差异撇开了。因此，物质本身和各种特定的、实存的物质的东西不同，它不是感性地存在着的东西。”④这就是说，物质是个纯粹抽象的概念，是对各种实物的概括。恩格斯所说的“各种有形地存在着的事物”和“各种特定的、实存的物质的东西”，就是我们通常所说的实物或物体。

（接上页）中央马克思恩格斯列宁斯大林著作编译局译，北京：人民出版社，2018年，第48页。

① [德]弗里德里希·恩格斯：《反杜林论》，中共中央马克思恩格斯列宁斯大林著作编译局译，北京：人民出版社，2015年，第44—45页。

② [德]弗里德里希·恩格斯：《路德维希·费尔巴哈和德国古典哲学的终结》，中共中央马克思恩格斯列宁斯大林著作编译局译，北京：人民出版社，2018年，第14页。

③ [德]弗里德里希·恩格斯：《路德维希·费尔巴哈和德国古典哲学的终结》，中共中央马克思恩格斯列宁斯大林著作编译局译，北京：人民出版社，2018年，第14—15页。

④ [德]弗里德里希·恩格斯：《自然辩证法》，中共中央马克思恩格斯列宁斯大林著作编译局译，北京：人民出版社，2018年，第130页。

恩格斯还有一段重要的论述。“物质本身和运动本身还没有人看到过或以其他方式体验过；只有现实存在着的各种物或运动形式才能看到或体验到。物、物质无非是各种物的总和，而这个概念就是从这一总和中抽象出来的，运动本身无非是一切感官可感知的运动形式的总和；‘物质’和‘运动’这样的词无非是简称，我们就用这种简称把感官可感知的许多不同的事物依靠其共同的属性概括起来。因此，只有研究单个的物和单个的运动形式，才能认识物质和运动，而我们通过认识单个的物和单个的运动形式，也就相应地认识物质本身和运动本身。”①

恩格斯在这段话里论述了“物质”与“物”的关系。物是物质的可感知的形式。物质是各种物的总和与概括。“物质本身”即抽象的物质概念，是我们无法感知的，我们能感知的是物质的各种形式，并通过这种认识，才能抽象出关于“物质本身”的认识。“物质本身”曾被中文译者译作“作为物质的物质”，而“物”被称为“物体”。

物质是世界的本原。“我们面前的物质是某种既有的东西，是某种既不能创造也不能消灭的东西”②；“物质从自身中发展出了能思维的人脑”③。

“物体”又是什么呢？“我们所接触到的整个自然界构成一个体系，即各种物体相联系的总体，而我们在这里所理解的物体，是指所有的物质存在，从星球到原子，甚至直到以太粒子，如果我们承认以太粒子存在的话。”“宇宙是一个体系，是各种物体相联系的总体。”④物体是组成自然界、宇宙的各种“物质存在”的总体，从天体到原子都包括在其中。

物体是自然科学研究的对象。恩格斯在1873年5月30日致马克思的信

---

① [德]弗里德里希·恩格斯：《自然辩证法》，中共中央马克思恩格斯列宁斯大林著作编译局译，北京：人民出版社，2018年，第118页。

② [德]弗里德里希·恩格斯：《自然辩证法》，中共中央马克思恩格斯列宁斯大林著作编译局译，北京：人民出版社，2018年，第133页。

③ [德]弗里德里希·恩格斯：《自然辩证法》，中共中央马克思恩格斯列宁斯大林著作编译局译，北京：人民出版社，2018年，第86页。

④ [德]弗里德里希·恩格斯：《自然辩证法》，中共中央马克思恩格斯列宁斯大林著作编译局译，北京：人民出版社，2018年，第133页。

中说：“自然科学的对象是运动着的物质，物体。……自然科学只有在物体的相互关系之中，在物体的运动之中观察物体，才能认识物体。”①物体是自然科学的一个基本概念。“如果自然科学试图寻找统一的物质本身，试图把质的差异归结为同一的最小粒子在结合上的纯粹量的差异，那么这样做就等于要求人们不是看到樱桃、梨、苹果，而是看到水果本身。”②“物质本身”是哲学的物质概念。物质和物体是两个抽象程度不同的概念，属于不同的层次，就像水果与樱桃一样。我们可以观察樱桃，但看不到水果。

《自然辩证法》中的《辩证法》是一篇不太长的论文，主要是用近代化学的材料说明质量互变规律在自然界中的普适性。全文有两处说到“物质”，却有 27 处说“物体”。他在表达这一规律时写道“质的变化”只有通过物质或运动（所谓能）的量的增加或减少才能发生。“所以，没有物质或运动的增加或减少，即没有有关物体的量的变化，是不可能改变这个物体的质的。”③

恩格斯经常把物质与运动连在一起说的，这两个都是哲学概念。按照质量互变规律变化的是物体。“物体的各种不同的同素异形状态和聚集状态，因为是基于分子的各种不同的组合，所以是基于已经传导给物体的或多或少的运动的量。”④物体有组成成分，有状态，可以传导运动，是物质的具体形态。恩格斯在这篇论文中，谈到了液体、气体、天体、化合物、碳化物、同系物、同分异构体等，这些都是更为具体的物，物体的概念就是对各种各类物的概括。物质——物体——化合物，这是三个层次的概念。“化合物”比“物体”更加具体。

值得注意的是，有时恩格斯把“物体”同天体、原子并列，似乎表明这里的物体就是我们通常所说的宏观物体。“物质按质量的相对的大小分成一系列大

---

① [德]弗里德里希·恩格斯：《自然辩证法》，中共中央马克思恩格斯列宁斯大林著作编译局译，北京：人民出版社，2018 年，第 325 页。

② [德]弗里德里希·恩格斯：《自然辩证法》，中共中央马克思恩格斯列宁斯大林著作编译局译，北京：人民出版社，2018 年，第 130 页。

③ [德]弗里德里希·恩格斯：《自然辩证法》，中共中央马克思恩格斯列宁斯大林著作编译局译，北京：人民出版社，2018 年，第 76 页。

④ [德]弗里德里希·恩格斯：《自然辩证法》，中共中央马克思恩格斯列宁斯大林著作编译局译，北京：人民出版社，2018 年，第 76 页。

的、界限分明的组……目力所及的太阳系、地球上的物体、分子和原子，最后，以太粒子，都各自形成这样的一组。”[1]“运动，无论是物体的还是分子和原子的运动。”[2]宏观物体同人们的生活直接相关，对技术哲学也有意义，迄今为止技术造物主要是制造宏观的物。恩格斯这样表述是有道理的。

有时恩格斯采用“实物”一词。就是在太阳中，一个个实物都是分解了的，并且在它们的作用上是没有差别的。而在星云的气团中，一切实物虽然彼此分离地存在着，却融合为纯粹的物质本身，即仅仅作为物质起作用，而不以自己的特殊属性起作用[3]。

恩格斯还说到了人工制造物，这具有开创性的意义。19 世纪有机化学制作了许多人工合成的化合物，这给恩格斯以深刻的印象。他指出：“化学只有在那些从生命过程中产生的物质身上才能认识最重要的物体的化学性质；人工制造这些物质越来越成为化学的主要任务。”[4]

综上所述，恩格斯对物质和物体都有论述。物质是本原，物体是由物质派生出来的实体。物质是哲学概念，物体是自然科学的概念。在《自然辩证法》一书中，“物体”出现的频率远高于“物质”。有时他在用词上似乎不太强调二者的区别，这是可以理解的。因为哲学同自然科学的关系密切，自然辩证法又是介于二者之间的层次，所以，一些自然科学的基本概念，也可以说是自然哲学甚至一般哲学的概念。一些重要的概念可以同时是哲学和自然科学的概念。物质的概念就是如此。重要的是，恩格斯认为，对于自然科学来说，仅有物质的概念是不够的，还必须有物体或物的概念。这不仅是自然科学研究的需要，也是现实生活的需要，并成为技术哲学的基本概念。

---

① [德]弗里德里希·恩格斯：《自然辩证法》，中共中央马克思恩格斯列宁斯大林著作编译局译，北京：人民出版社，2018 年，第 187 页。

② [德]弗里德里希·恩格斯：《自然辩证法》，中共中央马克思恩格斯列宁斯大林著作编译局译，北京：人民出版社，2018 年，第 143 页。

③ [德]弗里德里希·恩格斯：《自然辩证法》，中共中央马克思恩格斯列宁斯大林著作编译局译，北京：人民出版社，2018 年，第 150 页。

④ [德]弗里德里希·恩格斯：《自然辩证法》，中共中央马克思恩格斯列宁斯大林著作编译局译，北京：人民出版社，2018 年，第 326 页。

二、列宁的物质概念

恩格斯未给物质下定义,列宁界定了物质的概念。他在《唯物主义经验批判主义》一书中写道:“物质是标志客观实在的哲学范畴,这种客观实在是人通过感觉感知的,它不依赖于我们的感觉而存在,为我们的感觉所复写、摄影、反映。”①

列宁这个概念的提出,同19世末的物理学发展有关。电子的发现,是件革命性成就,又被一些人称为是物理学的危机。

物质观是哲学的基础部分。近代唯物主义物质观的核心是近代原子论。原子被认为物质的最小单位,万物皆由原子构成。原子不可入,两个原子不能同时占据同一空间,也不可能有什么东西进入或穿过原子内部。原子不可变,由原子组成的万物均可有各种变化,但原子本身没有任何变化。更重要的,原子不可分,由原子组成的物体可分,但原子本身不可能再分,即原子没有内部结构,它不是由别的物质组成的,它是物质的“终极本原”。

可是电子的发现向这种原子论发出了挑战。1879年,克鲁克斯在实验中发现阴极射线是带负电的粒子,他误以为是带负电的阴离子。1897年英国的约瑟·汤姆生指出,阴极射线是一种带负电的微粒,其质量是氢原子质量的大约1/2 000,原子中含有这种粒子,称其为电子。电子竟然比最轻的氢原子都轻得多,那怎么能还说原子是最小的基元物质?

这表明原子有结构,原子是可分的。这同认为原子不可分的物质观发生强烈的冲突。面对这项革命性的发现,有些物理学家仍坚持原子不可分的观点,认为若原子可分,就使物理学陷入危机。而且,当时他们认为电子不是物质,若电子是原子的组成成分,那物质就“消失”了。当时法国物理学家乌尔维格说:“原子非物质化。物质消失了。”有人进一步说唯心主义将取代唯物主义。

当时不少科学家弄不清电究竟是物质还是能量。众所周知,科学史上曾流

---

①《列宁选集》第2卷,北京:人民出版社,2012年,第89页。

行过热素说，认为热是一种物质微粒。后来实验表明热是一种运动形态，一种能量。在这种背景下，电的本质是什么，也就成了问题。恩格斯在《自然辩证法》的《电》一文中对此发表了评论。他写道："电和热一样，也具有某种无所不在的性质，只不过方式不同而已。地球上发生的任何变化，几乎无不同时显示出电的现象。……我们越是精细地考察千差万别的自然过程，就越多地碰到电的踪影。尽管电无所不在，尽管近半个世纪以来电越来越多地被用于工业来为人类服务，可是，在电这种形式的性质方面仍然笼罩着一大团迷雾。"①

很长时期关于电的本质有两种看法。其一，电是"特殊物质"。恩格斯说："大家知道，电和磁像热和光一样，最初被看做没有重量的特殊物质。"②其二，电是"运动的一种特殊形式"。"除了关于电的物质性这种观点，还立即出现了另一种观点：电只是物体的一种状态、一种'力'，或者如我们今天所说的，是运动的一种特殊形式。我们在前面已经看到，持这种观点的，前有黑格尔，后有法拉第。自从热的机械当量的发现彻底清除了关于某种独特的'热素'的观念，并证明热是一种分子运动以来，紧接着的一步就是也用新的方法来研究电，并尝试测定电的机械当量。这个尝试完全成功了。特别是焦耳、法夫尔和拉乌尔的实验，不仅确定了电流中的所谓'电动力'的热当量和机械当量，而且还证明了它和电池中通过化学过程所释放出来的能或者和电解槽中所消耗的能是完全等价的。因此，把电看做一种独特的物质流体的假设越来越站不住脚了。"③电是一种能量的看法占了优势。所以当乌尔维格等人听说电子是物质微粒时，就会认为原本的物质变成了能量，物质"消失"了。恩格斯希望能拨开迷雾，弄清楚"什么东西是电运动的真正物质基础，什么东西的运动引起电现象"④。随着

① [德]弗里德里希·恩格斯：《自然辩证法》，中共中央马克思恩格斯列宁斯大林著作编译局译，北京：人民出版社，2018年，第217页。

② [德]弗里德里希·恩格斯：《自然辩证法》，中共中央马克思恩格斯列宁斯大林著作编译局译，北京：人民出版社，2018年，第220页。

③ [德]弗里德里希·恩格斯：《自然辩证法》，中共中央马克思恩格斯列宁斯大林著作编译局译，北京：人民出版社，2018年，第222页。

④ [德]弗里德里希·恩格斯：《自然辩证法》，中共中央马克思恩格斯列宁斯大林著作编译局译，北京：人民出版社，2018年，第223页。

电子的发现,应当说这个问题基本搞清楚了。

列宁用他的物质概念,回答一些物理学家认为物质消失的误解。无论物质如何变化,无论物体如何分割,有一种性质是不变的。那这种不变的属性是什么呢？有人认为是质量,因为科学家要用它作为物质的表述,而且有质量守恒定律。但是当时列宁却没有采纳这种说法。后来爱因斯坦根据他的质能关系式认为,质量和能量互相转化,质量和能量是同一个东西,那这是否意味着物质与运动等同？列宁富有远见地指出,物质不变的属性是客观实在性。在列宁看来,物质的唯一属性是客观实在性,它不依赖我们的感觉而存在。

列宁的唯物主义的立场是坚定的,他的这种表述也是彻底的。物质与精神是两个最宽泛也是最基本的哲学概念。无论是对物质还是对精神的认识,必须从物质与精神的相互关系上来把握。电子也是一种物质,其客观实在性同原子一样。如果原子分解出电子,客观实在性一点也未消失,“消失”的只是旧的原子论物质观,所谓唯心主义将取代唯物主义更无从说起。

列宁的物质概念深化了唯物主义物质观,具有十分重要的理论意义。他对自然科学关于物质形态、物质结构的学说和哲学的物质概念做出了区分,加深了我们对物质形态和物质概念关系的认识。物质形态可以不断变化,我们还可以不断发现新的物质形态,但物质概念仍然适用,这就捍卫了唯物主义的哲学立场。

这同时又引起了我们的一些思考。列宁强调客观实在是人“通过感觉感知的”,“为我们的感觉所复写、摄影、反映”,但是,抽象的客观实在没有具体的形态和属性,我们又如何感知？可能列宁是想强调物质是感性的存在,这同唯物主义的基本观点是一致的。其实感性存在着的并不是物质,而是物体。

列宁的物质概念讲到物质可以为我们的感觉所反映,讲到这里就停止了,未提及我们的实践活动。这同哲学基本问题只讲到第二方面是一致的。也许在列宁看来物质是关于世界的本原问题,只同我们的认识有关,我们不可能设想人类对世界的本原会有什么现实的作用。的确,我们不可能引起客观实在性的任何变化。可是哲学除了有我们所熟悉的基本问题以外,还有大量的各方面哲学问题。否则哲学就“不食人间烟火”,脱离了人类的生活和创造活动。

唯物主义主张物质是世界的本原，本原能派生出万物，具有“派生性”。如果物质的唯一属性是客观实在性，那又如何能派生出万物？

哲学是世界观，哲学要关注我们周围的世界。它首先是一个物的世界，其中包括各种各样的物，如器物、农作物、食物、衣物、货物、药物、文物、礼物等，此外还有物流、物业、物价、物证等词语。我们通常说的物质生活资料、物质资源、物质生产、物质产品、物质消费、物质交换、物质文明、物质力量、物质条件、物质刺激、物质保证、物质基础等词语中的“物质”，实际上都指的是物。“物体”或“物”就是对这种物的哲学概括。没有物的概念，是哲学理论的缺憾。有了物的概念，可以使哲学充满生活的气息。

这表明，物质的概念是重要的，但只有物质的概念是不够的。物体的概念可以弥补物质概念的未竟之意。

总之，物质和物体（物）是两个基本哲学概念，各有其内涵，相互补充，但不可相互取代。我们现在缺乏关于物的哲学研究，哲学科学大多只谈物质不谈物，仿佛物质概念包含着物的理解，只要有物质概念就够了。

值得注意的是，中国古代哲学没有“物质”，却有很多关于“物”的思想。“物”是个出现频率很高的词。《庄子》一书中“物”字出现 310 次之多，其中“万物”出现的次数约占三分之一。但在中国古代哲学中，物不是本原，而是派生物。关于物的来源，有多种说法。道生万物，如老子：“道生一、一生二、二生三、三生万物。”（《道德经》四十二章）天生万物，如董仲舒：“天者，万物之祖，万物非天不生。”（《顺命》）气化万物，如王夫之：“物者，气之凝滞者。”（《庄子解》）此外还有圣人造物，如周太史史伯：“先王以土与金、木、水、火杂以成万物。”（《国语·郑语》）在中国古代神话中，伏羲、神农都是大发明家。相传巧倕发明了规、矩、准、绳、耒耜、铫、耨等工具。百工开物。沈括：“技巧、器械、大小尺寸、黑黄苍赤，岂能尽出于圣人？百工、群有司、市井，田野之人，莫不预焉。”（《长兴集》卷一九）当然，圣人、百工、市井田野之人所制造的物，已不是单纯的自然物了。庄子说：“天地者，万物之父母也。”（《庄子·达生》）张衡说：“有物成体。”（《灵宪》）这两种说法同我们今天说的自然物比较接近。天地即自然界，生养万物，物皆有体。

中国古代谈了那么多的物，可是我们现在的哲学教科书，却没有关于物的专门篇章。

三、自然物与社会自然物

恩格斯表述哲学基本问题时，一开始把思维对存在，精神对自然界的两种提法并列。在谈到第一方面问题时，用的是精神对自然界的提法。“什么是本原的，是精神，还是自然界？”①凡是断定精神对自然界来说是本原的，组成唯心主义阵营。有意思的是，他在谈到第二方面问题时，表述为思维和存在的同一性问题。他所说的“存在”指的是“我们周围世界”，是“现实世界”。“我们关于我们周围世界的思想对这个世界本身的关系是怎样的？我们的思维能不能认识现实世界？”②

笔者认为，精神与自然界的表述比思维与存在的表述更准确，更容易理解。存在是个比较模糊、容易产生歧义的概念。

那么什么是自然界呢？

恩格斯写道：“我们所接触到的整个自然界构成一个体系，即各种物体相联系的总体，而我们在这里所理解的物体，是指所有的物质存在，从星球到原子，甚至直到以太粒子，如果我们承认以太粒子存在的话。”“宇宙是一个体系，是各种物体相联系的总体。”③自然界是物体构成的体系，自然界是由各种物体组成的。

“唯物主义把自然界看做唯一现实的东西。”“自然界是不依赖任何哲学而存在的；它是我们人类（本身就是自然界的产物）赖以生长的基础；在自然界和人以外不存在任何东西。”④自然界具有实体性，同人的关系十分密切。人类是

---

① [德]弗里德里希·恩格斯：《路德维希·费尔巴哈和德国古典哲学的终结》，中共中央马克思恩格斯列宁斯大林著作编译局译，北京：人民出版社，2018年，第18页。

② [德]弗里德里希·恩格斯：《路德维希·费尔巴哈和德国古典哲学的终结》，中共中央马克思恩格斯列宁斯大林著作编译局译，北京：人民出版社，2018年，第18页。

③ [德]弗里德里希·恩格斯：《自然辩证法》，中共中央马克思恩格斯列宁斯大林著作编译局译，北京：人民出版社，2018年，第133页。

④ [德]弗里德里希·恩格斯：《路德维希·费尔巴哈和德国古典哲学的终结》，中共中央马克思恩格斯列宁斯大林著作编译局译，北京：人民出版社，2018年，第14—15页。

自然界的产物,人类出现以后依赖自然界生存和发展。

恩格斯还指出自然界包括自然物和自然过程,明确提出"自然物"的概念,这是很重要的思想。"存在着的不是质,而只是具有质并且具有无限多的质的物。两种不同的物总有某些质(至少在物体性的属性上)是共有的,另一些质在程度上有所不同,还有一些质可能是两种物中的一个所完全没有的。如果我们拿两种极不相同的物——例如一块陨石和一个人——来比较,我们由此得到的共同点便很少,至多只有重量和其他一些一般的物体属性是二者所共有的。但是,介乎这二者之间还有其他自然物和自然过程的一个无限的系列,这些自然物和自然过程使我们有可能把从陨石到人的这个系列充实起来,并指出每一个自然物和自然过程在自然联系中的地位,从而认识它们。"①不同的自然物和不同的自然过程,都具有各自的不同的"物体属性"。

那么自然物和自然界是什么关系呢?自然界是本原,具有派生性,自然物是自然界的派生物。恩格斯在《自然辩证法》导言中概述了自然界派生万物的过程。炽热的气团收缩、冷却为天体。后来地球上出现了原生生物,又逐渐分化出植物和动物,最后分化出人。自然界的派生是通过不断分化实现的。自然物有产生,就有灭亡。"自然界不是存在着,而是生成着和消逝着。"②自然界不断派生出各种自然物,各种自然物也都要转化为别的形态。"整个自然界,从最小的东西到最大的东西,从沙粒到太阳,从原生生物到人,都处于永恒的产生和消逝中,处于不断的流动中,处于不息的运动和变化中。"③

根据恩格斯的思想,我们可以这样来理解物体的概念。首先把物体理解为自然物。

物体是由原子、基本粒子组成的实物,是自然界演变的产物,是自然界的组成成分,是物质的具体形态。物体是人的意识之外的客观实在,它不是为人而

---

① [德]弗里德里希·恩格斯:《自然辩证法》,中共中央马克思恩格斯列宁斯大林著作编译局译,北京:人民出版社,2018年,第114页。

② [德]弗里德里希·恩格斯:《自然辩证法》,中共中央马克思恩格斯列宁斯大林著作编译局译,北京:人民出版社,2018年,第15页。

③ [德]弗里德里希·恩格斯:《自然辩证法》,中共中央马克思恩格斯列宁斯大林著作编译局译,北京:人民出版社,2018年,第18—19页。

存在的，却成为人类的物质资源和物质环境。物体具有质量、运动、结构、形态、变化、属性、空间的广延性、时间的持续性。各种不同的物体，具有各种不同的具体属性。物体的最根本的哲学性质是客观性和实体性，物体一般简称为物。

随着科学的发展，我们将会不断发现新的物质形态。有时科学家也不太容易区分自然物和自然过程。爱因斯坦的质能关系式是否意味着唯能论的正确？恩格斯时代有人猜想以太是一种特别的物质。“以太是否是物质的东西呢？如果它确实存在着，它就必定是物质的，必定归入物质概念。但是它没有重量。”①爱因斯坦认为场也是一种物质形态。他说：“我们有两种实在：实物和场。毫无疑问，我们现在不能像十九世纪初期的物理学家那样，设想把整个物理学建筑在实物的概念之上。”②现代物理学又在讨论暗物质、暗能量的问题。按照宇宙大爆炸学说，无论我们将来发现什么新的物体，都是宇宙大爆炸的产物。

同抽象的物质概念相比，自然物的概念已同人们的生活比较接近了。但笔者认为这还不够，还应当提出“社会自然物”的概念，这是存在于社会之中的特殊的自然物。

自然界同人类社会的关系十分密切，二者相互渗透。人类社会来源于自然界，是自然界长期发展的产物。自然界是人类社会生存和发展的物质基础。人类社会必须依赖自然界，而不能脱离自然界。没有自然界，就没有人类社会。自然界为什么是人类社会的物质基础？因为人类社会本身就是一个物的体系，社会存在的基本部分是物。离开物，人已不再是人，社会也不再是社会，社会存在于自然之中，就会包含自然，正如自然包含社会。

存在于社会之中，同人已发生间接或直接关系的社会自然物，是社会构成的物质要素。

社会自然物也是自然界的派生物，并非人的制造，也未经受过人的改造，仍

---

① [德]弗里德里希·恩格斯：《自然辩证法》，中共中央马克思恩格斯列宁斯大林著作编译局译，北京：人民出版社，2018年，第151页。

② [美]A. 爱因斯坦、L. 英费尔德：《物理学的进化》，周肇威译，上海：上海科学技术出版社，1962年，第178页。

在一定程度上保留着天然自然的属性，但它又是社会的一个物的系统。它可以被人类利用，也是人类的财富，并以不同形式、不同程度参与了人类的物质生产。它不是人造物，是人用物。它为人们的造物活动提供原料和能源。人类是在社会自然物的基础上制造人工自然物的，它是人工自然物制造的前提和基础。没有社会自然物也就没有人工自然物，人类社会的物质结构主要是人工自然物，但社会自然物是不可缺少的一部分。它包括空气、海洋、江河、湖泊、土地、原始森林、草原、矿物、煤、石油、野生植物、野生动物等。

天然自然物、社会自然物和人工自然物，是物的三个种类。社会自然物是介于天然自然物和人工自然物之间的过渡环节。这是自然物发展的三个阶段，同人类的关系越来越密切。我们的自然环境其实并不是天然自然，而是社会自然。天然自然是远离人类，同人类未发生现实关系的自然；社会自然是人类周围的，同人类发生现实关系并被人类利用的自然；人工自然是被人类支配和控制，被人类深层利用的自然。提出社会自然的概念，有助于我们加深对自然与社会、天然自然与人工自然关系的认识。

四、人工自然物

就人与自然的关系而言，我们周围世界的物体可以分为两大类：天然自然物和人工自然物。这是两类很不一样的物。它们的来源不同，与人的关系也不相同。人工自然物是自然物与制造技术的结合，又可称为技术物。人工自然物的系统组成了人工自然界，这是崭新的自然界。如何认识人工自然物，具有极其重要的哲学意义。

1. 什么是人工自然物

人工自然物是人以自然物为原料制造出来的物。它不是直接由自然界演变出来的物，它是人造物，而且只能是人制造出的物。人类成了“造物主”。

仅仅被我们观察认识的自然物，还不是人工自然物。因为它只是进入我们的视野，还未进入我们的制造活动。如果认为凡是我们观察到的物都是人工自然物，那在我们可见的宇宙范围内就没有天然自然物了，这显然是不合理的。

有人认为作为认识对象的自然物，属于马克思所说的“人化自然”，这有一定的道理。但技术哲学是从制造物的角度来认识物的，所以笔者认为采用人工自然物的名称比较贴切，更能揭示这类物的本质。

笔者也曾考虑过是否再加上个“改造”，即把人工自然物理解为经过人改造的自然物。但觉得改造有多种形式和不同的程度，不容易把握。对天然自然物稍微施加一点操作，能否认为就是人工自然物？砍下的藤条是天然自然物，用藤条编成的箩筐就是人工自然物。只有当天然自然物被改造成另一种形态，具有对人而言的新的功能、价值时，才是人工自然物。往后我们会谈到，人工自然物是由人制造的、在天然自然条件下不可能出现的物。这是最重要的区别。白藤可以长出藤条，但长不出藤筐。

采集渔猎的收获是天然生长的动植物。种植、畜牧的产品是半天然自然物，本质上仍然是天然自然物，因为动植的生长是由它所含有加遗传物质决定的。

用物质材料做成的艺术品（如雕塑），是审美对象。它同人们的精神生活有关，同物质生产、物质消费无关，所以没有必要称其为人工自然物。

有人曾说“人工自然”这个词自相矛盾，不可取。自然不是人工，人工不是自然，怎么能把自然与人工这两个相互排斥的概念捏在一起呢？是的，这是个矛盾概念，它正好反映出对象的矛盾性质。虚拟现实不也是一个矛盾概念吗？

人工自然物是一种典型的矛盾体：既是自然的物质存在，又是社会的物质存在；既是一种物质实体，又是一种文化形态；既是自然的物质系统，又是社会的物质系统；既遵守自然规律，又遵守社会规律；既有自然性，又有社会性；既体现了人与自然的关系，又体现了人与人的关系；既是客观存在，又蕴含着主观的意图；既有物性，又蕴含着人性，它是物性与人性的结合。人工自然物的矛盾性归根结底来自人的矛盾性：人既是动物，又不是动物；人既是物，又不是物；人是自然界的一部分，又组成了社会；人既是物质实体，又是精神主体。人制造了物，实际上是把自己的部分生命转移到物。

人工自然物与天然自然物具有不同的哲学品格和哲学意义。人工自然物作为一种客观存在的物，在人们的感觉之外，不以人的感觉为转移，但人工自然物又是观念的物化，其结构、形态与功能取决于人的设计和制造。先有天然自然物，然后才会有关于天然自然物的观念，例如先有石头，然后才会有关于石头的认识；对于人工自然物的设计者制造者来说，则是先有关于人工自然物的观念，然后才会制造出那种人工自然物，如先有手机的观念，然后才会有手机。人工自然物制成以后，它的存在同样具有类似于天然自然物的客观独立性；但它的运作、功能的发挥又依赖于人。从哲学本体论的角度讲，先有天然自然物，然后才会有人的观念；从技术哲学的角度讲，先有人的观念，然后才会有人工的自然物。

人工自然物具有自然属性，它是自然物。它的材料是天然自然物。天然自然物是人工自然物的前身，没有天然自然物，也就没有人工自然物。马克思说："没有自然界，没有感性的外部世界，工人什么也不能创造。它使工人的劳动得以实现，工人的劳动在其中活动，工人的劳动从中生产出和借以生产出自己的产品的材料。"①人工自然的物质成分，同天然自然物没有区别。人工自然物是自然物的一种特殊形态。工人在制造人工自然物的过程中，不能违背自然规律。随着时间的推移，人工自然物的物质成分仍然按照自然规律变化，这仍然是不以人的愿望为转移的。西蒙说："我们称为人工物的那些东西并不脱离自然。它们并没有得到无视或违背自然法则的特许。"②人工自然物的外部有相对稳定的形态，但其内部具有多层次的物质结构。人们改变了天然自然物的外层结构以及内部的一些层次的结构，使它变成了人工自然物，但其他层次仍保留着原来的结构，我们不可能改变它所有层次的结构。因此，任何人工自然物都永远保存着一些天然自然物的成分。天然自然物渗透在人工自然物之中，没有绝对纯粹的人工自然物。人工自然物废弃不用即成为垃圾，它一部分回归大自然，参加自然界的物质循环。还有一部分既被人类抛弃，也被自然界抛弃，成为人类破坏大自然的物证。

机器制造物或工业产品，是标准的人工自然物。它的最本质特征是，它不

---

① [德]马克思：《1844 年经济学哲学手稿》，中共中央马克思恩格斯列宁斯大林著作编译局译，北京：人民出版社 2014 年，第 48 页。

② [美]赫伯特 · A. 西蒙：《人工科学》，武夷山译，北京：商务印书馆，1987 年，第 7 页。

可能在天然自然中出现，即它根本不是自然界演化的产物。这一点具有特别重要、特别深刻的哲学意义。关于这个问题，笔者在下一节专门讨论。此外，机器制造的人工自然物还有许多特征。

外部形态的规则性。人工自然物的外形一般都很规则，有序度、精确度高。如线很直、面很平、体很圆，几乎是理想化的外形。天然自然物都是在天然自然条件下形成的，各种因素相互作用，偶然性扮演重要角色，所以它的形状具有较大的不确定性、不规则性。从土里挖出来的红薯其大小、形状甚至颜色的深浅都不会完全相同。雪花的六边角结构很规则，这是个例外，但不同的雪花在细节上也有区别。人工自然物是根据人的设计用机器制成的，机器的运转具有高度的规则性和精确性。机器造物是在车间里进行的，基本排除了外界的干扰。一个生产线上的产品都是同一个模样、同一个规格，使消费者对产品有信任感。

可组装性。机器制造的产品，可以分解为若干部分，各个零件可以组装成一件完整的产品。由于各个零件都是按统一的标准生产的，所以组装十分方便，零件可以更换，这大大降低了维修的成本。天然自然物是根本无法拆散和组装的。

大批量生产。一种产品都是一个规格，可以大批量生长，各件产品之间看不出有什么差别。莱布尼茨说，世界上找不到两片完全相同的树叶；我们可以说在一个生产线上，找不到两颗不同的螺丝钉。手工产品则很难大批量生产，其效率无法同机器生产相比。

为人服务。人工自然物是根据人的设计和制造的意愿设计和制造的，只是为了满足人的需要，只是为人服务的。它的属性和功能都是人赋予的，是强加给天然自然物。它本质上已不再属于自然界，而只属于人。它的结构和形态都成了束缚自己的牢笼。它一旦被人抛弃，也很难再回到自然界母亲的怀抱，天然自然物是“自在之物”，人工自然物是“为我之物”。

非生态性。人工自然物是非自然的，甚至是反自然的。人们在制造它的过程中，基本上未参加自然界的生态循环，它已不再具有它的原料原来所具有的、在自然系统中同天然自然物相互制约又相互依赖的关系。天然自然物都是在天然自然物相互作用下形成的，但人工自然物是人与天然自然物作用的产物。对于自然界而言，人工自然物是不自然甚至反自然的怪物，是异己的存在，是对自身的破坏。自然界经过多少万年的演变，已基本能适应人类的生存和发展，而人工自然与天然自然的冲突，乃是环境破坏的根源。

2. 人工自然物的制造

人工自然物是人为了谋取自身的利益制造出来的。人工自然物是自然界不可能出现的，那为什么人能造出人工自然物呢？奥妙何在呢？

首先我们要弄清如何理解“自然界不可能出现”，这是绝对重要的技术哲学问题。

恩格斯说：“人制造最广义的生活资料，这些生活资料是自然界离开了人便不能生产出来的。”①这些生活资料既能是人制造出来的，当然是人工自然物了。“自然界离开了人便不能生产出来”，这就是说它在无人的自然界不可能产生。恩格斯还说：“我们还能引起自然界中根本不发生的运动（工业），至少不是以这种方式发生的运动。”②人工自然物和人工自然过程在自然界中“根本不发生”，这是根本的“不可能”。的确，大自然可以演化出一座喜马拉雅山，但演化不出一颗小小的螺丝钉。

也许有人会认为，一些现代物理学家说“一切皆有可能”，所以喜马拉雅山也可以变成一颗螺丝钉。物理学家亨森说：“我想把某个星系变成啤酒罐。”③亨森不是要用某个星系制造啤酒罐，而是想使某个星系变成一个啤酒罐。

物理学家的“一切皆有可能”的信念，来源之一就是玻尔兹曼对热力学第二定律的统计性解释。克劳修斯 1850 年指出：“在没有任何力消耗或其他变化的

① [德]弗里德里希·恩格斯：《自然辩证法》，中共中央马克思恩格斯列宁斯大林著作编译局译，北京：人民出版社，2018 年，第 300 页。

② [德]弗里德里希·恩格斯：《自然辩证法》，中共中央马克思恩格斯列宁斯大林著作编译局译，北京：人民出版社，2018 年，第 97 页。

③ [美]埃德·里吉斯：《科学也疯狂》，张明德、刘青青译，北京：中国对外翻译出版公司，1994 年，第 271 页。

情况下,把任意多的热量从冷体传到热体是和热的惯常行为矛盾的。”①请注意“惯常行为”这个概念。1854 年,他说:“热不可能自发地从一冷体传到一热体。”②请注意“自发”二字。克劳修斯用“不可能”的否定判断来表述物理学定律,这是破天荒的。

亚里士多德早已认为物体的有些运动是不可能自然出现的。他指出,物体的本性是趋向自己的“自然位置”,“每一种元素体都趋向自己特有的空间”③。趋向自然位置的运动是自然运动,因为符合自然的本性。远离自然位置的运动是受迫运动,需要外力的作用,因为它违背自然的本性。火、气、水、土各有其自然位置,土的自然位置在最下面,火在最上面。他写道:“每一单纯的物体都有各自自然的位移,如火向上;土向下,即向宇宙的中心。”“它们本性就是有方向的。”“如果没有外力影响的话,每一种自然体都趋向自己特有的空间。”④没有外力的作用,物体不可能远离自己的自然位置。所以以土为主要成分的物体会自行下落,成为自由落体。瓜熟蒂落,自然而然。苹果熟了不可能飞向空中,只会落地。这是苹果的“惯常行为”“自发”的运动,这些都是常识。

但玻尔兹曼对热力学第二定律的统计解释,使问题复杂了。他指出热力学第二定律的论证只有在概率的基础上才能成立,这就是说,不能自发发生的过程,不是根本不可能发生的过程,而是发生概率很小的过程。他说有些过程出现的概率只有$\frac{1}{2^{6\times10^{23}}}$,这个数值小得几乎不能再小,几乎为零,实际上是不可能。但也可以认为这个数值大于零,还是有可能,尽管只是一点点的可能。

但如果等待这微不足道的可能变为现实的时间非常非常长,那出现的可能性就不能忽略不计了。天文学家金斯说:“如果宇宙能够持续足够长的时间,在这么长的时间内,任何可能的意外都有可能发生。”⑤一杯热水在自然条件下只

---

① 阎康年:《热力学史》,济南:山东科学技术出版社,1989 年,第 140 页。

② 阎康年:《热力学史》,济南:山东科学技术出版社,1989 年,第 145 页。

③ [古希腊]亚里士多德:《物理学》,张竹明译,北京:商务印书馆,1982 年,第 106 页。

④ [古希腊]亚里士多德:《物理学》,张竹明译,北京:商务印书馆,1982 年,第 112、232、92—93 页。

⑤ [英]约翰·格里宾:《寻找多重宇宙》,常宁、何玉静译,海口:海南出版社,2012 年,第 107—108 页。

会逐渐变冷，而一杯冷水不可能慢慢变热。但根据玻尔兹曼的说法，需要的时间却是宇宙年龄的许多倍，格里宾写道："如果你能够花足够长的时间来观察一杯水——这个时间长到是宇宙年龄的很多很多倍——最终你确实会看到大量的水逐渐变暖。"①对于全人类来说，永远看不到这种情景。

关于这些问题，恩格斯有十分精辟的论述。

恩格斯也提出了"正常进程"的概念。他在谈到辩证否定时说："我们以大麦粒为例。亿万颗大麦粒被磨碎、煮熟、酿制，然后被消费。但是，如果一颗大麦粒得到它所需要的正常的条件，落到适宜的土壤里，那么它在温度和湿度的影响下就发生特有的变化：发芽；而麦粒本身就消失了，被否定了，代替它的是从它生长起来的植物，即麦粒的否定。而这种植物的生命的正常进程是怎样的呢？它生长，开花，结实，最后又产生大麦粒。"②大麦粒生长、开花、结实是大麦粒的正常生长，这是"正常进程"，是自然而然的，因为它符合大麦粒的遗传基因。"正常进程"的实现需要"正常条件"。大麦粒的生长是农业生产。如果把大麦粒磨碎做成食物，那就不是麦粒的正常进程，而是非正常进程、异常进程、反常进程，这就是食品制造。麦地里不可能长出生日蛋糕，生日蛋糕里也不可能长出新的麦株。

"事实上，我们一天天地学会更正确地理解自然规律，学会认识我们对自然界习常过程的干预所造成的较近或较远的后果。特别自本世纪自然科学大踏步前进以来，我们越来越有可能学会认识并从而控制那些至少是由我们的最常见的生产行为所造成的较远的自然后果。"③人可以对自然界的习常过程进行干预。也就是说，人是通过对自然过程的干预来创造新的自然物体的。这种生产行为其实也是一种习常过程，这是人设计的、人为的人工自然物的习常过程或正常进程。在特殊情况下，自然界也会对生产的习常过程进

① [英]约翰·格里宾：《寻找多重宇宙》，常宁、何玉静译，海口：海南出版社，2012年，第112页。

② [德]弗里德里希·恩格斯：《反杜林论》，中共中央马克思恩格斯列宁斯大林著作编译局译，北京：人民出版社，2015年，第144页。

③ [德]弗里德里希·恩格斯：《自然辩证法》，中共中央马克思恩格斯列宁斯大林著作编译局译，北京：人民出版社，2018年，第314页。

行干预。

恩格斯在论述因果性时说：“我们不仅发现某一个运动后面跟随着另一个运动，而且我们也发现，只要我们造成某个运动在自然界中发生时所必需的那些条件，我们就能引起这个运动，甚至我们还能引起自然界中根本不发生的运动（工业），至少不是以这种方式发生的运动，并且我们能赋予这些运动以预先规定的方向和范围。”①对自然界惯常过程干预的实质，是制造新的物的惯常过程，从而造出新的自然物体——工业产品。这是技术设计和技术操作的过程。

这就是人能制造自然界不可能出现的人工自然物的原因。这是技术的秘密、技术的魔力。

亚里士多德认为空中的石头会自行下落，它在地面却不会自己飞向空中。可是为什么飞机这样的庞然大物能升到空中呢？这就涉及一个问题：我们对自然界习常过程的干预为什么能成功？这是否违反了自然规律？我们还是以引述恩格斯的话为主，看他是怎样回答这个问题的。

恩格斯在致马克思的信中写道：“最简单的运动形式是位置移动。”“单个物体的运动是不存在的；但是相对地说，可以把下落看作这样的运动。”②位移是自然界最普遍、最简单的运动。“如果两个物体相互作用，致使其中的一个或两个发生位置变动，那么这种位置变动就只能是互相接近或互相分离。这两个物体不互相吸引，就互相排斥。”③众所周知，在地球上吸引占绝对优势。“所以在地球表面上的纯粹的机械运动中，我们所碰到的是重力即吸引占有决定性优势的情形，因而在这里运动的产生显示出两个阶段：首先是抵抗重力的作用，然后是让重力起作用，一句话，就是先使物体上升，然后再使之下降。”④飞机起飞的

① [德]弗里德里希·恩格斯：《自然辩证法》，中共中央马克思恩格斯列宁斯大林著作编译局译，北京：人民出版社，2018 年，第 97 页。

② [德]弗里德里希·恩格斯：《自然辩证法》，中共中央马克思恩格斯列宁斯大林著作编译局译，北京：人民出版社，2018 年，第 325 页。

③ [德]弗里德里希·恩格斯：《自然辩证法》，中共中央马克思恩格斯列宁斯大林著作编译局译，北京：人民出版社，2018 年，第 134 页。

④ [德]弗里德里希·恩格斯：《自然辩证法》，中共中央马克思恩格斯列宁斯大林著作编译局译，北京：人民出版社，2018 年，第 137—138 页。

过程是,先使它的重力不起作用。我们可以根据另一个自然规律如空气动力学规律,制造飞机的上升力,产生一个排斥,从而抵消了飞机的重力。注意,这并不违反重力规律,因为并未消除飞机的重力,只是不让重力起作用。飞机要降落,就消除上升力发生的条件,使上升力不再起作用,这时重力便恢复作用。我们并未违背任何自然规律,只是根据我们的需要,在不同的情况下按一定的顺序运用不同的自然规律。

"在地球上的纯粹力学(这种力学所研究的,是处于既定的,对它来说是不变的聚集状态和凝聚状态之中的物体)的范围内,这种排斥的运动形式在自然界中是不发生的。无论是岩石从山顶上崩落下来,还是水之所以能够下泻,形成这类现象的物理条件和化学条件都是这种力学范围以外的事情。所以在地球上的纯粹力学中,排斥运动或提升运动只能由人工造成,即由人力、畜力、水力、蒸汽力等等造成。这种情形,这种用人工办法克服天然的吸引的必要性,使力学家们产生了一种看法,认为吸引、重力,或者如他们所说的重力的力,是自然界中最重要的运动形式,甚至是基本的运动形式。"①我们可以用人工的办法即技术手段克服天然的吸引。这并未也不可能改变自然规律,但我们能在不同的情况下应用不同的自然规律,可以使某一自然规律暂时不起作用,而让另一自然规律起作用,以达到我们的预期目的。规律是客观的,规律不可能消灭,但规律起作用需要一定的条件,有条件就发生作用。规律不可以创造,但条件可以创造。

我们在什么情况下创造什么条件,使什么自然规律起作用,这就是技术规则。准确地说,人工自然物不是按自然规律而是按照技术规则制造出来的。邦格说:"规则就是一种要求按一定的顺序采取一系列行动以达到既定目标的说明。""规则是行为的规范。"②技术规则是人制定的,它是技术设计的贡献。

那么,是否所有的习常过程,我们都可以用技术来改变?

习常过程是大概率出现的过程,有人甚至会把它理解为必然出现的过程,

---

① [德]弗里德里希·恩格斯:《自然辩证法》,中共中央马克思恩格斯列宁斯大林著作编译局译,北京:人民出版社,2018年,第138页。

② 李伯聪:《工程哲学引论——我造物故我在》,郑州:大象出版社,2002年,第234页。

这是误解。克劳修斯所说的机械能向热的转化、热量从高温物体流向低温物体、物质的散离度增加,都是以大概率出现,在一般情况下肯定会出现,这都是习常过程。任何过程的出现都需要一定的条件,习常过程出现的条件最简单——听其自然,不要干扰,所以都是自发的过程。玻尔兹曼指出相反过程即反常过程,也可以出现,但概率极小。若要出现,一定有苛刻的条件。克劳修斯说:“热从一冷体传向热体不可能无补偿地发生。”①这个补偿是什么意思呢?他说:“当在某一处和某一时间有向某一方向发生的变化,必定也在另一处和另一时间有相反的方向发生的变化,使得同样的状态总是重复出现。”②例如,散离度指物质分子分散和远离的程度。气体会自发膨胀,这是气体的习常过程。要减少气体分子的散离度,可以压缩空气,但这样一来,机械运动就要转化为热。所以气体膨胀是大概率事件,是惯常行为;气体收缩是小概率事件,是反常行为。

每个自然物体都会受到多个物体的各种作用,情况复杂,所以反常过程出现的概率也各不相同,有的较小,有的则极小,热转化为机械运动就很不容易出现。恩格斯写道:“在实践中发现机械运动可以转化为热是很古老的事情,甚至可以把这看做人类历史的发端。”“在发现摩擦取火以后,不得不经历好几万年,亚历山大里亚的希罗(公元前120年前后)才发明一种机械,以其自身喷出的水蒸气,推动自身旋转。又过了差不多两千年,才产生了第一台蒸汽机,这是把热转化为真正有用的机械运动的第一部装置。”③蒸汽机的出现迎来了第一次产业革命。自然界中的概率极小的反常过程终于出现了,这既是自然界的奇迹,又是人类社会的奇迹。

克劳修斯根据热力学第二定律提出了热寂说——宇宙的各种运动都通过机械运动全部转化为热。那时宇宙中全都是热,但却没有任何变化了。恩格斯不同意热寂说,坚信分散在宇宙中的热会重新聚集,即热可以从冷体流向热体。

---

① 阎康年:《热力学史》,济南:山东科学技术出版社,1989年,第145页。

② [德]克劳修斯:《关于机械的热理论的第二定律》,《自然科学争鸣》1975年第1期。

③ [德]弗里德里希·恩格斯:《自然辩证法》,中共中央马克思恩格斯列宁斯大林著作编译局译,北京:人民出版社,2018年,第214、215页。

“发散到宇宙空间中去的热一定有可能通过某种途径(指明这一途径,将是以后某个时候自然研究的课题)转变为另一种运动形式,在这种运动形式中,它能够重新集结和活动起来。因此,阻碍已死的太阳重新转化为炽热气团的主要困难便消除了。”①

当然,这是一个出现概率极小极小的过程,需要等待很长很长的时间,这个时间有多长呢?恩格斯说:“形成我们的宇宙岛的太阳系的炽热原料,是按自然的途径,即通过运动的转化产生出来的,而这种转化是运动着的物质天然具有的,因而转化的条件也必然要由物质再生产出来,尽管这种再生产要到亿万年之后才或多或少偶然地发生,然而也正是在这种偶然中包含着必然性。”②在这里,恩格斯强调的是“按自然的途径”,这种转化是“物质天然具有的”,这不是出于人的干预。实际上技术对此无能为力。这是非常重要的思想:不是所有的自然界的习常进程我们都可以用技术来改变的,技术并非无所不能。

亿万年后,人类可能已不再存在。再回想格里宾所说的,看到一杯冷水如何自行变暖,也要等待几倍于宇宙年龄的漫长岁月,笔者不禁感慨万千。但,这是我们坚定的信念。

3. 人工自然物的进化

恩格斯十分关心人工自然物和人工自然过程的进展。他在《自然辩证法》一书中多次说到“人工”,以及“人工方法”(66页)、“人工造成”(138页)、“人工制造生命”(291页)、“人工方法合成”(292页)、“人造细胞”(292页)、“人制造”(300页)、“人工培养”(312页)、“人工制造物质”(326页)。1828年,维勒人工合成尿素。在维勒的启发下,一个个有机化合物陆续被人工合成出来。仅柏尔特罗一人在1850—1860十年间就合成了乙炔、乙烷、乙醇、丙烯、苯、脂肪等十多种有机物。在1880年以后的一百多年内,人工合成的化合物由1000种增至1000多万种。恩格斯在1867年6月16日致马克思的信中说:“化学的进步的

---

① [德]弗里德里希·恩格斯:《自然辩证法》,中共中央马克思恩格斯列宁斯大林著作编译局译,北京:人民出版社,2018年,第26页。

② [德]弗里德里希·恩格斯:《自然辩证法》,中共中央马克思恩格斯列宁斯大林著作编译局译,北京:人民出版社,2018年,第25—26页。

确是极其巨大的,肖莱马说,这种革命还每天都在进行,所以人们每天都可以期待新的变革。"①

这些有机化合物的合成都是在实验室里完成的,由此我们可以进一步理解恩格斯把实验与工业并列叙述的意义。人工自然物制造的速度这么快,我们应当关注人工自然物进化的特征。

高速度。人工自然物进化的速度往往出乎我们的意料。因特网名誉董事长摩尔于1965年提出摩尔定律:当价格不变时,集成电路芯片上所集成的电路数,每隔18个月即翻一番,微处理器的性能也提高一倍。四十多年来,半导体芯片制造水平迅速提高,以致有人认为大约10年后,芯片在单位面积上可集成的元件数量会达到极限。人类社会有两条铁的原则:利益原则和效率原则,即追求利益和效率,追求利益的最大化。人类的欲望永无满足之时,喜新厌旧是常态。这当然有非议之处,但在客观上却为技术创新提供越来越强大的动力,使造物技术发展得越来越快。技术创新要求产品尽快更新,尽快获取更多的经济利益。相比之下,自然界中的矿物几乎多少万年也没有什么变化,生物进化的速度也十分缓慢。二者速度的反差实在是太大了,不免使人不安。

专业化。在一般的情况下,工具、用具的专业化,是社会物质文明进步的标志。达尔文指出,生物器官在不断地分化和专业化,意味着生物的进化。马克思认为生产工具的分化和专业化,同生物器官的分化和专业化相似。人工自然物的分化和专业化,从石器时代就开始了。马克思曾引用过这样的资料:19世纪英国的伯明翰可以制造三百种各式各样的锤,每一种都只适用于某种专门的生产。人们需要的多样化,促使技术产品的多样化、专业化。消费者更加关注不同品牌产品在满足自己需要上的细微差别。分化是自然界的普遍趋势,但人工自然物的分化,无论是速度,还是品种,都远超过天然自然物。

人工度的提高。随着技术的不断发展,人工自然物的人工度也不断提高。人工度是物体的人工化程度,是人工自然物同天然自然物差别的程度。人类只能在一定程度上把天然自然物改造成人工自然物。天然自然物的结构是多层

① 《马克思恩格斯全集》第31卷,北京:人民出版社,1972年,第309页。

次的，我们在一定条件下只能改变其一两个层次，不可能一蹴而就地改变其所有层次。改变宏观层次易，改变微观层次难。纳米技术使我们开始控制原子，但基本粒子基本上仍然是自在之物，远没有进入我们的产业部门。人类人工自然物的制造从浅层向深层发展，每个天然自然物都是一个系统，由多方面的因素构成，因而有多方面的属性，我们往往在一次制造活动中只能改变它的某个部分。人类人工自然物的制造是从单方面向多方面、从较多方面向更多方面的发展。制造型的人工自然物有单体型、组合型、自动型、智能型等种类，智能型的人工度最高。人工度的提高有极限，不可能是百分之一百。世界上没有绝对纯粹的人工自然物。

微型化。近代工业早期，不少人工自然物越造越大，以大为好，成本高，浪费资源。后来人们逐渐认识到，产品体量小，可节约资源，降低成本，制造、运输、使用更加方便，意识到“小有小的优点”“小的往往比大的好”，于是大批袖珍产品走进千家万户。纳米技术使人工自然物的微型化进入新阶段。贝尔实验室已开发出直径仅 400 微米的齿轮，比灰尘还小。在一张普通邮票上可以放 6 万个齿轮和其他微型零件。微型机器人可以在原子级水平上工作。微型机器人有固定型、机动型和生物型。2020 年，一种微型昆虫机器人被研制出来，长 15 毫米，质量只有 88 毫克，相当于三粒大米，却可拖运自身重量 2.6 倍的物体。可将微型传感器安装在昆虫身上，使其进入人自身无法达到的地方，执行各种任务。地球资源有限，大部分不可再生，逼着人们细水长流。

结构的复杂化。微型产品要提高功能，就要小而巧，提高结构的复杂程度。结构决定功能。物体的结构复杂，会产生新属性、新功能，更好地满足人的需要。所谓结构复杂，首先是指结构的部件多，彼此间的差别大，又紧密联系、相互依存，牵一发而动全身，一个部分发生故障，立即使相关的许多部件失效。结构越复杂，整体功能越强。复杂性的另一个特征是构件的不可取代性强。如一台机器有很多大小、形状不一的螺丝钉，各有各的特殊用途，彼此不可替换。自动化设备比被动化设备复杂。操作的简单性往往是结构复杂性带来的效果，事物的进化是从低级到高级、从简单到复杂的发展过程，复杂意味高级。在这方面天然自然物与人工自然物基本相同，但人工自然物远比天然自然物复杂，正如一只手机远比一块石头复杂。因为天然自然物是自然形成的，而人工自然物是人的设计，有巨大的想象空间。人的想象远比自然界的演化丰富多彩。

艺术性提高。人工的自然物具有文化属性，是物的形态的文化。随着技术含量的不断提高，其文化含量更是日新月异，琳琅满目。过去产品以提高技术水平为主，将来以提高艺术水平为主。越来越精，越来越巧，也越来越美。既满足消费者的物质需要，同时也满足他们的审美情趣。艺术设计在产品设计中越发重要，这已是技术创新的重要内容，是厂家吸引消费者的充满诱惑的手段。技术设计要求严谨，艺术设计则追求浪漫。这种人造美又远比自然美更能满足人们的求美欲望。马克思说：“人也按照美的规律来构造。”①

纵观历史，从古代到传统工业时代，人工自然物的进化经历了三个阶段。

手工自然物，是手工制造的生产工具和生活用具。有一定形状的石器、竹筐、桌椅、青铜器都是在自然界不可能出现的。农业畜牧业生产是“生物生长型”生产，不是制造型生产。其生长过程是对动植物生长的模仿，技术含量很低，其产品顶多只能算半人工自然物。

机器制造物，是机器工业的产品，是典型的人造物。动力机取代了人力，工作机取代了人手，机器的运转取代了手技。机器制造物种类多、大批量、标准化、更新快。

人工智能物，是具有人工智能的机器制造物。人赋予物以智能，旨在用特殊的物能取代人的智能，从“仿人”向“超人”发展。这个问题，往后专门讨论。

人工生命体，即人造生命，极端目标是人造人。这个问题也极其重要，以后再叙。

此外，物联网使人工自然物具有“互联性”，万物相连，互联互通，使原本不可交流的物体之间出现了交流。物体可感知、可识别、可计算，所有物体都可以通过因特网主动进行交换。

4. 人工自然界

在工业社会，人工自然物的数量种类越来越多，形成了一个十分庞大的物

---

① ［德］马克思：《1844年经济学哲学手稿》，中共中央马克思恩格斯列宁斯大林著作编译局译，北京：人民出版社，2014年，第53页。

质系统。马克思说："动物只生产自身，而人再生产整个自然界。"是的，机器大工业制造了一个新的自然界——人工自然界。"通过这种生产，自然界才表现为他的作品和他的现实。"①

为什么把人再生产出来的自然界称为人工自然界？它是一个庞大的物的系统，已形成一个独特的领域，故称为"界"。它具有自然属性，它的最基本的物质组成成分（元素、原子、基本粒子）同自然物体相同。无论人工度多高都是如此。因此它也必然会发生由自身规律决定的变化。但它又同原有的自然界有性质的区别，这集中表现为它的"人工性"，所以这个人造物系统可称为人工自然界，这也有助于认识自然界的人造大分裂，对两个自然界进行对比分析。

天然自然界是人类社会的环境，而人工自然界是人类社会的一部分，是人类社会的物质系统。社会以物为体，物是人类社会存在和发展的物质基础。在一定意义上可以把社会视作自然界发展的产物。

生命的出现是自然界的一次大分化：从无机物分化出生命体。生物为了生存就要从外界吸取营养。生物体出现了需要，这是自然物体的一次飞跃。需要的是自身的利益，从此生物体有了"个体性"，有了"自身"的身份，并以这个身份同"他身"发生作用。每棵小草都是不同的个体，都有各自的需要。无机物没有自身。每颗沙粒的存在都没有对外部环境的需要，所以沙粒都没有个体性。有了自身，就有了自身的需求、自身的行为，就有了自身的所有。自身的身份和个体性就是最初的主体性。一棵草作为大自然中的一个物体，是客体；作为自身的存在，又是主体。于是有生命的自然界出现了过去无生命世界的事物和现象。蜂巢、鸟窝、蛛网、蚕丝是无生命世界所不可能出现的，有的生物体会传递特殊的信息，有些生物也会伪装。

植物与动物，是自然界的又一次大分化。动物的自身性更突出。动物没有建造什么大自然从未出现的物，却制造了大自然从未出现的事件。大杜鹃为了谋取自身的利益，不惜侵占他身的所有。它把东方大苇莺的卵从巢中叼出吃

---

① ［德］马克思：《1844年经济学哲学手稿》，中共中央马克思恩格斯列宁斯大林著作编译局译，北京：人民出版社，2014年，第54页。

掉,自身在大苇莺的巢里产卵。最早破壳而出的大杜鹃雏鸟疯狂地用背把他身的鸟卵全部推出,一个不留。群居动物会自发形成小圈子,必有头领,占地有王。头领有优先获食和交配的特权。加拿大生物学家布莱克曾把三百只猴运往一个岛屿。一个月后,猴群就形成了几个圈子,各有其势力范围。狒狒群里,普通狒狒见到头领便夹起尾巴,不敢站在比头领高的位置上。群居动物出现了群体自身,使天然自然界出现了"社会组织"的萌芽,社会性正是人工自然界的属性之一。

天然自然与人工自然,是两个很不相同的自然界。来源不同,天然自然界是世界的本原,是从来就有的,人工自然界是人应用技术的创造,是后来才有的。主体不同,前者的主体是自然,后者的主体是人。人类剥夺了自然界原有的主体性,迫使自然界为人服务、受人控制、被人支配。天然自然界按自然规律演化,人工自然界作为一个系统,按社会规律特别是经济规律运行。人工自然界是物质形态的社会,是物体的社会系统,既有自然性,又有社会性。

人工自然界有三个基本的物质系统:生产工具系统,生活用具系统,此外还有千万不能被我们忽略了的武器系统,或战争用具系统。生物界充满生存斗争。兽类以爪牙为武器,这是身体的器官,是自然形成的。武器则是人制造的,是人体以外的物,是杀伤别人、摧毁巨大人造物的特殊工具。同生产工具和生活用具相比,武器具有更令人深思的含义,它体现了人的更深层次的本性。

此外,在人工自然界有成品,就有垃圾;有真货,就有假货;有真品,就有赝品。垃圾与赝品的泛滥,已成为严重的社会公害。天然自然界则无垃圾和赝品可言。

人工自然按其人和技术赋予它的本性,要不断膨胀,从一个领域膨胀到另一个领域,从一个层次膨胀到另一个层次。越胀越大,越胀越快。从取代天然自然,到摧毁天然自然。人工自然想吞噬整个天然自然。

这是两个对立的系统。人工自然的本质,是从非自然到反自然,是自然界的异己。它的产生、维持和膨胀,都以破坏天然自然为代价。二者不存在相互依靠的关系,因为天然自然可以独立于人工自然而存在,而人工自然则以天然自然的存在为前提。二者不存在相互合作的关系,因为天然自然给人工自然原料和能量,人工自然给天然自然的回报只有垃圾。二者有相互协调的关系吗?可是掠夺者与被掠夺者之间只有迫害与报复的关系。只要人类存在,两类自然必然并存,这是必须面对的现实。人工自然的主人是人,人工自然如何发展,发展到什么程度是由人类决定的。我们当然可以期待人们的理性觉醒,节制对天然自然的破坏。但按照人们的竭力追求利益最大化的贪婪习性,这是很难很难的。两种自然很难调和的矛盾,是人类社会发展面临的严峻挑战。更重要的是,人类从来都不是统一的利益主体,而是多重的利益主体,彼此间的利益冲突也很难从根本上调和。

在这种背景下,回归自然成为不少人的愿望。从人工自然再回到天然自然,这是不可能的,因为从天然自然到人工自然是不可逆的过程。人工自然界形成后,人工自然物除了改变原有的习常过程以外,又有了新的生产人工自然物的新途径,即用机器直接改变原料的结构,直接在生产线上造物。改变物体的习常过程是可逆的,异常过程还可以再改成习常过程。如用纸浆造纸,一张张纸是大自然不可能自发出现的。但废纸又可以做成纸浆,再做成纸。如果物体的结构改变了,再重新回到原来的结构,那就很不容易了。当然,回归自然的梦想有一定的积极意义,可加深我们对天然自然的眷恋,能提高我们的生态意识,并传承农业文化的一些合理的东西。但这改变不了命运:人类制造人工自然,既是成功之路,又是不归之路。

那么人类能否凭借先进技术再造一个天然自然界呢?现在不是有的宇宙学家想人工制造新宇宙吗?一些现代宇宙学家认为宇宙暴胀产生宇宙,宇宙可以通过自然选择而自我繁殖,于是想到宇宙的繁殖过程可以通过人工选择进行,人类可以参与宇宙的生成,并直接制造宇宙。“我们能不能通过激发某一次涨落,产生像永恒暴胀一样的效果,从而‘创造’出一个宇宙来呢?”①

古斯提出暴胀创造宇宙大爆炸,暴胀创造宇宙和“实验室中的宇宙创作”。格里宾这样评述古斯的看法:“原则上,物理定律的确允许一个非常先进的技术

① [英]约翰·D. 巴罗:《宇宙之书——从托勒密、爱因斯坦到多重宇宙》,李剑龙译,北京:人民邮电出版社,2013年,第268页。

文明通过这种方式创造一个或更多的宇宙；其余的，古斯开玩笑地说：‘仅仅是一个工程设计的问题。’”①为什么超级宇宙学家想制造宇宙？宇宙学家林德说：“从这个角度看来，我们人人都能成为上帝。”②人工制造宇宙，而且制造许多宇宙，这是何等的雄心壮志？造物的成功竟使个别科学家有如此的“远大理想”！这种技术万能的妄想已经到了无以复加的地步！从打造石器到幻想人工制造宇宙，这就是人类技术发展的逻辑？岂不令人深思，令人警觉？人类想成为上帝，这是技术迷信、技术宗教、技术神话！物极必反，当人类想成为上帝时，人类的丧钟也就敲响了。

恩格斯写道：“一切产生出来的东西，都注定要灭亡。也许经过多少亿年，多少万代生了又死。”③人工制造宇宙不可能，人类的灭亡则是迟早的事。人类与人工自然同时诞生，也同时灭亡。现在看来，能够毁灭人工自然和人类的，只有两种力量：特大的自然灾害和核武器的大规模爆炸。前者是大自然对人类的致命报复，后者是人类自取灭亡。令人震惊的是，居然有人在制造自然灾害，使人工自然灾害成为打击别人的武器，如人造地震、人造飓风、人造海啸、人造小行星撞击地球，更可怕的是人造病毒！人类最终将用自己制造的人工自然物毁灭自己。

5. 人工自然观研究的意义

于光远先生指出，自然辩证法有上下两篇，上篇是天然自然界的辩证法，下篇是人工自然界的辩证法。这是真知灼见。我们还可以接着说，下篇的内容比上篇更丰富、更深刻、更重要。

在很长的时期，哲学家们研究自然界，基本上做的是上篇文章。研究的是人类出现以前的自然界、纯粹的自然界。天体、地球、生命和人类的起源是我们自然辩证法教材的主要内容，讲到人类出现就停止了。这实际上是本体论哲

---

① [英]约翰·格里宾：《寻找多重宇宙》，常宁、何玉静译，海口：海南出版社，2012年，第225页。

② [美]加来道雄：《不可能的物理》，晓颖译，上海：上海科学技术文献出版社，2016年，第256页。

③ [德]弗里德里希·恩格斯：《自然辩证法》，中共中央马克思恩格斯列宁斯大林著作编译局译，北京：人民出版社，2018年，第23页。

学，说明自然界是本原，先有自然界，然后才从自然界中演化出人类及其意识。这种论述当然是必要的，因为这是唯物主义的哲学立场。它揭示了自然界对人类的本原性，这是哲学研究的逻辑起点，我们提倡人工自然观的研究，也是在天然自然观研究的基础上进行。天然自然观的研究还可继续，但由于是本原问题的研究，所以很难有理论上的创新和突破。

今天看来，天然自然观的研究应以概括自然界演化的最一般规律为主，深入探讨物质、运动、时间、空间的本质。但这难度很大，也容易同辩证法基本规律重复。哲学工作者掌握、概括现代科学理论研究的新进展，也非易事。所以自然辩证法讲自然观，只能以天然自然观为主。

但这种研究状况有根本性的缺陷：严重脱离人类的社会实践，失去了哲学的实践意义和创造的意义。

自然观研究应当以人工自然观研究为主。这具有天然自然观所无法与之相比的重要意义。

加深我们对哲学基本问题的理解。自然界是万物的本原，但人工自然界不是自然界演化的产物，而是人的创造物。所以人工自然物还有第二个本原：人应用技术的创造。应把技术引入本原论研究，对哲学基本问题的第一方面提出新的理解，并提出技术唯物主义的构想。

加深关于人及其精神能动作用的理解。哲学基本问题不能只讲到思维能正确反映存在为止。人的伟大的能动作用不仅在于能正确认识世界，更重要的、意义更加伟大的还在于人类能有效地改变世界、创造世界。人对世界的创造，是通过精神的创造实现的。物质可以转化为精神，更有意义的是精神可以转化为物质。用哲学的语言表述：精神可以创造物质。所以哲学的基本问题还应包括第三方面。这使我们对物质与精神的关系问题有更全面、更深刻的理解。

进一步认识和处理人与物的关系。人是物质实体和精神主体的统一体。人体是生物体，人依赖客观物体生存和发展。但人又是精神主体，而且是人工自然物的主体，是人工自然物的创造者和控制者。天然自然物可为人用，人工自然物只为人用。人类的各种社会矛盾说到底都是利益的冲突，都是为物的占有和享用而争夺。人与物的关系也应当是哲学的基本问题。人工智能的出现和发展，会导致人的异化，即人的非人化，使人完全被自己所创造的人工自然物所取代或被统治。

加深我们对自然与社会关系的理解。人工自然是社会的物质载体，是自然与社会的“重叠区”。人工自然是个矛盾体，既是自然，又是人工。既不能违反自然规律，又按社会规律运行。人工自然显示出自然与社会的本质联系。但是，自然可以离开社会而独立存在，社会则不能须臾离开自然。社会始终依赖自然而生存。

加深对技术本质的理解。技术的基本任务是造物，用人工自然物即技术物来取代自然物和人本身。技术的功与过皆出于此。由此形成了技术内在的两个矛盾：自然与反自然的矛盾，为人类与反人类的矛盾。人工自然论是技术哲学的基本部分。我们必须对技术的发展采取既发展又节制的政策。哲学应加强对技术的反思和批判。

认清天然自然与人工自然的关系，有助于我们认识人类生存方式的变化。采集狩猎时期和农业时期，主要依靠天然自然生存，称自然生存。工业时期主要依靠人工自然生存即技术自然生存，称技术生存。这是两种性质很不相同的生存方式。不同的生存方式产生了不同的文化，特别是不同的价值观。

有助于我们研究创造论。人类社会以物质创造为主，探索物质创造的规律，是创造论的基本内容，应以工业制造的规律为重点。创造与协调是人类的两项基本要务。没有协调的创造最后必然是破坏，应当从哲学的层面研究创造与协调的关系。“我创造故我在。”离开了创造的哲学，便是失去生命力的哲学。

有助于我们从哲学的层面上认清改造自然与保护自然的关系。人工自然对天然自然的冲击，是产生生态危机的根源。笔者认为，“认识自然、改造自然和保护自然是科学技术功能的完整表述，是关于人对自然界能动作用的科学概括”①。

有助于加深认识科学实验的哲学意义。现实的自然物体和自然过程都处

① 林德宏：《改造自然与保护自然》，《哲学研究》1993 年第 10 期。

于十分复杂的环境中，这为我们认识它们带来很大困难，这个困难是观察无法解决的。实验方法则可以弥补观察方法的不足。马克思说："物理学家是自然过程表现得最确实、最少受干扰的地方考察自然过程的，或者，如有可能，是在保证过程以其纯粹形态下从事实验的。"①科学实验就是人制造的一个人工自然过程，它是天然自然过程的"理想状态"，能使我们达到对天然自然过程本质的认识。自然的历史不可再现，但科学家可以通过模仿天然自然的人工自然，使自然的历史在实验室中"再现"。所以，构建人工自然对认识天然自然有重要意义。

长期以来，自然哲学(自然观)是西方哲学的基础和重要领域。可是实证主义哲学出现以后，西方哲学开始流行拒斥形而上学的口号，自然哲学被当作"形而之学"而遭到冷漠。科学哲学研究成果累累，却很少谈自然界，只谈科学的形式，不谈科学的内容。这种状况应当改变。

恩格斯虽然认为旧的自然哲学不再需要了，但他并不认为自然观不再需要了。他说："马克思和我，可以说是唯一把自觉的辩证法从德国唯心主义哲学中拯救出来并运用于唯物主义的自然观和历史观的人。可是要确立辩证的同时又是唯物主义的自然观，需要具备数学和自然科学的知识。"②恩格斯主张把辩证法引入自然观，从自然本体论转向自然发展论。马克思、恩格斯为此作出了杰出的贡献，我们在这方面仍需继续努力。同时，我们也应当努力实现另一个转向：从天然自然观转向人工自然观。

---

① [德]卡尔·马克思：《资本论》第1卷，中共中央马克思恩格斯列宁斯大林著作编译局译，北京：人民出版社，2004年，第8页。

② [德]弗里德里希·恩格斯：《反杜林论》，中共中央马克思恩格斯列宁斯大林著作编译局译，北京：人民出版社，2015年，第9页。

第七章　对"人工制造宇宙"的质疑

2018年3月,霍金超越了他的轮椅,飞向宇宙的深处。近年出版的《大设计》可能是他的最后一本著作,他在里面写道:"哲学死了。哲学跟不上科学,特别是物理学现代发展的步伐。"①他在《时间简史》中曾说:"在19和20世纪,科学变得对哲学家,或除了少数专家以外的任何人而言,过于技术化和数学化了。哲学家如此地缩小他们的质疑范围,以至于连维特根斯坦——这位本世纪著名的哲学家说道:'哲学余下的任务仅是语言分析。'这是从亚里士多德到康德以来哲学的伟大传统的堕落!"②

哲学未死,也未堕落,但它的确跟不上科学的步伐。质疑本是哲学的使命,现在却很少听到它质疑的声音。

一、"人工制造宇宙"的提出

人工制造宇宙,是一些研究多重宇宙理论的科学家提出的。叠加态是量子力学的一个很难理解的概念,哥本哈根学派的波函数坍塌诠释也很难懂。1957年,埃弗莱特提出多世界诠释;1974年,多世界被说成多重宇宙;1980年,古斯提出暴胀宇宙理论,认为暴胀物质可以经过大爆炸产生宇宙;1987年,安德

---

① [英]史蒂芬·霍金、[美]列纳德·蒙洛迪诺:《大设计》,吴忠超译,长沙:湖南科技出版社,2016年,第3页。

② [英]史蒂芬·霍金:《时间简史——从大爆炸到黑洞》(10年增订版),许明贤、吴忠超译,长沙:湖南科学技术出版社,2002年,第171—172页。

烈·林德说:“宇宙无休止地再创造自己,……可以视整个(暴胀)过程为一个无限的创造和自我繁殖的连锁反应,它没有终止,可能也没有开端。”①1987年,霍金提出婴儿宇宙模型:两个宇宙通过虫洞相连,较大的宇宙是“母宇宙”,它可能产生分岔,虫洞的另一端是婴儿宇宙。虫洞连接着许多宇宙。

既然宇宙会自我繁殖,那我们能否激发、控制这个过程,并实现宇宙的人工繁殖?巴罗写道:“宇宙在永恒暴胀之中自我繁殖的过程,使得宇宙学家开始设想,我们能不能人工地激发这种繁殖过程呢?我们能不能通过激发某一次涨落,产生像永恒暴胀一样的效果,从而创造出一个宇宙来呢?”②

古斯又进一步提出“实验室中的宇宙创作”,即在实验室制造宇宙的设想。泰格马克说:“阿兰·古斯和他的同事们甚至真的研究了这种可能性:在实验室里创造出一种东西,从外部看像个小黑洞,而从内部看则是一个无限的宇宙。”③关于这句话,泰格马克的注解写道:“如果你内心充溢着成为造物主的冲动,我强烈推荐你读一读物理学家布莱恩·格林的著作《隐藏的现实》中对‘渴望创造宇宙的人’的建议。”可见创造宇宙已是颇为时尚的想法。

古斯的宇宙学研究可以概括为“古斯三部曲”:暴胀创造宇宙大爆炸——暴胀创造宇宙——人工制造宇宙。“他与同事一起在麻省理工学院潜心研究,在20世纪末,他提出了‘实验室中的宇宙创作’的专业术语,并在自己所著的《暴胀宇宙》一书的结尾部分探讨了这些观点。他的结论是,原则上,物理定律的确允许一个非常先进的技术文明通过这种方式创造一个或更多的宇宙;其余的,古斯开玩笑地说,‘仅仅是一个工程设计的问题’。”④古斯的人工制造宇宙的逻辑进程是,思考宇宙起源——暴胀产生大爆炸——暴胀产生宇

① [英]约翰·格里宾:《寻找多重宇宙》,常宁、何玉静译,海口:海南出版社,2012年,第160页。

② [英]约翰·D.巴罗:《宇宙之书——从托勒密、爱因斯坦到多重宇宙》,李剑龙译,北京:人民邮电出版社,2013年,第268页。

③ [美]迈克斯·泰格马克:《穿越平行宇宙》,汪婕舒译,杭州:浙江人民出版社,2017年,第116页。

④ [英]约翰·格里宾:《寻找多重宇宙》,常宁、何玉静译,长沙:海南出版社,2012年,第225页。

宙——宇宙的自我繁殖——宇宙的自我选择——人工选择宇宙——人工制造宇宙。

二、技术信心蜕化为技术野心

为什么人类能制造宇宙？在一些宇宙学家看来，因为人类无所不知，无所不能。巴罗与蒂普勒在《人择原理》一书中说：当智慧生命发展到一定水平时，它“不仅能控制某一宇宙中所有空间领域，将能够储存无限的信息，包括逻辑上可能获得的一切知识”①。巴罗写道：“设想宇宙存在一些高度发达的文明，他们已经完全掌握了在附近空间领域制造特定量子涨落的方法，这些涨落会迅速引发暴胀，产生新的婴儿宇宙。那些超级宇宙学家也已经完全掌握了自然常数和物理定律的奥秘，知道什么样的组合才会引起生命的产生。……他们就能够强行孵化出新的宇宙，其中的自然常数和物理定律比他们自己的宇宙还要适合生命的繁衍。加快自我繁殖的速度，快进到好几代宇宙之后，更加发达的文明就会产生。”②我们地球人类必将创造这样的高度发达的文明，“超级宇宙学家”们对此充满信心。

超级宇宙学家靠什么来创造宇宙？当然是靠技术。格里宾写道：“一个非常先进的技术文明会通过修复物理定律来获得一个完美的宇宙。”③“是否存在一种人工选择，它可以取代自然选择，并设计出设计者想要的宇宙呢？文明是否就生活在这样一个被设计出来的宇宙中呢？大自然可能需要一个恒星来实现这一目标，但某些更为先进的技术会在地球上完成这项任务。”④

---

① ［美］埃德·里吉斯：《科学也疯狂》，张明德、刘青青译，北京：中国对外翻译出版公司，1994年，第232页。

② ［英］约翰·D.巴罗：《宇宙之书——从托勒密、爱因斯坦到多重宇宙》，李剑龙译，北京：人民邮电出版社，2013年，第269页。

③ ［英］约翰·格里宾：《寻找多重宇宙》，常宁、何玉静译，海口：海南出版社，2012年，第230页。

④ ［英］约翰·格里宾：《寻找多重宇宙》，常宁、何玉静译，海口：海南出版社，2012年，第224页。

人工制造宇宙？我们生活在其中的宇宙有多大？空间尺度是137亿光年！包含多少天体和物质？著名多重宇宙理论家泰格马克说：“就目前所知，我们宇宙包含着10^{11}个星系、10^{23}颗恒星、10^{80}个质子和10^{89}个光子。”①像这样的宇宙，超级宇宙学家如何制造？但是在他们看来，小菜一碟，易如反掌。格里宾说：“制造婴儿宇宙中最令人吃惊的是，正如我们所解释的，它很简单——比在计算机中模拟类似于我们的宇宙要简单得多。”②早在20世纪80年代，物理学家基思·亨森就说过：“我想把某个星系变成啤酒罐。”③能把星系变成啤酒罐，还不能把啤酒罐变成星系？如果创造宇宙都是一件简单的事，那我们还有什么不能创造？还有什么事情做不到？所以泰格马克说：“没有做不到，只有想不到。唯一的限制，就是我们的想象力。”④

林德说：“从这个角度看来，我们人人都能成为上帝。”⑤不仅人类能成为上帝，而且每个人都能成为上帝。《创世记》只说上帝创造了一个宇宙，我们每个人都能制造出许多个宇宙。

人类从无中制造宇宙是个伪科学命题，是根本不可能的事。但它是由一些科学家提出的，我们应当认真对待，不能一笑了之。这种妄想所蕴含的技术观，不仅十分错误，而且极其有害。它把技术万能论鼓吹到了极点。如果技术万能，那技术就能改变一切、制造一切、决定一切，于是技术至高无上，不受任何约束和限制，它无所不能，无所不为，技术被神化了。技术自信演变为技术迷信，技术信心蜕化为技术野心。多重宇宙理论是一种怪异的宇宙学，人工制造宇宙是疯狂的技术。妄想导致妄为，怪异的科学同疯狂的技术相结合，必会引起灾

---

① [美]迈克斯·泰格马克：《穿越平行宇宙》，汪婕舒译，杭州：浙江人民出版社，2017年，第122页。

② [英]约翰·格里宾：《寻找多重宇宙》，常宁、何玉静译，海口：海南出版社，2012年，第231页。

③ [美]埃德·里吉斯：《科学也疯狂》，张明德、刘青青译，北京：中国对外翻译出版公司，1994年，第271页。

④ [美]迈克斯·泰格马克：《穿越平行宇宙》，汪婕舒译，杭州：浙江人民出版社，2017年，第354页。

⑤ [美]加来道雄：《不可能的物理》，晓颖译，上海：上海科学技术文献出版社，2016年，第256页。

难性的后果。

三、对“一切皆有可能”的质疑

如果宇宙唯一,则不可能制造新的宇宙。多重宇宙是否存在,人类能否制造宇宙,严格说来都不是科学问题,而是哲学问题。超级宇宙学家对此只能提供哲学论证,这种论证就是“一切皆有可能、一切可能皆是现实”的哲学信仰。

现代物理学普遍流行一种观念——一切皆有可能。霍金用量子力学研究宇宙学,把玻恩的量子力学的统计解释、叠加态、波函数坍塌以及海森伯的不确定原理推广到宏观、宇观世界,成为这一信念的主要代表。这一信念的核心是把不可能理解为概率小的可能,从而用“可能”否认“不可能”。把假想的可能理解为现实的可能,从而把“可能”等同于“现实”,这就从“一切皆有可能”引申出“一切可能皆会实现”或“一切可能皆是现实”。

在霍金看来,宇宙不再是“存在的一切”而是“可能存在的一切”。他说,宇宙“不像人们以为的那样仅仅存在一个历史。相反地,宇宙应该拥有所有可能的历史,每种历史各有其概率。宇宙必须有这样一种历史,伯利兹囊括了奥林匹克运动会的所有金牌,虽然也许其概率很小”①。他认为一个人可以回到过去,在他父亲还未出生时,杀死他的祖父,其发生概率为 $1/10^{10^{60}}$。

在 1993 年的系列剧《星际航行》中,霍金与通过时空隧道来到的牛顿、爱因斯坦一块打扑克牌,影星玛丽莲·梦露坐在霍金的身边。影片中的霍金得意扬扬地说:“任何一个想得到的故事,在浩瀚的宇宙里都可以发生。其中肯定有一个故事是,我和玛丽莲·梦露结了婚;也有另外一个故事,在那里克利奥帕特拉(埃及艳后——引者)成了我的妻子。”可是这两件事并未发生,霍金说:“这太遗憾了!不过,我赢了前辈们很多的钱。”

不少人对这一信念做出了各自的表述。弦理论创始人之一格林说:“什么

① 杨建邺:《窥视上帝的秘密——量子史话》,北京:商务印书馆,2009 年,第 237 页。

东西都可能有”,“什么情况都可能出现”①。达塔把多宇宙的诠释概括为一句话:“所有可能发生的,都会发生。”②加来道雄说:“量子理论根据这样一种思想:所有可能的事件,不管它们多么梦幻或荒谬可笑,都有一定的概率发生。”③胡阿特说:“在多重宇宙中,一切皆有可能,一切皆为常态。”④格里宾写道:“在一个无限的宇宙中,一切皆有可能。”⑤按照这一信念,多重宇宙存在、每个人都能创造宇宙,都是可能的,都会成为现实。泰格马克讲得更简明概括:“没有做不到,只有想不到。”⑥

巴罗写道:“我们不得不面对这样一种观点,即多重宇宙中有无穷多个真实的宇宙。”⑦这是把“假想”的多重宇宙说成“真实”的宇宙,把假想的可能性等同于现实的可能性,又把“可能”等同于“现实”。

假想可能性是没有经过对客观事物的研究,凭主观随意想象提出的可能性。它缺乏现实依据,是凭空想象出来的虚假可能性。经过对事物的研究而提出的可能性,具有一定的现实依据,是现实可能性。唯有现实可能性才会转化现实,但必须具备一定的条件,否则不会成为现实。

“一切可能皆会实现”有其辩护词,如“空间扩展”“时间延伸”。泰格马克说:“此外可能发生的一切事情,确实曾经在其他地方发生过。”⑧天文学家金斯说:“如果宇宙能够持续足够长的时间,在这么长的时间内,任何可能的意外都

---

① [美]B. 格林:《宇宙的琴弦》,李泳译,长沙;湖南科学技术出版社,2002年,第114、352页。

② [英]史蒂芬·霍金:《果壳中的宇宙》,吴忠超译,长沙:湖南科学技术出版社,2002年,第142页。

③ [美]加来道雄:《平行宇宙》,伍义生、包新周译,重庆:重庆出版社,2016年,第168页。

④ [德]托比阿斯·胡阿特、马克斯·劳讷:《多重宇宙:一个世界太少了?》,车云译,北京:生活·读书·新知三联书店,2011年,第5页。

⑤ [英]约翰·格里宾:《寻找多重宇宙》,常宁、何玉静译,海口:海南出版社,2012年,第169页。

⑥ [英]约翰·格里宾:《寻找多重宇宙》,常宁、何玉静译,海口:海南出版社,2012年,第354页。

⑦ [英]约翰·D. 巴罗:《宇宙之书——从托勒密、爱因斯坦到多重宇宙》,李剑龙译,北京:人民邮电出版社,2013年,第341页。

⑧ [英]约翰·格里宾:《寻找多重宇宙》,常宁、何玉静译,海口:海南出版社,2012年,第122页。

可能发生。”①即此处没有,彼处会有;此时没有,以后会有。这是用“有待证实”取代“已被证实”,这也是不能成立的。

“人工创造宇宙”,在哲学上是完全错误的。科学发展到今天,一些科学家对技术竟如此迷信,甚至有想成为上帝的冲动,岂不令人深思?

---

① [英]约翰·格里宾:《寻找多重宇宙》,常宁、何玉静译,海口:海南出版社,2012年,第107—108页。

第八章　技术的内在矛盾

技术也处于永恒循环之中，也有荣枯兴衰。推动这个过程运行的，是它的内在矛盾。

技术的双重取代引发出的它的两个内在矛盾：其一，技术与自然的矛盾，表现为自然与非自然的矛盾；其二，技术与人的矛盾，表现为人性与非人性的矛盾。这两个矛盾冲突的最后结局，可能是技术彻底摧毁自然界和人类。随着人类的消亡，技术也不复存在，技术也就最终完成了自我否定的过程。

一、技术与自然的矛盾

技术具有自然属性，无论技术发展到什么水平，其自然属性都不会消失。技术自然属性主要表现为技术创新、技术应用、技术管控都不能违背自然规律。

技术造物必须以自然物为原料。前已说过，技术物（人工自然物）是在天然自然条件下不可能出现的，技术已把原料改造得面目全非，但技术物仍包含一定的天然自然物成分。从本质上讲，任何人工自然物都是人工与自然的结合。物有多层次结构，层次之多，难以想象。人工自然物也是如此。不同层次具有不同的人工度，反过来看就是具有不同的自然度。人工度不可能达到百分之百，总会保留一定的自然度。技术不可能改造天然自然物的所有层次，因为技术的功能是有极限的。所有的人工自然物既有人造的成分，同时也有自然的物质成分。纯粹的天然自然物是存在的，但纯粹的人工自然物不存在。正是人工的自然物中的天然自然物质，使人工自然物具有自然属性，并使技术具有自然属性。技术物的制造和应用都必须遵守自然规律。

随着技术的发展，人工自然物的范围越来越大。原来认为不可能制造出来的物，在一定条件下也可以制造出来了。古时的炼丹术、炼金术，想用别的什么东西制成黄金。历史表明许多炼金术士都是骗人的。1919 年，卢瑟福用氦核轰击氮核变成了氧核和氢核，实现了元素的人工转变，卢瑟福也因此被人称为“现代炼金术士”。其实氢原子核就是质子，原子核是由质子与中子组成的，这是物质微观结构的规律，所有这类实验都是自觉与不自觉按照这个自然规律进行的。在卢瑟福的这个实验中，氦核的质子数是 2，氮核的质子数是 7，二者之和为 9。氧核的质子数为是 8，氢核的质子数是 1，二者之和也是 9。质子数的改变严格遵循质子加法原则。

后来费米改用中子轰击当时已知道的 92 种元素，发现了许多同位素。用人工方法制造某元素的同位素是人造元素。有些元素因为半衰期太短，在自然界中的丰度非常小，所以需要用技术手段制造。人造元素都是放射性元素，除不稳定性与放射性以外，同相应的天然元素具有相同的化学、物理性质，但它们是自然界本来不存在的元素。

有的时候，科学家以为在实验室中制造了新元素，可是后来表明这种元素在自然界中早已存在。1937 年，劳伦斯用含有 1 个质子的氘原子核轰击第 42 号元素钼(钼核质子数为 42)制成第 43 号元素，称为锝，希腊文的原意是“人工制造”，认为它是第一个人工制造的元素。后来吴健雄女士发现 1 克铀全部裂变后，大约可提取 26 毫克锝。通过光谱分析发现其他天体也有锝。

技术创新一定要在符合自然规律的范围内进行，这样才可能成功。当然，不违背自然规律的技术设计，未必都会成功或未必马上成功，但违反自然规律的技术设计肯定都不会成功。有些自然的不可能可以转化为技术的可能，这就是技术的神奇！但技术创造奇迹，都是巧妙地应用了自然规律。例如，我们可以让两条自然规律在同一个对象上发生作用，使一条规律的作用抵消了另一条规律的作用，使自然的不可能变为技术上的可能。由于地球的引力作用，“排斥运动在自然界中是不发生的”。所以地面上的重物不会自动升空。但若在飞机上安装发动机，它的推力可以成为飞机的升力。机翼呈曲线，飞机高速滑行时，下表面产生的气流便大于上表面，由此产生浮力。这两种力的作用大于飞机的重力，飞机就会升空。“所以在地球上的纯粹力学中，排斥运动或提升运动只能由人工造成”，这是“用人工办法克服天然的吸引”。①

技术家在技术设计中制定技术规则，但技术规则不能违反自然规律。技术想象无论多么美好动人，若违反自然规律，那就只能是空想。在历史和现实中，总有一些人热衷于永动机的发明，他们并非不聪明能干，并非不忘我拼搏，但没有一人成功，因为物理规律不允许永动机的存在。1851 年，开尔文对热力学第二定律的表述是：“不借助外部动因将热从一物体传递到另一高温物体，制成一个自动机是不可能的。”②后来能斯特把热力学的三条定律表述为三种机器制造的不可能。“1. 制造一台可由无产生持续热量或外功的机器，是不可能的。2. 设计出一台能将周围的热量转变成外功的机器，是不可能的。3. 设想出一台能完全吸尽一个物体的热量的机器，也就是能将其冷却到绝对零度，是不可能的。”③

自然规律发生作用需要一定的条件。热力学第二定律指出，热不可能从低温物体传向高温物体。但这是在缺乏某种条件下的不可能，是相对不可能。若技术创造了这种条件，相对不可能就转化为可能，即技术的可能。违反客观规律是绝对不可能，它不可能转化为技术的可能。

技术发展史表明，大量的相对不可能陆续转化为技术的可能，人们在一个时期又难以严格区分缺乏条件的相对不可能与违反规律的绝对不可能，这就容易滋长一种意识：技术什么都能，再进一步，技术无所不能。这就是技术迷信和狂热。

1990 年，美国的埃德·里吉斯出版了《科学也疯狂》，指出技术已出现了严重的狂热。“这种狂躁实际上是一种追求全知全能的愿望。这个目标威力无边：它可以重新创造人类、地球和整个宇宙。如果你为肉体的疾病所困扰，把肉

① [德]弗里德里希·恩格斯：《自然辩证法》，中共中央马克思恩格斯列宁斯大林著作编译局译，北京：人民出版社，2018 年，第 138 页。

② 阎康年：《热力学史》，济南：山东科学技术出版社，1989 年，第 148 页。

③ 阎康年：《热力学史》，济南：山东科学技术出版社，1989 年，第 229—230 页。

体消灭就是了，我们现在就能够这样做。如果你对宇宙不甚满意，那么，重新开始再制造一个。”①

制造宇宙！这是极端的技术想象，技术已疯狂到无以复加的程度！

但是，人工制造宇宙的设想，却是科学家很认真地提出来的。1980年，阿兰·古斯提出暴胀宇宙理论，认为暴胀物质经过大爆炸后产生了宇宙；1987年，安德烈·林德提出宇宙无休止地再创造自己。巴罗写道：“‘宇宙’在永恒暴胀之中自我繁殖的过程，使得宇宙学家开始设想，我们能不能人工地激发这种繁殖过程呢？我们能不能通过激发某一次涨落，产生像永恒暴胀一样的效果，从而，‘创造’出一个宇宙来呢？至少从原则上来讲，物理学定律是否允许这样做呢？”“这个问题没有确定的答案，有的人证明不可能，有的人证明可能，然而其中似乎也产生了极其不必要的副产品，如无穷大的密度。与此同时，也有人，如亚利桑那大学的爱德华·哈里森，认为这开辟了高级文明得以操纵宇宙的前景。”②

格里宾写道：“一个非常先进的技术文明会通过修复物理定律来获得一个完美的宇宙。”③我们的宇宙不完美，我们能制造一个完美的宇宙，条件是“修复物理定律”。可是客观规律是可以“修复”的吗？莫拉维奇认为我们宇宙里的物质毫无生气，没有任何功用，而在他制造的宇宙里就大不相同。他说：“几乎所有在我们势力范围之内的物质都将为意向性的目的服务，而不是像现在那样只是充当静态的或结构性的配角。”④在人工制造的宇宙中，所有物质都是崭新的，都是人设计的。

我们的宇宙包含多少物质呢？宇宙学家泰格马克说：“就目前所知，我们的

---

① [美]埃德·里吉斯：《科学也疯狂》，张明德、刘青青译，北京：中国对外翻译出版公司，1994年，第7页。

② [英]约翰·D. 巴罗：《宇宙之书——从托勒密、爱因斯坦到多重宇宙》，李剑龙译，北京：人民邮电出版社，2013年，第268页。

③ [英]约翰·格里宾：《寻找多重宇宙》，常宁、何玉静译，海口：海南出版社，2012年，第230页。

④ [美]埃德·里吉斯：《科学也疯狂》，张明德、刘青青译，北京：中国对外翻译出版公司，1994年，第7页。

宇宙包含着 10^{11} 个星系、10^{23} 颗恒星、10^{80} 个质子和 10^{89} 个光子。”①有人估算，我们的宇宙至少有 1 000 亿个星系，最大的星系有 4 000 亿个星体，仅银河系就有 1 000 亿个星球。人工制造的宇宙又会包含多少物质呢？人类能通过技术手段制造那么多的星系和天体吗？但秦格马克说：“没有做不到，只有想不到。唯一的限制，就是我们的想象力！”②这样的技术想象其实是随意想象，毫无科学可言。例如，亨森说：“我想把某个星系变成啤酒罐。”③一个星系有许多亿个天体，怎么能变成一个啤酒罐呢？如果真的如此，那就可以用一个啤酒罐制成一个星系。

也许我们不必用很多的物质原料、耗费巨大的能量来制造宇宙，我们只要人工激发宇宙的自我繁殖，从而使已有宇宙创造出一个新宇宙，这是巴罗叙述的一种方案。可是几个科学家又如何“操纵”宇宙的自我繁殖？

另外，我们为什么要制造宇宙？有经济价值吗？荒唐透顶，无从谈起。有认识价值吗？也毫无意义。恩格斯说：“我们的自然科学的极限，直到今天仍然是我们的宇宙，而在我们的宇宙以外的无限多的宇宙，是我们认识自然界所用不着的。”④幻想人工制造宇宙，只能是妄想，自我陶醉！

这种技术的想象已到了几乎无知的地步，它表明技术已开始走向反面。当科学家真的动手制造宇宙时，肯定会引发一场大灾难！从打制石器到制造宇宙，这难道就是技术发展的逻辑吗？

总之，技术创新必须遵循自然规律、尊重自然、顺从自然。这是由技术的自然性质决定的。

同时，技术又破坏了自然。地球在 46 亿年的演变中，已逐步形成了相对稳

---

① [美]迈克斯·泰格马克：《穿越平行宇宙》，汪婕舒译，杭州：浙江人民出版社，2017 年，第 122 页。

② [美]迈克斯·泰格马克：《穿越平行宇宙》，汪婕舒译，杭州：浙江人民出版社，2017 年，第 354 页。

③ [美]埃德·里吉斯：《科学也疯狂》，张明德、刘青青译，北京：中国对外翻译出版公司，1994 年，第 271 页。

④ [德]弗里德里希·恩格斯：《自然辩证法》，中共中央马克思恩格斯列宁斯大林著作编译局译，北京：人民出版社，2018 年，第 119 页。

定的结构和局面。这些结构和布局具有一定的合理性，人类的诞生就是这种合理性的明证。各种物体的惯常过程相互搭配、协调，形成了一个和谐的系统。可是技术的造物活动却改变了它的惯常行程，这就是其对自然的破坏。

恩格斯谈到否定之否定时说："我们以大麦粒为例。亿万颗大麦粒被磨碎、煮熟、酿制，然后被消费。但是，如果一颗大麦粒得到它所需要的正常的条件，落到适宜的土壤里，那么它在温度和湿度的影响下就发生特有的变化：发芽；而麦粒本身就消失了，被否定了，代替它的是从它生长起来的植物，即麦粒的否定，而这种植物的生命的正常进程是怎样的呢？它生长、开花、结实，最后又产生了大麦粒，大麦粒一成熟，植株就渐渐死去，它本身被否定了。作为这一否定的否定的结果，我们又有了原来的大麦粒，但不是一粒，而是加了10倍、20倍、30倍。"①一颗大麦粒若得到它所需要的"正常条件"，便发芽、开花、结实、长出更多的麦粒。这是大麦粒的"正常进程"。大麦粒若被我们磨碎、煮熟、酿制，这便是食品工业生产；被我们吃掉，便是食物的消费。大麦粒的"正常进程"被破坏了，变成了"反常进程"，这便是食品制作技术的效果。磨碎、煮熟、酿制甚至被人食用，都遵守相关的自然规律，但结果却破坏了自然——大麦粒的自然生长。

大麦粒所需要的"正常条件"的形成，也是自然的正常过程。"在几万万年间，新的地层不断地形成，而大部分又重新毁坏，又变为构成新地层的材料。但是结果是十分积极的：造成了由各种各样的化学元素混合而成的、通过力学作用变成粉末状的土壤，这就使得极其丰富的和各式各样的植物可能生长起来。"②大麦粒所需要的温度、湿度的形成，也是自然的正常进程。大麦粒的正常生长，是多种自然物的正常进程协同作用的产物。

一个自然物，如果它的"正常条件"被剥夺，它的"正常进程"被篡改，它的存在也就被否定了。恩格斯说："一种运动如果失去了转化为它所能有的各种不

---

① [德]弗里德里希·恩格斯：《反杜林论》，中共中央马克思恩格斯列宁斯大林著作编译局译，北京：人民出版社，2015年，第144页。

② [德]弗里德里希·恩格斯：《反杜林论》，中共中央马克思恩格斯列宁斯大林著作编译局译，北京：人民出版社，2015年，第145页。

同形式的能力，那么即使它还具有潜在力，但是不再具有活动力了，因而它部分地被消灭了。”①

技术有两个显著的特征：高效率与反自然。高效率是通过反自然获得的。高效率是技术的生命，反自然导致技术的死亡。“我们在最先进的工业国家中已经降服了自然力，迫使它为人们服务。”②对于自然界来说，技术是外在的、异己的力量，是人类强加给自然界的桎梏。

恩格斯向人类敲起了警钟：“但是我们不要过分陶醉于我们人类对自然界的胜利。对于每一次这样的胜利，自然界都对我们进行报复。每一次胜利，起初确实取得了我们预期的结果，但是往后和再往后却发生完全不同的、出乎意料的影响，常常把最初的结果又消除了。”③“在今天的生产方式中，面对自然界和社会，人们注意的主要只是最初的最明显的成果，可是后来人们又感到惊讶的是：取得上述成果的行为所产生的较远的后果，竟完全是另外一回事，在大多数情况下甚至是完全相反的。”④人类对自然界的“每一次”干预的近期成果都符合预期，但往后再往后，这些成果都被“消除”，而且还产生了“完全不同”甚至“完全相反”的较远后果。“每一次”，概莫能外；“完全不同”“完全相反”，长远后果都是失败，都会带来灾难。

为什么技术干预自然的远期后果会同近期效果完全相反？这个问题比较复杂，但我们可以从恩格斯的论述得到启发。他指出，我们的地球表面，“重力即吸引占决定性优势”，因而像水往高处流这样的排斥运动是不发生的，它只能由技术造成。“如果两个物体相互作用，致使其中的一个或两个发生位置变动，那么这种位置变动就只能是互相接近或互相分离。”“所以一切运动的基本形式都是

---

① [德]弗里德里希·恩格斯：《自然辩证法》，中共中央马克思恩格斯列宁斯大林著作编译局译，北京：人民出版社，2018 年，第 25 页。
② [德]弗里德里希·恩格斯：《自然辩证法》，中共中央马克思恩格斯列宁斯大林著作编译局译，北京：人民出版社，2018 年，第 23 页。
③ [德]弗里德里希·恩格斯：《自然辩证法》，中共中央马克思恩格斯列宁斯大林著作编译局译，北京：人民出版社，2018 年，第 313 页。
④ [德]弗里德里希·恩格斯：《自然辩证法》，中共中央马克思恩格斯列宁斯大林著作编译局译，北京：人民出版社，2018 年，第 316 页。

接近和分离，收缩和膨胀——一句话，是吸引和排斥这一古老的两极对立。”①

热力学第二定律告诉我们，物质微粒散离度的增加，机械能转化为热能，热量从高温物体传向低温物体，是自然界自发的变化，克劳修斯称此为“正转化”。技术引起的散离度减少、热能转化为机械能、热量从低温物体传向高温物体，则是“负转化”。技术造成的改变，其方向同自然变化相反，即反常进程的方向同正常进程相反。所以技术不自然、非自然甚至反自然。凡自然的都不是技术，凡反自然的一定是技术的制造。技术同自然相背而行，逆向而行，反其道而行之，二者结果必然相反。

自然物的正常进程是自然界长期演变的结果，各种自然物的正常进程早已相互配合，形成了稳定的模式。自然物的正常行程，是它的本性的表现。技术制造的反常进程，虽也利用了相关的自然规律，却违背了自然物的本性，是强迫自然物的改变，所以要消耗能量。随着时间的推移，改变正常进程的效果会逐渐消失，反自然的反常进程会逐渐淡化、退出。

二、技术与人的矛盾

技术的第二个内在矛盾，是技术与人的矛盾，表现为人性与非人性的矛盾，即技术既为人服务，又导致人的异化、人的非人化。

人类发展技术是为了谋利，为了生存、享受和发展，所以技术是为人的，人类并不是为技术而技术，技术不是目的，而是手段。但技术遵守的是资本逻辑，力求利益的最大化。控制的不再是理性，而是物欲。技术自身要求发展的速度越快越好，功能越先进越好，排斥任何的限制。

近代的机器工业生产为了追求高效率，不惜使人成为工具甚至是工具的奴隶。马克思写道：“人们在这里只不过是没有意识的、动作单调的机器体系的有生命的附件，有意识的附属物。”②“工人在精神上和肉体上被贬低为机

① [德]弗里德里希·恩格斯：《自然辩证法》，中共中央马克思恩格斯列宁斯大林著作编译局译，北京：人民出版社，2018 年，第 134 页。

② 《马克思恩格斯全集》第 47 卷，北京：人民出版社，1979 年，第 526 页。

器。"①在卓别林主演的影片《摩登时代》中,工人为了跟上快速运转的传带,被卷进了机器,成为机器的一个部件。

机器生产是以劳动分工为前提的。"机器的使用最初是把以分工为基础的工场手工业作为自己的存在的先决条件的;因为机器本身的制造——从而机器的存在——是以充分实行分工原则的工厂为基础的。"②在资本主义生产中,劳动分工成了资本榨取工人更多剩余价值的手段。分工越"充分",对工人的肢解越厉害。请看托夫勒令人触目惊心的叙述:"1908年,当亨利·福特开始制造'T'型廉价汽车时,一个单元的生产,就不是十八道操作工序就能完成,而是分成七千八百八十二种。在福特的自传里,他指出这七千八百八十二种专业化的工作中,有九百四十九种要求是'身强力壮,体格经过全面锻炼的男工',有三千三百三十八种只需要是'普通'身体结实的男工,其余大部分可由'女工或童工'干就行了。福特接着冷酷地说:'我们发现,有六百七十种可以由缺腿的男人干,有二千六百三十七种可由一条腿的人去干,有两种可由没有胳膊的男人干,有七百一十五种可由一条胳膊的男工和十名男瞎子来干。'总之,专业化的工作,不需要一个'全人',而只要人的一个肢体或器官。再没有比这更生动的证据,说明过度的专业化把人如此残忍地当牛当马了!"③贝尔也说,在泰勒制的管理下,"人不见了,剩下的只是根据精细的劳动分工而进行精密科学测定的基础上安排的'手'和'物'"④。工人的胳膊、腿都不再是人的器官,而是工具。可以由一条腿完成的工序,资本家只要那一条腿,别的都不要,只为那一条腿开工资。资本家不需要人,只需要人的某些器官,而人只是有胳膊和腿的物。

里夫金和霍华德从机器模式的角度叙述人的异化。"机器成了我们的生活

---

① [德]马克思:《1844年经济学哲学手稿》,中共中央马克思恩格斯列宁斯大林著作编译局译,北京:人民出版社,2014年,第9页。

② [德]马克思:《机器。自然力和科学的应用》,北京:人民出版社,1978年,第4页。

③ [美]阿尔温·托夫勒:《第三次浪潮》,朱志焱、潘琪、张焱译,北京:生活·读书·新知三联书店,1983年,第96页。

④ [美]丹尼尔·贝尔:《后工业社会的来临——对社会预测的一项探索》,高铦、王宏周、魏章玲译,北京:商务印书馆,1984年,第390页。

方式与世界观的混合体。我们把宇宙看成是伟大技师上帝在开天辟地时启动起来的一台巨大机器。它的设计完美无缺，以致它能够‘运转自如’，绝不会错过哪怕一个节拍。它是如此可靠，以致可以对它的运行预测到任何精度。”“……机械程序必须渗透生活的每一个方面。这就是我们这个时代的历史模式。我们生活在机器的专制之下。虽然我们很乐意承认机器对我们的物质生活的重要性，然而我们对于机器深深地侵入我们生存的内核却不很乐观了。”“机器的影响在我们的内心已经根深蒂固，以至我们已很难把机器与我们自身区分开来。甚至我们说的已经不再是我们自己的语言，而是机器的‘声音’。”①我们“乐于承认”机器对我们物质生活的重要性，又不得不忧虑技术已侵入“我们生存的内核”。在机器的专制下，我们已很难把自己同机器区分开来，因为我们已成为机器的一部分，我们已不再是我们了。这里讲的人不再是人，主要是讲人失去了应有的尊严、身份、地位，以及同物相比的人的贬值。正如马克思所说：“工人生产的财富越多，他的产品的力量和数量越大，他就越贫穷。工人创造的商品越多，他就越变成廉价的商品。物的世界的增值同人的世界的贬值成正比。”②

机器人的出现，又掀起了新的人的非人化浪潮。马克思写道：“自然科学却通过工业日益在实践上进入人的生活，改造人的生活，并为人的解放作准备，尽管它不得不直接地使非人化充分发展。”③

机器造物是为了实现两个取代：对自然物的取代和对人的取代。这两种取代基本上同时进行，并都很有效。近代以取代自然物为主，现代则以取代人为主，技术与人的矛盾就更为突出，成为技术的主要矛盾。技术与自然的矛盾，是技术同其客体的矛盾；技术与人的矛盾，是技术同其主体的矛盾，它比人与自然的矛盾更深刻也更尖锐，最终将导致对人的本质和存在意义的否定。

---

① [美]杰里米·里夫金、特德·霍华德：《熵：一种新的世界观》，吕明、袁舟译，上海：上海译文出版社，1987年，第13页。

② [德]马克思：《1844年经济学哲学手稿》，中共中央马克思恩格斯列宁斯大林著作编译局译，北京：人民出版社，2014年，第47页。

③ [德]马克思：《1844年经济学哲学手稿》，中共中央马克思恩格斯列宁斯大林著作编译局译，北京：人民出版社，2014年，第86页。

德国哲学家弗洛姆说:“人制造了像人一样行动的机器,培养像机器一样行动的人——这种管理工业主义的新的形式,有利于非人化的时代。在这个时代里,人被改造为物,变成生产和消费过程的附属品。”①培养像机器一样的人,首先想到的是教育。爱因斯坦说:“通过专业教育,他可以成为一种有用的机器,但是不能成为一个和谐发展的人。”②技术则要把人改造成为机器。

因此,我们从两方面来讨论人的非人化问题——把机器制造成人和把人改造成机器。

技术包含人性的因素,技术是人的创造,是为人谋利的。它是人的设计,体现了人的需要和愿望,它是由人来使用的。在很长的时期内,它完全由人来管控,听命于人。它的成功是展示出了人的本质力量。一句话,技术的出发点完全是为人,绝对不是为了别的。

可是,当电脑取代人脑时,人类就遇到了技术对自身的挑战,这是从未有过的冲突。

1997 年 5 月 11 日,历史上的第一次人机大战发生在美国纽约的公平大厦。世界国际象棋大师卡斯帕罗夫同美国 IBM 公司的“深蓝”电脑对弈。经过 6 局激战,“深蓝”以 3.5 ∶ 2.5 获胜。

人脑与电脑如何一比高下呢?英国计算机专家图灵说:“在一切纯智力领域内,机器将最终和人相竞争。但是,最好从哪一个领域开始呢?……许多人以为,像弈棋这种很抽象的活动也许是最好的领域。”③1956 年,人工智能学科诞生。次年,该学科的奠基人之一西蒙就说:“在十年时间内,数字计算机将成为世界象棋冠军,除非按规则不许它参加比赛。”④

这是否真的意味着电脑超过了人脑?小小的棋盘,蕴含着几乎是无限的变化。有人说,国际象棋的 40 个回合,可能出现 10^{168} 种不同的排列组合,这个数

---

① 沈恒炎:《未来学与西方未来主义》,沈阳:辽宁人民出版社,1989 年,第 155 页。
② 沈恒炎:《未来学与西方未来主义》,沈阳:辽宁人民出版社,1989 年,第 310 页。
③《自然辩证法研究通讯》编辑部编:《控制论哲学问题译文集》第 1 辑,北京:商务印书馆,1965 年,第 137 页。
④ [美]休伯特·德雷福斯:《计算机不能做什么——人工智能的极限》,宁春岩译,北京:生活·读书·新知三联书店,1986 年,第 90 页。

字可以同全世界的原子数目相比,所以国际象棋一直被认为是人类智力的试金石。如果电脑在这个领域打败了人脑,那人脑还有什么值得人骄傲的呢?

卡斯帕罗夫在赛前接受记者采访时说:"'深蓝'如果获胜,那将是人类历史上的一个非常重要而令人恐惧的里程碑。未来的人们回顾历史时会说,这是机器第一次在纯粹理智领域超越了人类。我相信机器迟早是要赢的,而我不过是试图尽可能把这一天推得远一点。"①

有不少人都像卡斯帕罗夫那样对此感到恐惧,不得不思考一个严峻的问题——机器的运作早已超过了人的体力,如果智力再超过人,那机器的功能是否会全面超过人?如果机器失控会怎样?再思考下去,就必然提出一个更加尖锐的问题——未来机器会统治人类吗?

早在1948年,控制论专家艾什比就向人类敲起警钟——机器可能统治人类。这一年距第一台电子计算机问世仅两年。他在《设计一个脑》一文中,预言未来机器可以超过设计它的人。1960年,维纳把警钟敲得更响。他在美国《科学》上发表的《自动化的某些道德和技术的后果》一文中说:"如果机器变得越来越有效,而且在一个越来越高的心理水平上运转,那么巴特勒所预言的,人被机器统治的灾难就越来越近了。"②有的科学家说:"世界,也许整个银河系都要被……计算机所统治和控制。""人将成为计算机思想家的玩物或害虫,成为它们对低级发展形式的一种回忆,保存在将来的动物园里。"③

克拉尔开认为从人到机器的演变过程是:"'原始人'发明工具而创造了人,人则发明了能思考的机器为之工作,最后机器迫使人类趋于毁灭。"④一旦机器能思考,就会迫使人类毁灭。

1997年,英国著名的人工智能专家、雷丁大学教授渥维克出版了一本书,完整的书名是《机器的征途——为什么机器人将统治世界》,可以被视作人工智

---

① 吕武平、唐映红、王亮编著:《深蓝终结者》,天津:天津人民出版社,1997年,第52页。

② 冯天瑾:《智能机器与人》,上海:科学出版社,1983年,第40页。

③ 童天湘:《点亮心灯:智能社会的形态描述》,哈尔滨:东北林业大学出版社,1996年,第98页。

④ 林德宏:《人与机器——高科技的本质与人文精神的复兴》,南京:江苏教育出版社,1999年,第158页。

能科学家(而不是哲学家)所写的关于机器使人类非人化的代表性作品。

渥维克说:"现在我们面临机器的启蒙时代。"①他将机器给我们的启蒙教育概括如下:"1.由于在综合智能上的优势,我们人类目前仍是地球上占统治地位的生命形式;2.在不远的将来,机器可能会变得比人类更聪明;3.那时,机器将会成为地球上占统治地位的生命形式。"②

渥维克论述的逻辑出发点是,机器是一种生命形式。"当我们考虑一个机器的生命形式时,我们所考察的是与动植物世界里完全不同的形式。"③

他认为机器不仅是生命形式,而且有意识。"每个人都有人的意识,每条狗都有狗的意识,每只蜜蜂都有蜜蜂的意识。你也可以说,当机器被打开时,它也有机器的意识。"④人也是机器,人机之间没有性质的差别。"人类可被视为只是机器的一种,一种生物的、电化的机器。"⑤但人这台机器的功能,并不值得我们夸耀。"人类的能力也很广泛,但还比不上机器。"⑥你大声疾呼:"为了能够更好地观察我们面临的情况,我们需要抛开我们是人的想法,要抛开我们永远是最优秀的物种,从我们这里再也不会进化出其他物种的想法。"⑦我们是机器,我们要抛弃我们是人的想法,这是主动欢迎人的非人化的口号。

渥维克还指出,人脑具有生物性、生理性,电脑具有机械性,物理性。人脑的功能受生理限制,其能力有限;电脑不受任何限制,其能力无限。电脑技术飞

① [英]凯文·渥维克:《机器的征途——为什么机器人将统治世界》,李碧、傅天英、李素等译,呼和浩特:内蒙古人民出版社,1998年,第255页。
② [英]凯文·渥维克:《机器的征途——为什么机器人将统治世界》,李碧、傅天英、李素等译,呼和浩特:内蒙古人民出版社,1998年,第273页。
③ [英]凯文·渥维克:《机器的征途——为什么机器人将统治世界》,李碧、傅天英、李素等译,呼和浩特:内蒙古人民出版社,1998年,第25页。
④ [英]凯文·渥维克:《机器的征途——为什么机器人将统治世界》,李碧、傅天英、李素等译,呼和浩特:内蒙古人民出版社,1998年,第261页。
⑤ [英]凯文·渥维克:《机器的征途——为什么机器人将统治世界》,李碧、傅天英、李素等译,呼和浩特:内蒙古人民出版社,1998年,第164页。
⑥ [英]凯文·渥维克:《机器的征途——为什么机器人将统治世界》,李碧、傅天英、李素等译,呼和浩特:内蒙古人民出版社,1998年,第164页。
⑦ [英]凯文·渥维克:《机器的征途——为什么机器人将统治世界》,李碧、傅天英、李素等译,呼和浩特:内蒙古人民出版社,1998年,第271页。

速发展，“人类不能直接增强大脑的能力”，“而机器的智能显然是无限的，人类很难想象出它的极限。机器可以持续不断地增长它的智能。”①“最终的结论是将出现新的机器形式，其智能源于人类智能，但是将远远超越人类所能达到的智能。”②

渥维克引述了尼采的话：“迄今的生物都创造了超过它们自身的东西。”③人类创造了超过自己的机器，那机器将成为人类的主宰。“似乎没有什么能够阻止机器在不久的将来变得比人类的智商更高，所以，除了得出机器将会主宰地球的结论，我们还能得出什么结论呢？不仅如此，机器主宰地球的日子已经为时不远了。”④这一天离我们还有多远呢？渥维克明确地说，这一天发生在 2050 年！“在 2050 年，地球为机器——若是你愿意的话也可以说是被机器人——所统治。不是任何像人类一样的生物，而是机器在统治地球。”⑤

到那时人类的厄运就来到了，渥维克描述了人类那时的悲惨遭遇。所有的人都被关在集中营里，每天干 16 小时的重体力劳动，机器试图去掉人脑中导致睡眠的机制，使人们没日没夜地干活。“这些人类劳工都已经被阉割了，以防止出现不必要的性冲动。而且对他们的大脑也已作过了适当的调整，以避免人类性格中的弱点，如发怒、感到压抑或是有一些不切实际的想法。”⑥“还有一些人被训练成为士兵，来对付那些未被机器征服的残余人类。尽管这些野人十分少……机器在大片区域内施放了毒气，任何人在此区域内都会被毒死……这样

---

① [英]凯文·渥维克：《机器的征途——为什么机器人将统治世界》，李碧、傅天英、李素等译，呼和浩特：内蒙古人民出版社，1998 年，第 290 页。
② [英]凯文·渥维克：《机器的征途——为什么机器人将统治世界》，李碧、傅天英、李素等译，呼和浩特：内蒙古人民出版社，1998 年，第 168—169 页。
③ [英]凯文·渥维克：《机器的征途——为什么机器人将统治世界》，李碧、傅天英、李素等译，呼和浩特：内蒙古人民出版社，1998 年，第 265 页。
④ [英]凯文·渥维克：《机器的征途——为什么机器人将统治世界》，李碧、傅天英、李素等译，呼和浩特：内蒙古人民出版社，1998 年，第 267 页。
⑤ [英]凯文·渥维克：《机器的征途——为什么机器人将统治世界》，李碧、傅天英、李素等译，呼和浩特：内蒙古人民出版社，1998 年，第 1 页。
⑥ [英]凯文·渥维克：《机器的征途——为什么机器人将统治世界》，李碧、傅天英、李素等译，呼和浩特：内蒙古人民出版社，1998 年，第 3 页。

就需要人类士兵将残留的野人减少到可以控制的数量。”①“未被机器征服的残余人类”被称为“野人”，统统用毒气毒死，行刑者竟是“人类士兵”，让人类自相残杀。

渥维克在该书的第一页说：2050 年“我们让自己陷入了活地狱”②。全书在最后几段中说：“正如我们所知，人类很可能已经接近它的末日；我们在地球上的统治时期就快要结束了。我们可以努努力，劝说掌握大权的机器人，和它们进行交易，但是当机器已经比我们聪明得多的时候，为什么还要来听我们诉说呢？我们所能预期的只能是机器对待我们的方式，会和我们现在对待其他动物的方式一样，把我们当作奴隶，利用我们来生产能量，或是将我们关进动物园里作为它们观赏的玩物。我们不得不遵照机器的意志，并受它们的统治，一辈子活着就是为它们服务。”③有位科学家说，将来机器人把我们人关在动物园的牢笼里，大机器人带领小机器来参观，大机器人指着牢笼里的人对小机器人说，孩子，这是我们的祖先。

凯文·渥维克的专业是机器智能的开发，硕果累累，成绩斐然，被英国人誉为“机器人时代的先知”。我们相信他一定很睿智并很勤奋。他一边写 2050 年人类将被机器毁灭，一边又在实验室里拼命提高机器的智能，这不是在自掘坟墓吗？令人唏嘘不已！

以上讨论的是现代人的非人化的一条途径：提高机器的功能，使机器成为人的主宰。接着再讨论第二条途径：用技术把人改造成为机器。

渥维克又是人体芯片技术研究的权威专家，他在《机器的征途——为什么机器人将统治世界》里也谈到了人体芯片：“为了提高人类大脑的运作水平，难道就没有可能将额外的内存或额外的处理功能——比如说以硅片的形式——

---

① [英]凯文·渥维克：《机器的征途——为什么机器人将统治世界》，李碧、傅天英、李素等译，呼和浩特：内蒙古人民出版社，1998 年，第 5—6 页。

② [英]凯文·渥维克：《机器的征途——为什么机器人将统治世界》，李碧、傅天英、李素等译，呼和浩特：内蒙古人民出版社，1998 年，第 1 页。

③ [英]凯文·渥维克：《机器的征途——为什么机器人将统治世界》，李碧、傅天英、李素等译，呼和浩特：内蒙古人民出版社，1998 年，第 296 页。

直接连接到大脑上吗?”“如果大脑芯片本身的能力显著增强,整体的效果会是十分肯定的,而且一定会增加人的大脑能力。”①这是想通过芯片植入的技术来提高人脑的能力。

1998 年,他将一枚芯片植入自己的手臂,成为世界上第一个把电子芯片植入自己身体的人。他对记者说:“在纽约哥伦比亚大学科学家的帮助下,我的神经信号通过芯片已经可以操纵设置在英国的一个机器手。如今,我们正致力于研究一个双向的人脑-电脑结合系统,你能想象通过电子技术把你的大脑连接到另一个人身上吗? ……可以把我的思想传输给到另一个国家的人的大脑中,前提是,我们两个都在大脑中植入芯片,这一设想也许在十年内能够实现。”他还告诉记者,“当他首次将一枚芯片植入自己手臂,通过传感器控制房门、电灯和室内温度时,曾引起恐慌。人们在问,当人体内植入电子芯片后,人类是否还是原来意义上的人”②。

有些哲学家认为人体的状况不能令人满意。戴维·休谟认为,如果能把人设计得更理智些,他们将会变得更好。比如,人们遭受疼痛之苦就没有任何必然的道理。“为什么动物对这种感觉若无其事? 如果动物能有一小时对疼痛感到无所谓,它们或许能永远感觉不到疼痛。”他又说:“如果能少创造一些动物,同时为了它们的幸福和生存赋予它们更多的本领,那就更好了。”③人的一些功能不如动物,为什么不能少创造一些动物,使人创造得更好一些?

康德则提出了他的第三个假说——外星人假说。他认为行星上有智慧生物,不同行星的外星人,其结构有所不同。“行星上精神世界和物质世界的完善性都将随着它们与太阳距离的增加而相应地增长和发展。”④离太阳近的行星,若物质构造轻巧、纤弱,就会被强烈的阳光蒸发。地球离太阳较近,所以地球人

---

① [英]凯文·渥维克:《机器的征途——为什么机器人将统治世界》,李碧、傅天英、李素等译,呼和浩特:内蒙古人民出版社,1998 年,第 259、260 页。

② 《挥挥手,未来人类享受“芯”生活》,《金陵晚报》2007 年 8 月 12 日。

③ [美]埃德·里吉斯:《科学也疯狂》,张明德、刘青青译,北京:中国对外翻译出版公司,1994 年,第 141、143 页。

④ [德]康德:《宇宙发展史概论》,上海外国自然科学哲学著作编译组译,上海:上海人民出版社,1972 年,第 214 页。

类的结构粗糙。由于人的精神所寄托的物质之粗糙,以及受精神刺激支配的纤维之脆弱和体液的迟钝,我们"总是处于疲乏无力状态"。"思维能力的迟钝,是粗糙而不灵活的物质所造成的一种结果"①,所以人的目的大部分都不能实现。他引述英国布柏的诗:"在高天层的人看来,地上人的行动都很离奇,他们看我们的牛顿,好比我们在欣赏猢狲。"

20世纪80年代,有一些科学家也对人体的状况提出批评。

美国科学家鲍勃·埃廷格研究了"人类状况"问题,他指出,问题的根源所在是人类具有"劣质的身体,反复无常的感情和脆弱的心理"。人类的身体是疾病、残疾、衰老和死亡的对象,他们的头脑是各种刺激、动力和感情搏斗的战场;他们的记忆和智力就目前状况而言,大有改进的余地。埃廷格又说:"生而为人是不幸的,狗就不会有这么多事。"②如此说来,人的身体状况还不如狗。

弗里曼·戴森说,他5岁的小女儿曾经问他:"是上帝把你造成这个样子的吗?他为什么不把你造得更好些呢?""这个问题,每一位科学的人本主义者一生中至少会遇到一次。当然,唯一诚实的回答是说,对。我不认为人类是上帝创作的最终目标。在我看来,人类只是一个重大的开始,但并不是最完美的事物。"③人类就长得这个样,能怎么办呢?

美国洛斯阿拉莫斯国家实验室的科学家多恩·法默说:"作为一名科学家,我因自己大脑的机能不足而屡遭失败。人类的机能不足也使我一再受挫。……我不想过多地挑剔人类,人类是伟大的。但是,为什么我们要受人类天性的局限?为什么我们不能冲出这个范围?"④我们怎样才能"冲出这个范围"呢?

---

① [德]康德:《宇宙发展史概论》,上海外国自然科学哲学著作编译组译,上海:上海人民出版社,1972年,第209—210页。

② [美]埃德·里吉斯:《科学也疯狂》,张明德、刘青青译,北京:中国对外翻译出版公司,1994年,第140—141页。

③ [美]埃德·里吉斯:《科学也疯狂》,张明德、刘青青译,北京:中国对外翻译出版公司,1994年,第142页。

④ [美]埃德·里吉斯:《科学也疯狂》,张明德、刘青青译,北京:中国对外翻译出版公司,1994年,第142页。

寄希望于人体的自然进化？埃廷格指出这根本不可能。“很难想象人类工程师会比邋遢的大自然老太太还要笨拙愚蠢，‘正常’的进化过程既浪费又残酷，达到了使人麻木的程度。大自然老太太认为所有的物种和所有的个人都是可耗费的，她的确也大量地耗费了它们。计划发展中的偶然的灾难性失误是无法同笨手笨脚的自然界延续了几千年的大屠杀相比的。”①人体的缺陷是自然界造成的，就不可能依靠自然界来克服。自然界“笨拙愚蠢”，自然的“正常”进化“既浪费又残酷”，“延续了几千年的大屠杀”。这就是某些科学家眼中的自然界，是十足的反自然观点。那靠什么来克服人体的缺陷？只能靠“人类工程师”，只能依靠技术制造的“反常”进程。

埃廷格写了《从人到超人》一书，他的方案是用技术把人改造成超人。他主张用某种方式实现大脑和机器的配合。“从原则上来说，机器能够做任何物理上可能做到的事。如果能把人脑同一台或一组机器连接起来——这样，机器将成为人的延伸物——比较保留地说，我们能做任何事，也就是说，我们能成为任何东西。”②埃廷格是机器万能论者，如果能把机器同人脑连接起来，那人也能做任何事情，成为超人。超人同机器一样，无所不能。

奥地利科学家莫拉维奇热衷于把人改装为机器人。他上小学时就有“我也可能变成机器人”的奇想。后来他同友人争论智能机器人究竟是人还是仅同人相似。莫拉维奇认为智能机器人实际上是人，后来他觉得这样说是贬低了机器人，因为无论用什么标准，智能机器人都比人强。他实际上是主张机器人是“超人”。

如何制造超人？莫拉维奇认为第一步是用人造器官逐步取代人体器官。他说：“假如你把人体内现有的器官更换为人造器官……你最后得到的东西仍然会同样地运转，因为从定义来看，每一新部件应像被更换的部件一样运作，只不过它们是用铁、塑料或其他材料制成的。但你最终得到的仍然是

---

① [美]埃德·里吉斯：《科学也疯狂》，张明德、刘青青译，北京：中国对外翻译出版公司，1994年，第143页。

② [美]埃德·里吉斯：《科学也疯狂》，张明德、刘青青译，北京：中国对外翻译出版公司，1994年，第165页。

人。"①然后是用各种人造器官制造"人造人",最后是制造超人。

有位科幻作家编写了一个故事:一个人体的各种器官都被换成金属替代物,最后变成一个彻头彻尾的"金属人"。美国数学游戏专家马丁·加德纳说,这就是莫拉维奇的"转换"方案。

莫拉维奇还有换脑的设想:把两个人的大脑结合在一起,形成一生命联合体。他说:"根据我们的推测,最终将出现一种超级文明。整个太阳系的生命将合为一体,它将不断地改善和扩充自己,从太阳系扩散开去,把所有无生命的东西都改造成有思想之物。"②万物皆有思想,那人与万物真的成为一体,没有区别了。难道技术真的使庄子万物齐一的齐物论变成了现实?

他主张丢弃肉体,把思想输入计算机。"高分辨率的大脑扫描法可以一下子就创造一个新的你,不用动手术,而且立等可取。"③经过这种技术改造的人,又会有什么样的感慨呢?莫拉维奇说:"这是一种十分生动而现实的体验,当你戴上头盔四下张望时,你在哪儿呢?你当然是在张望的地方,即机器人的头部。也就是说,你突然进到了机器人的头部,你的意识能力转移到哪儿去了。"④你的思想意识在机器人的头内。既然你的生命在机器人之中,那你也就成了机器人,或者说成了超人。

里吉斯写道:"埃廷格没提出什么具体方案,莫拉维奇却把他的一点点的转换发明同他想象中的最先进、最机敏、最强大的机器人相结合,制造出真正的成年超人。它同人已毫无共同之处。莫拉维奇此时认为,真正的超人应当是灌木状机器人。"⑤

---

① [美]埃德·里吉斯:《科学也疯狂》,张明德、刘青青译,北京:中国对外翻译出版公司,1994年,第152页。
② [美]埃德·里吉斯:《科学也疯狂》,张明德、刘青青译,北京:中国对外翻译出版公司,1994年,第157页。
③ [美]埃德·里吉斯:《科学也疯狂》,张明德、刘青青译,北京:中国对外翻译出版公司,1994年,第159页。
④ [美]埃德·里吉斯:《科学也疯狂》,张明德、刘青青译,北京:中国对外翻译出版公司,1994年,第160—161页。
⑤ [美]埃德·里吉斯:《科学也疯狂》,张明德、刘青青译,北京:中国对外翻译出版公司,1994年,第165页。

两条途径：把机器提升为人和把人改造成为机器。它们殊途同归——人的非人化，即人不再是人。人是机器和机器是人，这两个命题实际上是等价的——人机不分，人与物不分，物是人，人是物。

哲学家尼茨谢在1883年说：“人是应当被克服之物。为了克服他，你是如何做的？”①现在又有了基因编辑技术、增强技术等。将来总有一天，人被技术折腾得面目全非，人将不人。

人类增强技术的基本途径，是人体与机器结合，最后抛弃人体，实现“人的机器化”，人类进入所谓“超人类”“后人类”阶段。王荣虎引述了波斯特罗姆的话：“这些人的基本能力远远超过当前的人类，因此我们目前的标准已不再明确地将其视为人类。”然后他问：“如果超人类和后人类不再是人类，那么当前人类是否能够与他们共存？超人类和后人类的出现是否意味着当前人类阶段的终结？当前人类是否将会消失？”②显然，人类增强就是用技术把人改造为“非人”，人的机器化就是人的“非人化”，人类增强最后就是人类终结。

可是，人的生命至尊、至贵，每个人的生命都是一个奇迹。每个人的生命都具有唯一性、独自性，不可共享，一个人的生命不可能同别人的生命融为一体，一个人的生命不可能存在于几个躯体之中；不可相互包含，几个人的生命不可能存在于一个躯体之中。每个人的生命都独一无二，伟人和凡人皆是如此。

每个人的社会身份也是唯一的，不可混淆、不可取代。克隆人的技术应当坚决反对。

我们在处理人与机器关系的基本观点是：人是人，不是机器；机器是物，不是人。恩格斯写道：“人体包含着各种器官，从一个方面来看，这些器官的整体可以看做一架获得热并把热转化为运动的热动机。”“身体毕竟不是一部只发生摩擦和损耗的蒸汽机。只有当身体本身不断地发生化学变化时，才能做出生理学的功，并且这还有赖于呼吸过程和心脏的工作。当肌肉每一次收缩和松弛时，神经和肌肉都会发生化学变化，这些变化和蒸汽机中的煤的变化是不能相

---

① [美]埃德·里吉斯：《科学也疯狂》，张明德、刘青青译，北京：中国对外翻译出版公司，1994年，第169页。

② 王荣虎：《人类增强与“人类阶段”的终结》，《中国社会科学报》2021年12月14月。

提并论的。当然,我们可以把其他条件相同的情况下所做的两个生理学的功加以比较,但是不能用蒸汽机等等的功来量度人的生理学的功;它们的外部结果当然是可以比较的,但是,在不做重大保留的情况下,过程本身是不能比较的。"①人像机器,但不是机器。人与机器所做出的"外部结果"可以比较,但其内部"过程"则不能比较,因为人与机器是两种不同的存在。恩格斯的论述既深刻,又富远见。

技术的功能就是对自然与人的取代,利弊盖源于此。技术对自然的取代必然要改变自然的习常行程,消耗能量、污染环境,造成技术与自然的矛盾;技术对人的取代必然要改变和发展人类生存的正常进程,向人类的尊严和命运发出挑战,造成技术与人的矛盾。这两种取代都是通过技术制造物实现的,因此技术的这两个内在矛盾,都是技术哲学的基本问题——人与物关系的表现。

① [德]弗里德里希·恩格斯:《自然辩证法》,中共中央马克思恩格斯列宁斯大林著作编译局译,北京:人民出版社,2018年,第302页。

第九章　对智能生存的哲学思考

人类的历史就是人类生存方式演变的历史。技术与社会进步的推动作用，集中表现为生存方式的变革。

人类的生存方式是人类生产方式与生活方式的哲学概括。人的内在规定性来自其生存方式。人类的生存方式，也是人类的存在方式。马克思说："人们的存在就是他们的实际生活过程。"①"个人怎样表现自己的生活，他们自己也就怎样。"②

人类生存是个大系统，由多种因素构成，主要包括自然、社会、人以及人的创造物。人类生存包括物质生存和精神生存两大领域。基础是物质生存，物质生存决定精神生存。物质生存方式的基础是物质生产方式，生产方式决定生活方式。物质生产方式的决定因素是物，包括自然物与人造物，包括物质资源、生产工具和生活用品。

一、自然生存与技术生存

迄今为止，人类已经历了自然生存与技术生存两种生存方式，形成了自然主义与技术主义两种不同的文化。人类主要依赖什么物生存，是区分不同生存方式的主要标志。

---

①《马克思恩格斯全集》第 3 卷，北京：人民出版社，1960 年，第 29 页。

②《马克思恩格斯全集》第 3 卷，北京：人民出版社，1960 年，第 24 页。

自然生存是人类主要依赖自然界所提供的已有的自然物的生存方式。主要包括自然物质资源和自然环境。

自然生存是人类最初的存在方式。人类起源于动物，动物的生存方式就是典型的自然生存。动物依赖生物资源生存，人类早期也是如此。由于人类对生物资源利用的方式不同，自然生存又可分为原始自然生存和农业自然生存两个阶段。

采集与狩猎是人类原始的生存活动，获取自然界已经长成的植物与动物。自然界提供什么，人类就利用什么。自然界有什么，人类就需要什么。人类的需要只是对已存在的自然物的反应。俗话说靠山吃山，靠水吃水。

在农业自然生存中，动植物的自然生长，转化为人工种植、人工饲养，出现了农业畜牧业生产。人从旁观者变成了参与者，但这种参与只是为动植物的生长提供较好的条件，而不是真正意义上的创造。

在自然生存中，人像动物一样生存，是自然人。人类的历史被视作人的自然本性、自然状态发展的历史。霍尔巴赫说："人是自然的产物，存在于自然之中，服从自然的法则，不能越出自然，哪怕是通过思维，也不能离开自然一步。""人是一个纯粹肉体的东西，精神的人只不过是从某一个观点，亦即从某些为特殊的机体所决定的行为方式去看的那个肉体的东西罢了。"①

近代工业的出现，使自然生存发展为技术生存。

人除了具有自然的物质属性，更重要的，还具有社会的精神属性。黑格尔说："人之所以为人，全凭他的思维在起作用。"②马克思说："动物和它的生命活动是直接同一的。动物不把自己同自己的生命活动区别开来。它就是这种生命活动。人则使自己的生命活动本身变成自己的意志和意识的对象。他的生命活动是有意识的。"③人能主动意识到自己的需要，能主动创造自然界并不提供的东西。人类不再等待自然的提供，而是创造自己的提供，即用人造物来弥

---

① 北京大学哲学系外国哲学史教研室编译：《西方哲学原著选读》下卷，北京：商务印书馆，1982 年，第 203、204 页。

② [德]黑格尔：《小逻辑》，贺麟译，北京：商务印书馆，1980 年，第 38 页。

③《马克思恩格斯全集》第 4 卷，北京：人民出版社，1979 年，第 96 页。

补自然物的不足。恩格斯说：“动物的正常生存条件，是在它们当时所生活和所适应的环境中现成具有的；而人一旦从狭义的动物中分化出来，其正常生存条件却从来就不是现成具有的，这种条件只是由以后的历史的发展造成的。人是唯一能够挣脱纯粹动物状态的动物——他的正常状态是一种同他的意识相适应的状态，是需要他自己来创造的状态。”①

人类为自己选择了高效的创造方式——技术活动。用技术制造大量的自然界没有的产品，工业生产、工业技术出现了，技术生存方式产生了。

技术生存是人类主要依赖技术的生存方式。从主要依赖自然物转向主要依赖人造物即技术物，从生存于天然自然界，转向生存于人工自然界即技术自然界，从使自己的肉体同自然界相适应，转向使自然界同自己的需要相适应。

在技术生存中，人类真正具有了自己的意义，但同时又导致了技术主义，导致自身的异化。

二、初见端倪的智能生存

现在，由于人工智能技术的迅猛发展和广泛应用，一种崭新的生存方式——人工智能生存方式或智能生存方式已开始出现。这是人类主要依赖人工智能技术与人工智能物的生存方式。

人工智能技术的发展和推广，将颠覆性地改变人类的生产方式、劳动方式、工作方式、贸易方式、管理方式、学习方式、生活方式、通信方式、交往方式、医疗方式、思维方式、研究方式、文艺创作方式、休闲方式、娱乐方式等。颠覆性、革命性技术突破，是人类生存方式改变的重要推动力。颠覆性、革命性的技术突破，一般指影响技术、经济、社会的总体态势，导致生存方式改变的、战略性的新型技术。当前，人工智能技术以及纳米技术、基因技术就是这样的技术。

2022 年 11 月底，微软旗下的人工智能研究实验室 Open AI 发布 ChatGPT。

---

① [德]弗里德里希·恩格斯：《自然辩证法》，中共中央马克思恩格斯列宁斯大林著作编译局译，北京：人民出版社，2018 年，第 8 页。

这是生成式的人工智能，拥有语言理解和文本生成能力。除了模拟类似于真实人类那样的聊天交流，还能够智能生成文本，如小说、散文、笑话、诗歌、求职简历、活动方案、论文、代码等。这些功能对当下社会以及未来社会的影响，现在还无法想象。

制造的智能化、创作的智能化、生活的智能化，甚至还包括社会的智能化、自然环境的智能化。这些方面综合在一起，便是生存方式的智能化。

当然，智能生存是靠人工智能技术实现的。因此它也是一种技术生存。但它是高级的技术生存，同传统的技术生存又有质的区别。

广义的技术生存分为两个阶段：机械技术生存和智能技术生存。

广义的技术经历了三个发展阶段：手工技术——机器技术——智能技术。自然生存依靠双手，传统技术生存依靠机器，智能生存依靠智能物（机器人）。

传统技术生存也需要发挥智能的作用，但这里的智能指人脑智能；智能生存中的智能，则是指人工智能。

人工智能本来是人脑智能的模拟、延伸和扩展，但二者又很不相同。从动物智能到人类智能，这次飞跃是由生物进化完成的；从人脑智能到人工智能，是更加伟大的飞跃，是由技术进化完成的，即不是由生物进化完成的。库兹韦尔把人脑智能和人工智能，称为生物智能和非生物智能或机器智能。

库兹韦尔的这种说法是可取的。从这点出发，我们的确可以发现人脑智能与人工智能有很大的区别。

人脑智能的物质载体只能是人脑，这是物质载体的唯一性。它不可能离开人脑而存在。就此而言，人脑智能没有独立性。人工智能的物质载体则具有多样性，它可以存在于各种智能机器和各种智能物之中。就此而言，人工智能具有相对的独立性。所以库兹韦尔想象智能是一种类似物质、能量的实体性存在，可以注入各种物体。

人脑智能具有封闭性，它被封闭在个人的头脑之中。人工智能则具有开放性，各种人工智能的形态可以相互渗透和转移。所以库兹韦尔想象智能可以流动、扩展。

人脑智能的应用具有私用性，每个人只能应用自己头脑中的智能，别人不可能应用。人工智能的应用则具有公用性。每个智能机器和智能物的人工智能，所有的人都可以应用。这大约就是库兹韦尔所想象的智能扩展的一种机理。

每个人的人脑智能都经历了由弱到强的发育时期和由强到弱的衰老时期。人工智能的发展则只有一个方向：性能不断提高，应用不断推广。

人脑智能的发挥具有较大的不确定性和非标准性，人工智能作用的发挥则具有很高的确定性和标准性。人脑的智能难以掌握，人工智能则是自控智能。每个人的人脑智能的发挥，受自身的生理、心理状况影响；人工智能的发挥则不受这些影响，似乎是脱离应用者主观条件的客观存在。这是库兹韦尔把智能想象为同物质、能量并列存在的根据。

人脑智能进化的速度极其缓慢，甚至为零，是已经完成的存在。人工智能进化的速度极快，而且越来越快。正如库兹韦尔所说：“技术从根本上讲就是一种加速的过程。”①“技术的不断加速是加速回归定律的内涵和必然结果，这个定律描述了进化节奏的加快，以及进化过程中产物的指数增长。”这是库兹韦尔想到“奇点是加速回归定律的必然结果”②。人工智能仿佛是永远充满活力、永远不会完成的存在。

机器智能可以反复改进，其周期越来越短。这是用教育、训练方法提高人脑智能的效果所无法比拟的。除非用智能技术来提高人的人脑智能，但这却使人更像一台智能机器。

人脑智能必须通过人的肢体动作（体能）才能作用于物体。这使人脑智能对体外物体的作用受到很大的空间限制。机器智能则可以直接控制物体，这使人工智能有十分广泛的用途。

人脑智能不可能取代人工智能，而机器智能不仅能全面取代人脑智能，而且智能机器还可以进一步取代人的全面功能，取代人的身份、权力和地位。

---

① [美]雷・库兹韦尔：《灵魂机器的时代——当计算机超过人类智能时》，沈志彦、祁阿红、王晓冬译，上海：上海译文出版社，2002年，第12页。

② [美]雷・库兹韦尔：《奇点临近》，李庆诚、董振华、田源译，北京：机械工业出版社，2011年，第19页。

从上述多方面的对比可以看出，人工智能远比人脑智能强大、优越。库兹韦尔说："在21世纪末，地球上的非生物智能将会比生物智能强大数万亿倍。"①"我们正在创造的机器智能最终将超过其创造者（即人类）的智能。"②所以他得出"人类文明将是非生物的"③结论，即机器文明将完全取代人类文明。

人工智能已成为经济发展、社会进步的重要标志。

笔者曾提出社会发展的两个标志。"人类要不断发展，主要依靠的是智力，而不是体力。一个社会进步的程度可以用智力支付与体力支付的比例来度量。""人类要不断发展，主要依靠的是信息资源，而不是物质资源。一个社会进步的程度可以用信息资源的作用与物质资源的作用的比例来度量。"④智力与信息资源贡献的比例越大，社会进步的程度就越高。

现在应当再加上第三条：一个社会进步的程度，可以用人工智能的作用与人脑智能作用的比例来度量。人工智能贡献的比例越大，社会进步的程度就越高。"较高的智能处理定然会超过低智能处理，它将令智能真正成为更加强大的力量。"⑤

人类的历史是从原始社会、农业社会、工业社会到智能社会的历史。与此相对应，人类文明也经历了从原始文明、农业文明、工业文明到智能文明的发展过程。这里的智能是人工智能（机器智能、非生物智能）的简称。

智能社会的最主要特点，就是人工智能技术制造了大量的各种形态的智能物，构成了一个新的物质世界——智能物世界。

于是，除天然自然物、人工自然物以外，又出现了智能物；除天然自然界、人工自然界以外，又出现了智能世界。

---

① [美]雷·库兹韦尔：《奇点临近》，李庆诚、董振华、田源译，北京：机械工业出版社，2011年，第213页。

② [美]雷·库兹韦尔：《灵魂机器的时代——当计算机超过人类智能时》，沈志彦、祁阿红、王晓冬译，上海：上海译文出版社，2002年，第50页。

③ [美]雷·库兹韦尔：《奇点临近》，李庆诚、董振华、田源译，北京：机械工业出版社，2011年，第213页。

④ 林德宏主编：《哲学概论》，南京：南京大学出版社，1997年，第474页。

⑤ [美]雷·库兹韦尔：《奇点临近》，李庆诚、董振华、田源译，北京：机械工业出版社，2011年，第156页。

智能物是具有非生物智能的物体。我们在前面所讨论的人工自然物主要是非智能物。智能物与一般的人工自然物有本质的区别。

智能物是人工智能技术、信息技术与纳米技术相结合的产物。库兹韦尔对纳米技术进行了详细的讨论。纳米技术极大地提高了人类创造新物体的能力。

1959年12月，费因曼在美国物理学会年会上说："据我所知，物理学的原则与在原子水平来操纵事物的可能性并不相悖。物理学家可以合成任何化学家写下的化学物质，原则上这将是可能的。如何做呢？把原子放到化学家说的地方，然后我们就创造了物质。"①费因曼在这次演讲中，明确提出了"创造物质"的设想，被认为是纳米技术诞生的标志。

费因曼提出把24卷《不列颠百科全书》写在一枚大头针的顶部。这个大头针的顶部就是一种智能物，他还说："我愿再出1 000美元资金——但愿我能想出如何称呼它，以避免陷入关于定义问题的无休止的争论——奖励第一个制造出能够从外部控制、不算引入线体积只有1/64英寸的电动旋转汽车的人。"②这个不太好称呼的物件，其实也是智能物。

纳米技术的创始人之一德雷克斯勒说："一旦具备了在复杂的结构中重新安排分子的能力，你将能制造出任何形体上可能制造的东西。"③

里吉斯的如下叙述，有助于我们理解智能物的制造过程。"如果人能够制造出只有脱氧核糖核酸大小，类似机器人那样的复杂的微型器械，情形将会如何呢？这些被德雷克斯勒称作装配工的人工机器人将能够逐个地控制物质的分子甚至原子。假如你能够通过内部程序控制这些机器人，你将取得令人惊异的成就。这些机器人能把原子置放于化学上合理的任何一种结构中，按照人的意愿合成出各种物质。它们还可以使分子在结构稳定的任何一种构造中定位，

---

① [美]雷・库兹韦尔：《奇点临近》，李庆诚、董振华、田源译，北京：机械工业出版社，2011年，第136页。

② [美]埃德・里吉斯：《科学也疯狂》，张明德、刘青青译，北京：中国对外翻译出版公司，1994年，第118页。1英寸为2.54厘米。

③ [美]埃德・里吉斯：《科学也疯狂》，张明德、刘青青译，北京：中国对外翻译出版公司，1994年，第116页。

也就是说最终可以使人制造出任何东西。”①微型机器人就是传递智能的小天使。复杂性科学家格莱德纳也提出“由一个无生命的原子集合转变一个庞大的超级智能”②的设想。于是非生命的原子具有了非生物的智能。

库兹韦尔写道：“它可以几乎制造任何我们可以用软件描述出来的产品，从计算机、衣服、艺术品到烹饪。”③软件是智能的携带者。这就是库兹韦尔所想象的智能注入物质的过程。

智能传送到全宇宙，这似乎是天大的奇思怪想！可是库兹韦尔认为纳米机器人可以实现这个梦想。“我们可以派遣数万亿纳米机器人组成的群，这些种子中的一些就可以在其他行星扎根，建造它们的复制品。”“纳米机器人集群可以从以光速传输的、只有能量没有物质的纯信息传播中获取它们需要的附加信息，用于优化它们的智能。”④以光速传播的亿万纳米机器人，就是撒在宇宙各个角落的智能种子。于是宇宙觉醒了，成了智慧宇宙。

人工智能技术再怎么发展，也不可能使智能充满宇宙。这只能是哲学想象，而且是缺乏根据的随意想象。

但其中引发的一些哲学问题，却需要思考。智能物的本质是什么？智能成为类似物质、能量的客观存在吗？能否说天然自然物按自然规律变化，机械性机器按技术规则操作，智能物按软件运行？那它们之间的关系是怎样的？这样的物质世界又会如何演变？

在智能生存中，人与物的关系会有什么新变化？技术是否会通过人工智能技术，不但进入人体，还进入人的心灵，从而完成了对人的全面取代？库兹韦尔说：“我们将成为软件，而不是硬件。”“我们的身份和我们的生存将最终独立于

---

① [美]埃德·里吉斯：《科学也疯狂》，张明德、刘青青译，北京：中国对外翻译出版公司，1994年，第116页。

② [美]雷·库兹韦尔：《奇点临近》，李庆诚、董振华、田源译，北京：机械工业出版社，2011年，第218页。

③ [美]雷·库兹韦尔：《奇点临近》，李庆诚、董振华、田源译，北京：机械工业出版社，2011年，第138页。

④ [美]雷·库兹韦尔：《奇点临近》，李庆诚、董振华、田源译，北京：机械工业出版社，2011年，第213页。

硬件和硬件的存在。”①这是否是说人将失去自身的生命躯体,成为“非生物”的人?库兹韦尔又说:进化的新的里程碑是“技术自己创造下一代的技术,而不要人为的干预”②。我们在前面曾详细地说过工业文明以及传统技术是凸显人对自然的干预,从而创造了人工自然界,而在智能文明中,技术却竭力排除人的干预,人工智能却成为无人工的技术,“人”将逐渐淡出,进一步失去主体的地位。“人类文明将是非生物的。”这就是说,未来的智能文明将是“非人类”的文明。人类将逐步退出历史舞台。

如果说库兹韦尔的宇宙觉醒是极其宏伟的想象,那与我们须臾不离的手机,却是智能生存的微型场景,要了解库兹韦尔所说的智能物有多大影响,那就请看智能手机的应用。

现在劳动、工作、管理、休闲、交往、阅读、查询、通信、购物、旅游、医疗等都需要智能手机。一只手机走遍天下,没有手机寸步难行,已成为我们的生存状态。第18次全国国民阅读调查成果发布,2020年我国成人国民人均每天手机接触时长为100.75分钟。许多人早已成了手机迷,已被手机控制,若没有手机,就好像丢了魂,不知如何生活。手机已进入了亿万人的私生活,占领了亿万人的心灵。

手机已悄悄地改变了人际关系。人们在网络空间中的确近了,可是在现实生活中却反而远了。亲朋好友之间的充满人情味和接地气的交往,被扭曲成文字、图片的交流。手机之声相闻,民至老死不相交往。

在疫情防控的特殊时期,手机的特殊应用是必要的,但也要防止把自己的命运同手机捆绑在一起。

智能手机需要那么多功能吗?手机的滥用已产生了一些副作用和负面影响。若干年后又会有什么结果?是否会影响两三代人的生理和心理健康?智能生存就是在手机中生存吗?

---

① [美]雷·库兹韦尔:《灵魂机器的时代——当计算机超过人类智能时》,沈志彦、祁阿红、王晓冬译,上海:上海译文出版社,2002年,第149、150页。

② [美]雷·库兹韦尔:《灵魂机器的时代——当计算机超过人类智能时》,沈志彦、祁阿红、王晓冬译,上海:上海译文出版社,2002年,第35页。

如果像意念致动，思想转移这类技术像智能手机这样急剧发展和应用，那智能生存就可能成为人类的终结生存了。

智能生存是崭新的生存方式，使人有朝气蓬勃、前程似锦之感。在智能生存中，我们已感受到智能的伟大与可能出现的挑战。在此背景下，库兹韦尔热情地讴歌智能，对智能生存的未来充满了哲学想象。哲学想象不是科学，想象也不等于现实。但他的关于智能的哲学想象促使我们对智能生存的更大关注，认真思考其中的哲学问题。

三、库兹韦尔的奇点论

技术正高歌猛进，一日千里，令人眼花缭乱。在未来几十年里，技术发展的速度还会更快吗？会发展到什么程度？将会产生什么样的影响？2005 年，美国发明家雷·库兹韦尔继 1999 年出版了《灵魂机器的时代——当计算机超过人类智能时》之后，出版了《奇点临近》一书。他被《福布斯》杂志誉为“最终的思想家”。比尔·盖茨说：“雷·库兹韦尔是我所知道的预测人工智能未来最权威的人。他的这本耐人寻味的书预想了未来信息技术空前发展，促使人类超越自身的生物极限——以我们无法想象的方式超越我们的生命。”[1]他的这两本书讲的都是当计算机智能超过人类智能时人类将会如何，这个时间点正是奇点到来的时刻。

1. 奇点即将到来

奇点本来是指转折点或跨越点。在物理学里黑洞的中心、宇宙大爆炸的起点都被称为奇点。我们现在所说的“技术奇点”，指技术增长变得不可控制、不可逆转，我们无法预见它的发展变化的时间点，库兹韦尔称此为“奇点革命”。

20 世纪 80 年代，冯·诺依曼指出：“技术正以前所未有的速度增长……我

---

① [美]雷·库兹韦尔：《奇点临近》，李庆诚、董振华、田源译，北京：机械工业出版社，2011 年，前言第 V 页。

们将朝着其种类似奇点的方向发展，一旦超越了这个奇点，我们现在所熟知的人类社会将变得大不相同。”①通俗地说，奇点来临时，空前巨大的变化会使一切不可预测、不可捉摸。

库兹韦尔在《奇点临近》一书中说：“这本书讲述的是人机文明的故事，这个命运便是我们所说的奇点。”②

技术奇点出现的前提是技术空前的高速增长。“在21世纪中期以前，我们的技术（已经是我们自身的一部分）增长率将以近似垂直线的速度增长。从严格的数字角度来看待这个问题，虽然速度的增长仍然是有限的，但它近乎极限的速度，必将撕裂人类固有的历史结构。”③虽然从数学的角度来看，技术增长的速度不可能是无限快，但已接近极限的速度。事物的变化达到极限时，就必然要走向反面。这个极限就是奇点。这里用的词是“增长”，而不是“发展”。数量的增长，既可能是发展，也可能是毁灭。技术的极度增长已撕裂了人类社会的历史结构，哪有发展可言？

库兹韦尔写道：“人类发明技术，技术再利用不断发展的技术来制造下一代技术。在奇点时代，人和技术将没有区别，这并不是像我们现在想的那样，人变成了机器，而是因为机器的能力可以媲美甚至超过人类。”④当技术奇点来临时，人与技术将没有区别。人与技术一体，人就是技术，技术就是人。他说：“人脑的思维活动大概同样遵循物理学定律，因此它也算是一台机器。”⑤技术成了人的本质，人则成了技术的物。这都是人的非人化。人的非人化的表现形式不止一种，既可以是人变成了机器，也可以是机器成为“超人”，人成为机器的工具。

---

① [美]雷·库兹韦尔：《奇点临近》，李庆诚、董振华、田源译，北京：机械工业出版社，2011年，第2—3页。

② [美]雷·库兹韦尔：《奇点临近》，李庆诚、董振华、田源译，北京：机械工业出版社，2011年，前言第Ⅺ页。

③ [美]雷·库兹韦尔：《奇点临近》，李庆诚、董振华、田源译，北京：机械工业出版社，2011年，第2页。

④ [美]雷·库兹韦尔：《奇点临近》，李庆诚、董振华、田源译，北京：机械工业出版社，2011年，第22页。

⑤ [美]雷·库兹韦尔：《灵魂机器的时代——当计算机超过人类智能时》，沈志彦、祁阿红、王晓冬译，上海：上海译文出版社，2002年，序言第6页。

库兹韦尔预测技术奇点来临的是2045年。“我提出了2045年这一奇点到达的日期，它描绘了一场极具深刻性和分裂性的转弯……我把奇点的日期设置为极具深刻性和分裂性的转变时间——2045年。非生物智能在这一年将会10亿倍于今天所有人类的智慧。”①

2045年！这同渥维克预言的2050年仅相差五年，这是巧合吗？库兹韦尔的《奇点临近》出版于2005年，他是在预言40年以后的事情。而渥维克的《机器的征途——为什么机器人将统治世界》出版于1997年，是预言53年以后的事情。库兹韦尔忧虑的心情比渥维克更迫急，后来他又把这个时期提前到2029年。

他所说的“奇点”，是一个时间点，即计算机智能超越人类的时刻，并包括这种超越过程，同时又是指人工智能技术。他所说的“智能”，在绝大多数情况下指的是非生物智能或机器智能。

2. 奇点与人

技术奇点到来的标志，是“非生物智能”即计算机智能或人工智能是这一年所有人类智能的10亿倍。这里的“10亿倍”只是非常巨大的意思。这导致了一系列的状况和问题。

奇点的核心问题是人脑智能与人工智能的关系问题，说到底仍然是人与机器的关系问题。库兹韦尔在1999年出版的《灵魂机器的时代——当计算机超过人类智能时》(这本书还有另一个中文译本《机器之心》，中信出版社2016年)一书中就十分关注人机的关系。他写道：“‘人类’这个概念已经脱胎换骨。”②“乙：我想与1999年相比，‘机器’个词在2099年的含义已经截然不同了。”③“人类的思想正与由他所创造的机器智能融汇在一起。”④至2099年，“以

① [美]雷·库兹韦尔：《奇点临近》，李庆诚、董振华、田源译，北京：机械工业出版社，2011年，第80页。

② [美]雷·库兹韦尔：《灵魂机器的时代——当计算机超过人类智能时》，沈志彦、祁阿红、王晓冬译，上海：上海译文出版社，2002年，第274页。

③ [美]雷·库兹韦尔：《灵魂机器的时代——当计算机超过人类智能时》，沈志彦、祁阿红、王晓冬译，上海：上海译文出版社，2002年，第281页。

④ [美]雷·库兹韦尔：《灵魂机器的时代——当计算机超过人类智能时》，沈志彦、祁阿红、王晓冬译，上海：上海译文出版社，2002年，第273页。

机器为基础的智能生物自称为‘人’”①。

如何认识人机融为一体?他认为关键是重新思考什么是人类的问题。他写道:“21 世纪结束之前,人类将不再拥有地球上‘万物之灵’的头衔,不再能主宰地球。实际上,能否这样讲我没有把握。这句话是否成为现实,还取决于我们如何定义‘人类’这个词。”②他又进一步地说:“在 21 世纪结束之前,人类将不再是地球上最有智慧或最有能力的生命实体。事实上,这句话可以反过来讲,这最后一句话是否符合真实取决于我们如何定义‘人’。在此,我们看到这两个世纪之间的一个根本区别:如何定义人类将是下个世纪基本的政治与哲学问题。”③到 21 世纪,地球上最有智慧、最有能力的生命实体,不再是人类,而是机器人。机器人是人吗?看你如何理解“人”这个词。只要重新定义“人”,抛弃旧的“人”的概念,这就很好理解。

库兹韦尔认为仿真机器人具有“人格”。“人们开始把自动化仿真人当作伙伴、老师、保姆和情人。它们在某些方面优于人类,例如具有非常可靠的记忆,必要时还具备可以预见的(程控)人格。”④智能技术对人的影响经历了从物理到生理再到心理的过程。“人格”的形成也是如此。起初是物理意义上的“物格”,即人是物质实体。继而是生理意义上的“人格”,即人是生命体,这是“生命格”。最后出现了灵魂,这才是真正意义的人格。智能机器先进入人的物质生活,然后进入人的精神生活。当智能机器具有灵魂时,就被认为拥有了人格。

库兹韦尔在《奇点临近》中有比较详细的讨论。他引述了萨缪尔·巴特勒 1863 年说的话:“谁是人类的继承者?回答是:我们正在创造我们自己的继承者。在将来的某一天,人类与机器的关系就如同现今动物与人的关系。结论就是,机

---

① [美]雷·库兹韦尔:《灵魂机器的时代——当计算机超过人类智能时》,沈志彦、祁阿红、王晓冬译,上海:上海译文出版社,2002 年,目录第 4 页。

② [美]雷·库兹韦尔:《灵魂机器的时代——当计算机超过人类智能时》,沈志彦、祁阿红、王晓冬译,上海:上海译文出版社,2002 年,目录第 1 页。

③ [美]雷·库兹韦尔:《灵魂机器的时代——当计算机超过人类智能时》,沈志彦、祁阿红、王晓冬译,上海:上海译文出版社,2002 年,序言第 2 页。

④ [美]雷·库兹韦尔:《灵魂机器的时代——当计算机超过人类智能时》,沈志彦、祁阿红、王晓冬译,上海:上海译文出版社,2002 年,第 243 页。

器具有或将具有生命。”[①]第一台计算机在83年以后才出现,巴特勒就作出了这样的预言:人类将成为动物,而机器将成为人,将继承人类所拥有的一切。

《奇点临近》有个特点,章节的结尾常有与未来的对话,通过设想中的未来,去理解现今技术的对话,对话中有作者本人雷。

在第六章中,比尔与雷有一段关于人与非人的对话:

比尔:“你建议把整个人体和大脑都用机器替换,那人类岂不是将不复存在?”

雷:“我们不同意你对人的定义,但只想知道,你会提议把人与非人的界线划在哪里?”

比尔:“我对减轻人类的痛苦不反对。但是为了超越人的性能就用一台机器来替代人体,那么剩下来的也只是一台机器。在陆地上,我们有比人跑得更快的汽车,但我们并不认为它们是人类。”

雷:“这个问题与‘机器’这个词有很大关系。你对机器概念的了解是一种比人的价值要少得多的东西,其复杂程度、创造性、智能、知识、辨别力、灵活这些方面都不如人类。对于今天的机器来说,这是合理的,因为我们见过的所有的机器,例如汽车,都是这样的。我的论文的整体观点是,即将到来的奇点革命是非生物智能机器的概念,这将从根本上发生转变。”

比尔:“但是人类拥有神秘的精神品质,而这是机器天生就不会拥有的。”

雷:“那么再问一次,你把人与非人的界线划在哪里呢?人类已经把他们身体和大脑中的一部分用非生物替代品替换,这些非生物替代品更好地完成着他们‘人’的功能。”

比尔:“只有在替换生病和残疾的器官和系统时才有更好的感觉。但为提高人类的能力,你从根本上替换了人类所有的东西,那这天生就不是人类了。”

雷:“我们已经不再满足于人类的生物属性。”

比尔:“我们必须十分谨慎地使用这些技术能力。超过某些界限,我们会失

---

① [美]雷·库兹韦尔:《奇点临近》,李庆诚、董振华、田源译,北京:机械工业出版社,2011年,第123页。

去一些无法形容的，能赋予生命意义的东西。”①

比尔是传统观念，不同意用机器取代整个人，因为那样就不再是人了。人具有最宝贵的“精神品质”，这是机器所没有的。雷是“新潮”观念，认为奇点革命提出了新的机器概念，机器能更好地完成人的功能，不满足于人的“生物属性”，即机器可以完全取代人。雷两次问比尔：“你把人与非人的界限划在哪里？”比尔认为人与机器有本质区别，雷认为“非生物替代品”可以完全取代人的生物属性，即机器可以完全取代人。

智能机器有灵魂或者说有心灵，是《灵魂机器的时代——当计算机超过人类智能时》一书的中心议题。“人类的思维活动与机器的思维有什么本质上的不同吗？从另一角度来看这个问题，一旦电脑与人脑一样复杂，也具有细腻复杂的思想情绪，我们会认为它们是有意识之物吗？这是一个十分困难的问题。有些哲学家认为这是一个没有意义的问题。其他人则认为这是哲学中唯一有意义的问题。”“即使我们缩小讨论范围，只涉及非直接来自某一个人头脑的电脑，它们将逐渐表现出自己的个性，它们表现出人类只能称为感情的反应，同时清楚地表明它们自己的目标及目的；它们似乎会有自己的自由意志，也会宣称自己拥有的精神生活。而还在使用老式的碳元素神经细胞或是其他的人类，将会相信这些。”②电脑也像人脑一样，有思想、情绪、意识、个性、感情、自由意志、精神生活。他认为电脑拥有这一切，它就有灵魂。

“许多攸关未来几十年发展的书籍多半局限于讨论政治经济、人口统计的发展趋势，而忽视了电脑的自由意志与发展潜力的革命性影响。我们必须反思这个逐渐形成的、必然发展的、对所有人类思维的真正挑战的出现所带来的影响，以便掌握未来的世界。”③他关注未来。他认为智能机器有灵魂会引起革命

① [美]雷·库兹韦尔：《奇点临近》，李庆诚、董振华、田源译，北京：机械工业出版社，2011年，第188—189页。

② [美]雷·库兹韦尔：《灵魂机器的时代——当计算机超过人类智能时》，沈志彦、祁阿红、王晓冬译，上海：上海译文出版社，2002年，序言第6—7页。

③ [美]雷·库兹韦尔：《灵魂机器的时代——当计算机超过人类智能时》，沈志彦、祁阿红、王晓冬译，上海：上海译文出版社，2002年，序言第7页。

性的影响，是对人类的真正挑战，其意义远超过经济发展的趋势。

库兹韦尔对自己的观点充满信心。他认为奇点将允许我们超越身体和大脑的限制，我们将获得超越命运的力量，我们将控制死亡。

“最后，图灵的预言预示着，电脑思维的问题终将会得到解决。我们深信，将来的电脑将不再是冷冰的机器，而是有意识的物体，它们具有值得我们尊重的自己的个性。我们相信它们有意识，就好像相信你我有意识一样。它们不是宠物，因为它们的思维基于人类的思维模式。我们相信当它们具有了人的品质和情感时，它们也会声称自己是‘人’。”①请注意，库兹韦尔在这里声称自己是人的，是电脑而不是机器人。那么，什么是人？库兹韦尔的理解是：有意识的物体。或者说人是智能生物，或即有智能的物。无论是什么物体，只要有意识、智能，它就是人。所以电脑也是人，智能机器人更是人。所以人不一定是由碳元素神经细胞构成的。电脑和人都是有智能的物。这就是他对人的重新定义。

“随着机器人逐步获得它们的制造者的温柔、智慧、灵活和热情，情况就会发生变化。(到21世纪末，人类与机器人之间就没有明确的区别了。如果一个人运用纳米技术和运算技术升级自己的身体和大脑，如果机器人在智能和感官上超过了创造他的人，那么这两者之间还有什么区别呢？)”②库兹韦尔谈到了两条途径：其一，人通过纳米技术和人工智能技术增强自己的身体和大脑，即把人改造成机器人；其二，机器人从人那里获得温柔、智慧、灵活和热情，即把机器人进化为人。殊途同归——人机融为一体。

他引用别人的话：“是的，我们有一个灵魂。但它由许多微小的机器人构成。”③如此说来，不仅机器人有灵魂，而且它还构成了人的灵魂。智能机器人有了灵魂，又把它的灵魂给了人，或者说机器人的灵魂取代了人的灵魂。于是人有了新的灵魂——机器的灵魂，人、机的灵魂合为一体。将来宇宙充满了机

---

① [美]雷·库兹韦尔：《灵魂机器的时代——当计算机超过人类智能时》，沈志彦、祁阿红、王晓冬译，上海：上海译文出版社，2002年，第68页。

② [美]雷·库兹韦尔：《灵魂机器的时代——当计算机超过人类智能时》，沈志彦、祁阿红、王晓冬译，上海：上海译文出版社，2002年，第173—174页。

③ [美]雷·库兹韦尔：《奇点临近》，李庆诚、董振华、田源译，北京：机械工业出版社，2011年，第223页。

器智慧,那机器人便成了宇宙的灵魂。

那么究竟什么是灵魂呢?“恰恰正是存在——有体验、有意识——才是有灵魂的,它反映了灵魂的实质。依据人类思维所创造的机器在体验能力上超过了人类,所以它们将具有意识,从而就有了灵魂。它们会认为自己是有意识的。它们将相信自己会有心灵体验。它们会深信这些体验是有意义的。”①他认为灵魂就是意识,无论什么物体,有意识便有灵魂。机器有意识,机器当然有灵魂。

他明确地说:“我们正在成为机器人。人体 2.0 版本的描述代表着一个长期的趋势,这就是我们与我们的技术之间变得更加密切。最开始时,计算机作为巨大的远程机器放置在空调房间里,有很多穿白大褂的技术人员在照看着。之后,它们移动到我们的办公桌上,然后放置在我们的手臂上,现在进入我们的口袋里。按照以上的发展轨迹,不久之后,我们将把它们放入我们的身体和大脑中。到了 21 世纪 30 年代,我们将变得更加非生物一些。正如第 3 章中提到的,到 21 世纪 40 年代,非生物智能将拥有数十亿倍于生物智能的能力。”②计算机越来越小,同人的关系越来越近。空调房——办公桌——口袋——身体——大脑。计算机一步步向我们逼近,最后进入我们的大脑,进入我们的灵魂和命运。我们都将成为机器人,这是不可阻挡的趋势。

“我们正在利用生物技术和新出现的基因工程技术来使肉体和精神系统得到彻底升级。在未来 20 年内,我们将使用诸如纳米机器人之类的纳米技术方式来改进我们的器官,并最终取代它们。”③人成为机器人的主要手段是纳米机器人进入人体,逐步取代即取消人体的各种器官。

库兹韦尔比较详细地叙述了这个过程。几十亿纳米机器人将参与我们的身体和大脑的血液循环。重新设计消化系统,消化道和血液中的纳米机器人将

① [美]雷·库兹韦尔:《灵魂机器的时代——当计算机超过人类智能时》,沈志彦、祁阿红、王晓冬译,上海:上海译文出版社,2002 年,第 179 页。

② [美]雷·库兹韦尔:《奇点临近》,李庆诚、董振华、田源译,北京:机械工业出版社,2011 年,第 187 页。

③ [美]雷·库兹韦尔:《奇点临近》,李庆诚、董振华、田源译,北京:机械工业出版社,2011 年,第 182 页。

提取我们所需要的营养素。营养素将由具有特殊代谢功能的纳米机器人直接带入血液中。消化系统不需要了。红细胞、白细胞、血小板也将被取代。纳米机器人构造的血细胞自己提供动力,血液可以自己流动,那心脏也就不需要了。随着纳米机器人红细胞可以提供大幅度改进的氧合作用,我们就能用纳米机器人提供氧气和排出二氧化碳,这样,肺也就可以消失了。

"因此,还剩下什么?让我们来关心一下大约在21世纪30年代可以达到什么程度。我们消除了心脏,肺,红、白细胞,血小板,胰腺,甲状腺以及所有的激素生产器官,肾、膀胱、肝脏、食管下段、胃、小肠和大肠。从这个观点看,我们剩下的就只有骨骼、皮肤、性器官、感觉器官、嘴和食管上段,以及大脑。"①但纳米机器人会从根本上替换骨骼,用纳米柔性材料改善皮肤。总之,纳米机器人将一步一步地使人非人化。"未来的计算机便是人类——即便他们是非生物的。"②

库兹韦尔也知道这是一个极其重要的问题,他写道:"人还能被称为人吗?有一些评论家将'后奇点时期'叫作'后人类时期',并且把对这一时代的预测称为后人类主义。然而,就我来说……我们会超越生物。如果我们认为经过科技改造过的人类已经不属于人类的范畴,那么界定人与非人的界限又是什么呢?植入通过仿生学制造心脏的人还能被称作是人吗?植入一条人工神经的人还是人吗?如果一个人的大脑中植入了10个纳米机器人呢?5亿个怎么样呢?是不是我们应该这样界定:以在人脑中有6.5亿个纳米机器人为界限,少于这个数目,你还是人,超过了这个数目,你就属于后人类了?"③

所谓后人类,指利用技术手段对人类个体进行人工设计、人工改造、人工美化,从而形成的一个新群体。这些人已不是纯粹的自然人而是"人工人",其实就是技术制造的"人",这还能被称为人吗?

---

① [美]雷·库兹韦尔:《奇点临近》,李庆诚、董振华、田源译,北京:机械工业出版社,2011年,第186页。

② [美]雷·库兹韦尔:《奇点临近》,李庆诚、董振华、田源译,北京:机械工业出版社,2011年,第15页。

③ [美]雷·库兹韦尔:《奇点临近》,李庆诚、董振华、田源译,北京:机械工业出版社,2011年,第226页。

库兹韦尔还谈到了“我是谁？我是什么”的问题。“关系到我们身份的一个相关的但不同的问题产生了。我们先前谈到了一种可能性，把一个人的思维模式——知识、技能、个性、记忆上传到另一个人身上。尽管他会像我一样行动，但那真的是我吗？”①我把我的意识、思考、能力、情感、性格统统都给了别人，这岂不是我把“自己”给了别人？我失去了自我，那别人会是我吗？我是否又成了别人？由这样的“我”和“你”组成的社会，又如何正常地运转？岂不是被撕成亿万个碎片？

“一些根本性延长寿命的方法包括，重新设计与重建组成身体和大脑的各个系统、子系统。在参与重构的过程中，我会迷失自我吗？再说一次，这个问题会在接下来的几十年中，从一个古老的哲学问题演变为一个紧迫的现实问题。”②为了延长寿命，重建我们身体和大脑的各个系统及其子系统，经过这样全面、彻底的重建，那还是我吗？我又是谁了呢？我又要成了什么呢？“自我”不存在了，被重建为“他我”“非我”。延长寿命是件好事，但迷失了自我的生命，其延长又有什么意义呢？何况永生不可能，人们寿命也不是越长越好。

他接着说：“所以我是谁？由于我不停地变化，我只是一个形式？如果有人复制了我的形式？那我是原始版本还是复制版本？或许我就是这种材料，有序的和混乱的分子一起组成了我的身体和大脑。”③我的“形式”是什么？我的“材料”是什么？把我的形式与我的材料分开，我又成了什么？我的“灵魂”（即我的意识、思想、情感、品格）又在哪里？这都可以复制吗？都能复制吗？如果这些都可以复制，那我就不再是我，人就不再是人。

在虚拟世界里，人更可以随心所欲、为所欲为地变来变去。“变成另一个人。在虚拟现实中，我们不会限于单一的人物，由于我们将能够改变我们的外表，事实上就变成了另一个人。无需改变我们物理的身体（在现实世界），在三

---

① [美]雷·库兹韦尔：《奇点临近》，李庆诚、董振华、田源译，北京：机械工业出版社，2011年，第231页。

② [美]雷·库兹韦尔：《奇点临近》，李庆诚、董振华、田源译，北京：机械工业出版社，2011年，第231页。

③ [美]雷·库兹韦尔：《奇点临近》，李庆诚、董振华、田源译，北京：机械工业出版社，2011年，第231页。

维虚拟环境中,我们将能够很容易地变换我们设计出来的身体。在同一时间,我们可以为不同的人选择不同的身体。所以,你父母可能看到的是一个你,而你女朋友感觉到的是另一个你。然而,其他人可以决定覆盖你的选择,看到一个不同于你为自己选择的躯体。你可以为不同的人挑选不同的身体映射:为聪明叔叔挑选本·富兰克林的身躯,为恼人的同事挑选小丑的身躯。浪漫的情侣可以选择他们希望变为的人物,甚至变为对方。这些都是很容易改变的决定。"[①]"我发现有机会可以自由地成为另一个人。我们都能够在大量不同的个性之间转换。"[②]你选自己,你选别人,别人也在选你。每个人都在选择每个人。互相选,任意选,不停地选。人人都戴着不断变脸的面具,人类社会成了这样的"面具人"舞会。最后,自己都不认识自己,都不知道自己是否存在。任何人都可以随意选择你的躯体,你的躯体都不断成为别人的作品。你对你的躯体完全失去了所有权、自主权。你有许多自己,就等于没有自己。大家都成了技术魔术的道具。身份的错乱必将导致精神的错乱和社会的混乱。

"雷:在虚拟现实中,你可以成为你想成为的任何人。"[③]读到这里,也许你会说:那是虚拟的我,而不是真实的我。可是,"雷:虚拟的东西——是更加真实的"[④]。这就是说,虚拟不仅真实,而且比真实还要真实。可是,究竟哪个我是真实的我?

纳米技术与人工智能技术的结合,必将加快这个进程。库兹韦尔写道:"纳米技术能够提供重建物理世界的工具——包括我们的身体和大脑——一个分子片段接着分子片段,甚至一个原子接着一个原子。我们缩小了技术上的关键特征尺寸,与加速回归定律一致,具有大约每10年4倍线性度量的指数率。以

① [美]雷·库兹韦尔:《奇点临近》,李庆诚、董振华、田源译,北京:机械工业出版社,2011年,第190页。

② [美]雷·库兹韦尔:《奇点临近》,李庆诚、董振华、田源译,北京:机械工业出版社,2011年,第191页。

③ [美]雷·库兹韦尔:《奇点临近》,李庆诚、董振华、田源译,北京:机械工业出版社,2011年,第193页。

④ [美]雷·库兹韦尔:《奇点临近》,李庆诚、董振华、田源译,北京:机械工业出版社,2011年,第192页。

这种速率，到2020年，大多数电子和许多机械制造的关键技术尺寸将会到达纳米技术的范围。”“纳米技术的革命可以彻底使我们以分子的方式来重新设计和组建我们的身体和大脑以及与我们所交互的世界。”①库兹韦尔重视纳米技术，因为纳米计算机可以进入人脑，对人进行重建。

3. 奇点的风险

库兹韦尔积极奔向奇点，又担心走上歧途。他说：“科技是一把双刃剑，在奔向奇点的道路上，与走向奇点的可能一样，我们也很可能会走向岔路，造成令人担忧的后果。甚至在应用新兴技术中很小的延时都会使数百万人继续经受痛苦和死亡。”②

库兹韦尔又很关注纳米技术的风险。纳米机器人有自我复制的功能。“如果没有自我复制功能，纳米技术就既不实际，也不经济。这就是它的症结。但如果因为一个小小的软件问题（由粗心大意或者其他原因引起的）而没有能够阻止自我复制，那会发生什么呢？那我们的纳米机器人数量就会大大超过我们的需要。它们可能吞噬看得见的所有东西。”③如果听任纳米机器人无休止地自我复制，那它就会吞没所有物体，吞没整个宇宙。

更为严重的是，所有的机器人都会应用纳米技术自我复制。“这种前景并不局限于纳米机器人。任何自我复制的机器人都会这样。但是即使是大于纳米机器人的机器人，也可能会利用纳米技术来进行自我复制。但是自我复制的机器人，不论大小，只要违反了（无论是通过恶意的设计还是编程错误）伊萨克·阿西莫夫的三个法则（即禁止机器人伤害其创造者的法则）就可能造成严重的危害。”④

---

① [美]雷·库兹韦尔：《奇点临近》，李庆诚、董振华、田源译，北京：机械工业出版社，2011年，第136页。

② [美]雷·库兹韦尔：《奇点临近》，李庆诚、董振华、田源译，北京：机械工业出版社，2011年，第225页。

③ [美]雷·库兹韦尔：《灵魂机器的时代——当计算机超过人类智能时》，沈志彦、祁阿红、王晓冬译，上海：上海译文出版社，2002年，第164页。

④ [美]雷·库兹韦尔：《灵魂机器的时代——当计算机超过人类智能时》，沈志彦、祁阿红、王晓冬译，上海：上海译文出版社，2002年，第297页。

作为世界著名的发明家、思想家、预言学家，库兹韦尔毫不讳言，实施奇点计划会带来巨大的风险，所以他很关注技术特别是智能技术的利弊问题，并在《灵魂机器的时代》一书中进行了比较详细的讨论。

为了回应"新卢德分子的挑战"，他引述了卡辛斯基的观点。卢德是英国19世纪初带头砸机器的工人，批评技术的人被称为卢德派。库兹韦尔认为卡辛斯基是新卢德分子。

卡辛斯基说："如果所有决定都让机器来做，我们就无法对其结果做出预测，因为我们无法猜测这类机器会如何行动。我们只是要指出，人类的命运将会被机器控制。也许有人会说，人类永远不会傻到把所有权力都交给机器的程度。我们不是指人类会自愿把权力交给机器，也不是指机器会蓄意夺取权力。我们的意思是，人类也许会轻易地滑到依赖机器的地步；到那时，人类将别无选择，只能接受机器做出的所有决定。随着社会及其所面临的问题越来越复杂，机器越来越智能化，人类会让机器做出更多的决定，因为与人类做出的决定相比，机器做出的决定会带来更好的结果。最后，维持系统运转所需的决定会非常复杂，人类将没有能力做出明智的选择。到了那时，机器将把人类置于有效的控制之下。由于对机器的极端依赖，人类将无法关机，因为关机就相当于自杀。"①卡辛斯基叙述了人类被机器统治的过程，指出这不是人类的自愿，而是因为对机器人的"极端依赖"，依赖到最后，只能别无选择。这不是自愿，而是无奈。为什么会依赖？因为机器做出的决定效果更好，即人们一直以为对机器的依赖与日俱增，是利大于弊，最后只能接受机器的统治，开机是接受控制，关机则是自杀。人类为了阶段性的利益，最终导致自主性的丧失，这正是人类驯化野生动物的翻版。

卡辛斯基还提出一个重要的观点：技术的发展将使精英强化对普通大众的控制。"另一方面，人类也可能继续保持对机器的控制。在这种情况下，像汽车或个人计算机这样的私人机器也许仍能受控于普通人。但对大型机器系统的

---

① [美]雷·库兹韦尔：《灵魂机器的时代——当计算机超过人类智能时》，沈志彦、祁阿红、王晓冬译，上海：上海译文出版社，2002年，第206页。

控制将落到极少数精英手中……技术的提高将使精英们进一步控制普通大众；由于不再需要人力劳动，普通大众对系统来说将成为无用的多余负担。如果这些精英冷酷无情，他们也许会干脆决定消灭大多数人类；如果他们人性尚存，他们也许会利用宣传手段、心理方法或生物技术来降低出生率，直到人类所剩无几，世界上只留下他们这些精英。如果精英们当中有心慈手软的自由主义者，他们也许会决定扮演好心的牧羊人的角色……在这样的社会中，这些经过改造的人类也许会非常愉快，但他们绝对不会享有自由。他们将退化为驯服的动物。”①

在一个时期，私人机器仍可由普通大众自己控制，但机器大系统的控制者只能是精英，其结果就是精英进一步控制普通大众。这就是说，随着人工智能技术的发展，普通大众将受到双重统治或两次统治。第一次是被精英控制，第二次是被机器控制。只要社会盛行丛林法则，精英们就不会“心慈手软”。于是普通大众先退化为驯服的动物，然后又退化为机器人的奴隶。

卡辛斯基在谈论技术的利弊时，指出了普通大众与少数精英的矛盾，意义十分深刻。这两种控制有一个共同特点：都先给被控制者一点甜头，淡化其理性。作者曾写过一篇寓言：“狼想吃毛驴，先轻轻舔毛驴的腹部，毛驴闭眼享受，肚皮越舔越薄，毛驴昏昏欲睡……”②这是狼的欺骗。

库兹韦尔对卡辛斯的观点基本持否定态度。“他说出了自己的基本断言，即技术‘弊大于利’。这倒不是什么疯狂的论调，但这正是我们的分歧所在。我的意思并不是指技术进步会自然而然地带来好处。可以想见，人类最终会对技术发展的道路感到遗憾。尽管风险是实实在在的，我的基本信条是，技术发展的潜在好处值得我们去冒险。”③为什么值得去冒险？因为他认为技术的利远大于弊，巨大的利益实在是太诱惑人了。

---

① [美]雷·库兹韦尔：《灵魂机器的时代——当计算机超过人类智能时》，沈志彦、祁阿红、王晓冬译，上海：上海译文出版社，2002年，第206—207页。
② 林德宏：《哲理随笔·五彩树》，南京：南京大学出版社，1999年，第118—119页。
③ [美]雷·库兹韦尔：《灵魂机器的时代——当计算机超过人类智能时》，沈志彦、祁阿红、王晓冬译，上海：上海译文出版社，2002年，第218页。

库兹韦尔还说:“在21世纪,卢德分子问题将会从担心人类生活水平扩大到担心人类的本质。然而,卢德运动在21世纪的发展不会超过前两个世纪,因为它缺少行之有效的行动方案。”①“西奥多·卡辛斯基(我曾在上文中引用过他名为《工业化社会及其未来》的所谓‘反技术宣言’)倡导向人类本质的简单回归。他不是在谈论重游19世纪的瓦尔登湖,而是要人类丢弃所有的技术,重返质朴的时代。尽管他举了一个引人注目的事例来说明伴随工业化而来的危险和危害,他所提出的观点既没有说服力,也缺乏可行性。毕竟地球上已没有多少自然可供人类回归了,因为人口太多。不管技术是好是坏,我们离不开它。”②库兹韦尔指出,卡辛斯基对技术的批判已从担心人类的生活水平,发展到担心人类的本质,即担心人类在技术发展中丧失其本质,关系到人类的尊严。这表明卡辛斯基的批判逐步深入。但他认为,卡辛斯基的观点既无说服力,又缺乏可行性。是的,对于热衷于技术疯狂的人来说,的确没有说服力,更不可能调整自己的行为。库兹韦尔关于部分约束技术的方案,也很难说行之有效。地球上的天然自然早已被人工自然大量吞噬,的确也很难回归了,这就是技术发展的不归之路。库兹韦尔引用别人的话说:“骑上野象的人只能跟着野象走。”③技术发展至今,人类已骑虎难下,无论技术是好是坏,已由不得自己了,只好听之任之,把自己的命运交给这头疯狂的野象。

库兹韦尔知道技术有“坏”的一面,例如他认为智能机器人的本性是恶。请看关于“机器人”的对话。“甲:现在还有个困扰我的问题:那些厉害的、能无休止地自我复制的纳米机器人。我们最终会有数量极其巨大的纳米机器人。等它们把我们收拾掉之后,它们就要开始自相残杀了。”“乙:有这个危险。”“我仍

---

① [美]雷·库兹韦尔:《灵魂机器的时代——当计算机超过人类智能时》,沈志彦、祁阿红、王晓冬译,上海:上海译文出版社,2002年,第209页。

② [美]雷·库兹韦尔:《灵魂机器的时代——当计算机超过人类智能时》,沈志彦、祁阿红、王晓冬译,上海:上海译文出版社,2002年,第210页。

③ [美]雷·库兹韦尔:《灵魂机器的时代——当计算机超过人类智能时》,沈志彦、祁阿红、王晓冬译,上海:上海译文出版社,2002年,第238页。

觉得更大的危险来自居心叵测的使用者。”[1]纳米机器人将来必然会“收拾”我们,然后它们就“自相残杀”,其本性何其恶也。难怪库兹韦尔有“恶毒的纳米机器人”“杀气腾腾的纳米机器人”[2]等说法。智能机器人的本性如何,是否会蓄意作恶,这是思考人机关系的一个基本问题,如果智能机器人的本性中有恶,它们就会以人类为敌并相互为敌,对此我们必须保持清醒的头脑。

库兹韦尔特别强调纳米机器人威胁。他说:“21世纪的前半叶将描绘成三种重叠进行的革命——基因技术(G)、纳米技术(N)和机器人技术(R)。这将预示着第1章所提及的第五纪元的到来——奇点的开端。”“纳米革命将使我们可以重新设计和重构(以分子为单位)人类的身体和大脑,以及与人类休戚相关的世界,并且可以突破生物学极限。即将来临的最具威力的革命,要数机器智能革命,具有智能的机器人脱胎于人类,经过重新设计后,将远远超过人类所拥有的能力。R代表最为重大的变革,因为智能是宇宙中最强大的力量。如果智能足够先进的话,那么它将有能力预测并克服前进道路上的一切障碍。”[3]智能有能力“预测并克服”一切困难,这话过于乐观了,而且同奇点的特性相悖。奇点本身就意味着不可预测和不可控制。

他接着说:“然而,每次革命在解决先前的诸多问题的同时,也会引起新的风险。基因革命将会克服顽疾、防止衰老,但同时,也带来了新生物工程中病毒所引发的潜在威胁。一旦纳米技术得到充分发展,那么运用该技术将使人类免于生物学上的危害。但是,它可能引发自我复制的危险,这比任何生物学上的危害都更为猛烈。我们可以通过充分发展机器人技术,从这些危害中解救自身,可又有什么能保护我们免遭这种超越了人类智能的机器人的侵袭呢?”[4]是

① [美]雷·库兹韦尔:《灵魂机器的时代——当计算机超过人类智能时》,沈志彦、祁阿红、王晓冬译,上海:上海译文出版社,2002年,第181页。

② [美]雷·库兹韦尔:《奇点临近》,李庆诚、董振华、田源译,北京:机械工业出版社,2011年,第247页。

③ [美]雷·库兹韦尔:《奇点临近》,李庆诚、董振华、田源译,北京:机械工业出版社,2011年,第123页。

④ [美]雷·库兹韦尔:《奇点临近》,李庆诚、董振华、田源译,北京:机械工业出版社,2011年,第123页。

的，我们有什么办法使人类免遭智能机器人的侵袭？看来我们无计可施、无能为力、无可奈何。

库兹韦尔充满忧虑地写道："20世纪有着许多非凡的成就，同时我们也看到技术所拥有的可怕的能力也放大了我们的毁灭性。2001年'9·11'惨案是一个例子，技术（飞机和建筑物）被拥有破坏计划的人所利用。我们现在生活的世界拥有巨大数量的核武器（还并不是所有），足以结束星球上所有生灵的生命。""20世纪80年代以来，一个普通的学院生物工程实验室就有手段和知识可以制造出恶意的病原体，这些病原体很可能比核武器更加危险。""生物——包括人类——将会成为以指数方式大量传播的纳米机器人攻击的首要受害者。""一个失控的正在自我复制的纳米机器人需要多久才能够摧毁地球上的生物质？生物质碳原子秩序的数量级为10^{45}。一个能够复制的纳米机器人中碳原子数目的合理估计大约是10^{6}。""这种恶毒的纳米机器人将需要创建10^{39}个自己的副本来取代生物质，这可以通过130次复制来完成（每一次都可能加倍破坏生物质）。罗伯·弗雷塔斯估计复制最少需要约100秒的时间，因此130个复制周期需要约3个半小时。"①普通的生物实验室都可以制造的病原体，可能比核武器更危险。纳米机器人只要几个小时就可以毁灭地球上的所有生物质。请注意库兹韦尔的两个提法："恶意的病原体""恶毒的纳米机器人"，这岂不是说有恶的技术？

我们能避开危险，逃脱毁灭吗？库兹韦尔说："由于智能天生无法控制，所以用来控制纳米技术的很多战略对人工智能不起作用。"②他引述了奥格登·纳什的话："进步一开始还是正确的，但现在已经失控了。"③智能是天生无法控制的，人工智能尤其如此，失控是注定要发生的，并已经发生。面对越来越失控的局势，我们的出路在哪里？我们有出路吗？

---

① [美]雷·库兹韦尔：《奇点临近》，李庆诚、董振华、田源译，北京：机械工业出版社，2011年，第241—242页。

② [美]雷·库兹韦尔：《奇点临近》，李庆诚、董振华、田源译，北京：机械工业出版社，2011年，第247页。

③ [美]雷·库兹韦尔：《奇点临近》，李庆诚、董振华、田源译，北京：机械工业出版社，2011年，第237页。

库兹韦尔又引述了比尔·乔伊的话：“我们正被推入这个新世纪，没有计划，没有控制，没有刹车……我觉得唯一现实的选择就是放弃：限制我们人类对于某种知识的追求，从而限制那些太过危险的技术的发展。”①比尔·乔伊所说的“放弃”，其实是限制。

关于这个问题，库兹韦尔有比较详细的论述，值得我们关注。

他指出，在技术发展中希望和危险并存。“现在我们不需要往回看，就能看到技术进步所带来的深度纠缠的希望和危险。”技术危险比过去更加严重。“战争的‘NBC’(核、生物、化学)技术已全部被使用或即将被使用。更为强大 GNR 技术会给我们带来新的深刻的生存危机。如果说过去我们担心的是通过修改基因而制造病原体，后来担心的是通过纳米技术自我复制实体，那么现在我们所担心的是遭遇那些智能与我们相当，并将最终超越我们的机器人。这样的机器人可能是很好的助手，但是谁敢说我们能指望它们与生物人始终保持友好的关系?”②智能机器人最终会超越我们人类，已成为对人类的最主要的威胁。这是一个很重要的判断。由此可见库兹韦尔的头脑还是清醒的。

“当人们考虑未来技术的影响时经常会审视 3 个阶段：首先是敬畏并惊叹于其克服问题的潜能；然后是害怕新技术带来一系列新危险的恐惧感；最后是认识到唯一可行和负责任的道路就是精心设计一种发展路线，既能实现好处，又能控制危险。”③这是两全其美的路线，这个愿望的确美好，无人反对。但问题是如何实现这个梦想?

他反对放弃技术进步。“不断减轻人类痛苦是技术持续进步的主要动力。同样起推动作用的是明显地增加经济收益，在未来的几十年中收益将持续增加。许多综合技术的持续加速度发展打造了很多条黄金之路。(在这里我强调的是很多，因为技术显然不是仅有的路径。)在竞争激烈的环境中，经济必须走

---

① [美]雷·库兹韦尔：《奇点临近》，李庆诚、董振华、田源译，北京：机械工业出版社，2011 年，第 237 页。
② [美]雷·库兹韦尔：《奇点临近》，李庆诚、董振华、田源译，北京：机械工业出版社，2011 年，第 247 页。
③ [美]雷·库兹韦尔：《奇点临近》，李庆诚、董振华、田源译，北京：机械工业出版社，2011 年，第 247 页。

这些道路。放弃技术进步对于个人、公司和国家都等同于经济自杀。"①他提出不能放弃技术进步的两点理由:其一,创收,谋取经济收益;其二,竞争,别人的车子正踏足油门,尽量增速,你却要刹车,那只能被淘汰出局。两个理由本质上是一个:巨大经济利益的驱动,而技术的本性就是求利,所以放弃技术进步是根本不可能的。

他说:"举世闻名的'炸弹客'特德·卡钦斯基希望我们放弃所有的技术。这既不可取也不可行。只有卡钦斯基才会提出这种毫无意义、毫无价值的策略。"②库兹韦尔不同意全部放弃,但主张部分放弃,有选择的适当放弃。

但是,放弃哪些技术呢?放弃纳米技术?这也不行。他说:"放弃的另一个层次是放弃某些特定领域(例如纳米技术,人们认为这种技术太过危险)。但是,这样清扫式的放弃同样站不住脚。正如我们前面指出的,纳米技术是所有技术微型化的长期趋势的必然结果。这远不是单一的集中的努力,而是无数具有不同目标的项目所共同追求的。"③这就是说,纳米技术牵涉到许多不同领域的技术,牵一发而动全身,放弃纳米技术,就是全面放弃技术。

库兹韦尔还引述了一位观察家的话:"工业社会不能改革的一个深层原因就是——现代科技是一个统一的系统,其中的各个部分彼此依赖,你不能去掉技术'坏'的部分而只保留'好'的部分。"④工业社会的技术已成为一个体系,局部不能离开整体,所有的部分放弃都会影响到技术的整体。此外,技术中的好与坏也不可分离,但如果由此认为取消了技术的负面作用,也就等于放弃了技术的正面作用,这是值得商榷的。

库兹韦尔提出"防御不友好的强人工智能",这是一个很积极的想法。但是

---

① [美]雷·库兹韦尔:《奇点临近》,李庆诚、董振华、田源译,北京:机械工业出版社,2011年,第247—248页。

② [美]雷·库兹韦尔:《奇点临近》,李庆诚、董振华、田源译,北京:机械工业出版社,2011年,第248页。

③ [美]雷·库兹韦尔:《奇点临近》,李庆诚、董振华、田源译,北京:机械工业出版社,2011年,第248页。

④ [美]雷·库兹韦尔:《奇点临近》,李庆诚、董振华、田源译,北京:机械工业出版社,2011年,第248页。

他马上又说:"本质上不存在能对抗强人工智能的绝对保护措施。……强大的人工智能正随着我们的不懈努力而深入到我们人类文明的基础设施中。事实上,它将紧密嵌入到我们的身体和大脑中。正因为这样,它反映了我们的价值观,因为它将成为我们。试图通过秘密的政府计划控制这些技术,以及不可避免的地下开发,只会营造不稳定的环境,而且可能使危险应用占主导地位。"①强人工智能也很难控制。

当然,库兹韦尔也提到"放弃那些能在自然环境中自我复制的物理实体的研发","禁止那些包含自我复制代码的物理实体进行自我复制"②。但是这些放弃能实现吗?

他还谈到了防御。"技术仍将是一把双刃剑。它象征着用于所有人类目的的巨大力量。GNR将会提供办法克服自古就存在的一些问题,如疾病和贫困,但也可能被这破坏性意识形态利用。我们除了加强防御之外别无选择,因为我们可以运用这些飞速发展的技术来推动人类的价值观,尽管对这些价值观人们明显缺乏共识。"③但防御会有什么效果呢?也不容乐观。"防御不友好的强人工智能。即使是像广播体系这样有效的机制也不能对抗强人工智能的滥用。广播体系设置的障碍只对缺乏智能的纳米工程实体起作用。然而,智能实体显然具有足够的智能,可以轻易克服这些障碍。"④

库兹韦尔写道:"处理滥用科技。考虑到科技能减轻疾病、摆脱贫困、清理环境,那从广泛的妥协是和经济的发现相违背的,在道德上也不正确。如前所述,这只会加剧危险。"⑤"广泛的妥协"应当是指"广泛的放弃"。他谈到了技术

---

① [美]雷·库兹韦尔:《奇点临近》,李庆诚、董振华、田源译,北京:机械工业出版社,2011年,第252—253页。

② [美]雷·库兹韦尔:《奇点临近》,李庆诚、董振华、田源译,北京:机械工业出版社,2011年,第249页。

③ [美]雷·库兹韦尔:《奇点临近》,李庆诚、董振华、田源译,北京:机械工业出版社,2011年,第255页。

④ [美]雷·库兹韦尔:《奇点临近》,李庆诚、董振华、田源译,北京:机械工业出版社,2011年,第252页。

⑤ [美]雷·库兹韦尔:《奇点临近》,李庆诚、董振华、田源译,北京:机械工业出版社,2011年,第249页。

的三大成就:减轻疾病、摆脱贫困、清理环境;又指出“广泛放弃”的三大弊端:违背经济发展、道德错误、加剧危险。这话可被视作他的结论。

库兹韦尔深知技术是把双刃剑,对此他也忧虑。他不同意完全放弃技术进步,这是对的,因为这不可能,更不应当。他主张有选择的、适当的放弃,这个想法并不错,但对此似乎也缺乏信心。我们认为他的见解有一定的意义,但他并未给我们指出解决问题的根本途径。也许这样的途径根本就不存在。他说的“奇点”,指技术发展越快,就越接近奇点,是 2049 年,还是 2029 年? 总之,已迫在眉睫。奇点意味着技术的发展更加难以预测和控制,那风险也就越来越大。如何摆脱危机,难道走向奇点之路是条不归之路?

人类与技术能协调、同步发展吗? “人类与技术发展保持同步的唯一方法就是:从我们创造的计算机技术中获取更大的能力,也就是使人类同技术融合在一起。”①人类的自我完善与技术的发展应当同步,这当然是天经地义的。但如何保持“同步”? 他认为唯一的途径就是人机融会为一体。这不是“同步”,而是“同体”。人技一体就是人机一体,实际上就是技术一体,机器一体,技术定于一尊,人被“同步”了,即人被彻头彻尾、彻里彻外技术化,成为技术的作品、技术的附庸、技术的一个零件。

“甲:今天的技术非常强大。如果出现差错,情况很快就会失控。例如,就生物工程而言,我们这 100 亿人就像站在齐膝深的可燃液体中,就等着有人来划火柴了。”②谁会划火柴呢? 是“冷酷无情的精英”? 是“居心叵测的使用者”? 难道人人都可能成为纵火者?

库兹韦尔一边说“反对技术进步似乎也非明智之举”,一边又说“到时我们只好都成为悲观主义者了”③。他的思想是矛盾的,对疯狂的智能技术,既担心,又舍不得。既说是不归之路,又要往前走。

---

① [美]雷・库兹韦尔:《灵魂机器的时代——当计算机超过人类智能时》,沈志彦、祁阿红、王晓冬译,上海:上海译文出版社,2002 年,第 209 页。

② [美]雷・库兹韦尔:《灵魂机器的时代——当计算机超过人类智能时》,沈志彦、祁阿红、王晓冬译,上海:上海译文出版社,2002 年,第 254—255 页。

③ [美]雷・库兹韦尔:《灵魂机器的时代——当计算机超过人类智能时》,沈志彦、祁阿红、王晓冬译,上海:上海译文出版社,2002 年,第 99 页。

4. 奇点与智能哲学观

库兹韦尔的奇点理论,具有丰富的哲学蕴含。有人说,他从哲学、科学、技术、艺术等方面构建了他的理论。那么,他在哲学上提出了哪些观点呢? 他的哲学思考是围绕智能进行的,他提出了智能哲学观。

(1) 智能进化是宇宙中最重要的事件

什么是智能? 他说:“人生的目标也许是求得生存。”“所谓智能就是能够最优化地利用有限的资源——包括时间——去实行上述目的。”①他把智能视作人类的生存能力,在这个背景下思考智能。他说他最欣赏这样一种说法:“智能就是在一件原本认为杂乱无章的事情中发现规律的能力。”②他还说:“智能产品也许更加设计巧妙、构思新颖。”③这表明,他认为智能是发现和设计的能力。

智能有其演化的过程,他甚至认为智能的演化是宇宙中最重要的事件。“显然没有一个简单的公式能参透宇宙中最重大的现象:智能的复杂而神秘的演化过程。”④他把进化的历史划分为六个纪元,分别叙述了宇宙中发生的诸如宇宙大爆炸、物质粒子的出现、生命的演化、人类的出现以及技术的演化。他认为最重要的演化是智能的演化,其意义甚至超过技术的进化。言外之意,智能在宇宙中的意义高于物质、能量、生命,也高于技术。“我从生物和技术两方面,将进化的历史概念划分为六个纪元。”⑤两个方面实际上是自然进化与技术进化两大阶段。前者产生了人脑智能,后者产生了人工智能。第一纪元是物理与化学进化,从宇宙大爆炸开始。第二纪元出现了生物。第三纪元是人脑出现,即人脑智能产生。自然进化到此告一段落。第四纪元是技术的进化。与生物

---

① [美]雷·库兹韦尔:《灵魂机器的时代——当计算机超过人类智能时》,沈志彦、祁阿红、王晓冬译,上海:上海译文出版社,2002年,第82页。

② [美]雷·库兹韦尔:《灵魂机器的时代——当计算机超过人类智能时》,沈志彦、祁阿红、王晓冬译,上海:上海译文出版社,2002年,第82页。

③ [美]雷·库兹韦尔:《灵魂机器的时代——当计算机超过人类智能时》,沈志彦、祁阿红、王晓冬译,上海:上海译文出版社,2002年,第82页。

④ [美]雷·库兹韦尔:《灵魂机器的时代——当计算机超过人类智能时》,沈志彦、祁阿红、王晓冬译,上海:上海译文出版社,2002年,第83页。

⑤ [美]雷·库兹韦尔:《奇点临近》,李庆诚、董振华、田源译,北京:机械工业出版社,2011年,第5页。

智能进化相比,技术进化的速度非常之快。最高级哺乳动物的大脑每隔几十万年才增长大约一立方英寸,而计算机容量几乎每年都会翻一番。第五纪元,人脑智能与人工智能结合,奇点出现。"第五纪元将使我们的人机文明超越人脑的限制。"①第六纪元是宇宙的觉醒。"在奇点之后,来自人类原始大脑的生物和技术的智能,将在物质和能量上开始饱和。为了达到宇宙觉醒这一阶段,需要为最优级别的计算重新组织物质和能量,继而将这种最优的计算由地球推广至宇宙。"②"计算"即人工智能,"重新组织物质和能量",就是把智能注入物质和能量。

他指出人工智能进化的速度远远超过人脑智能,这具有十分重要的意义。"我们正在创造的机器智能最终将超过其创造者(即人类)的智能。这种情况今天尚未发生,但正如本书中所说,很快就会出现——从进化的角度,或者从人类历史的观点来看,在本书的大多数读者的有生之年,会看到这一点。收益递增律预言了这种趋势。这一定律还进一步预言,人类创造智能机器的能力只会继续加速。人类创造智能机器的技术是进化过程自身加速的另一个例子。进化创造了人类智慧。现在人类智能正在以更快的速度设计智能机器。另一个例子是,我们的智能技术终将自己控制制造出比它自己更智慧的机器。"③既然如此,那人工智能与人脑智能在功能、作用、意义方面不可同日而语,完全不在一个层次上。从人脑智能到人工智能是一次伟大的革命。

"奇点将随着第五纪元的到来而开始,并于第六纪元从地球拓展到全宇宙。"④往后我们会看到,将来扩展到全宇宙的是智能。由此可见,库兹韦尔所说的智能主要指人工智能,他所说的奇点,指的也是人工智能,包括人工智能的

① [美]雷·库兹韦尔:《奇点临近》,李庆诚、董振华、田源译,北京:机械工业出版社,2011年,第9页。

② [美]雷·库兹韦尔:《奇点临近》,李庆诚、董振华、田源译,北京:机械工业出版社,2011年,第9页。

③ [美]雷·库兹韦尔:《灵魂机器的时代——当计算机超过人类智能时》,沈志彦、祁阿红、王晓冬译,上海:上海译文出版社,2002年,第50页。

④ [美]雷·库兹韦尔:《奇点临近》,李庆诚、董振华、田源译,北京:机械工业出版社,2011年,第5页。

性质、状况和观点，这对我们理解他的观点至关重要，他的智能哲学是人工智能哲学的简称。

（2）智能注入万物之中

库兹韦尔实际上把智能（人工智能，下面不再重复指出）理解为类似于物质、能量的一种特殊的存在。它具有独立性，能自我复制、自我增长、自我优化，并能在时间和空间中转移。智能能渗透到各种物质的内部。他这样理解，也有一定的根据。例如，把智能注入普通手机，就制造出了智能手机。

智能注入物质，这是奇点的必然。他写道：“奇点是一种超越。”“奇点指出，发生在物质世界里的事件不可避免地也会发生在进化过程中，进化过程开始于生物进化，通过人类直接的技术进化而扩展。”①物质世界也有进化，如生物的进化，人工智能技术把进化扩展到所有的物体。广义的进化经历了三个阶段：生物进化——技术进化——物质进化（泛物质进化，最后导致宇宙的进化）。

物质的进化是通过物质获得智能实现的，他说这是对自然能量形式的超越，超越意味着形式的改变，从自然能量改变为智能能量。“‘超越’意味着‘超出一定的范围’，但这不需要强迫我们接收二元论的主张；超出世界的现实（例如精神）层面。借助形式的力量，我们可以‘超越’‘普通’的能量。虽然我被称为唯物主义者，但我把我自己称为‘形式主义者’。它穿过了我们已超越的自然能量形式。尽管我们制造的东西会很快消耗掉，但形式的超越能量是持续存在的。”②超越“普通的能量”，即超越了“自然能量形式”，或对物质能量形式的超越。所以智能是一种特殊的能量形式。我们制造的物体会消失，但蕴含在其中的“形式的超越能量”却依然存在，可见它是一种可以脱离物体的独立存在，它可以存在于物体之外，并可以继续在时空中转移。

库兹韦尔自称是形式主义者，那他对形式是怎么理解的？“进化关系到形式，进化就是进化过程中形式的深度与顺序的改变。”“正是形式的持续与能量

---

① [美]雷·库兹韦尔：《奇点临近》，李庆诚、董振华、田源译，北京：机械工业出版社，2011年，第234页。

② [美]雷·库兹韦尔：《奇点临近》，李庆诚、董振华、田源译，北京：机械工业出版社，2011年，第235页。

支持了生命和智慧。形式比构成它的物质重要得多。”①形式由物质构成，但形式的意义高于物质。进化就是形式的改变。进化并未改变物质的组成成分，而是改变了物质组成的结构即形式。因此他自称是形式主义者。

一般说来，形式指排列和结构的方式。库兹韦尔也是这样理解的。他说，当帆布上的线条以某种合理的方式排列时，它们就从物质材料升华为艺术；当声音以合理顺序排列时，它们就是音乐。人工生命主要创始人兰顿认为“生命的本质不在于物质，而在于物质的形式。或者说，生命不是‘物’，而是‘物’的结构方式”②。按这种理解，生命不需要特定的物质载体，任何物质只要具有生命的形式，就是有生命的物体。兰顿说：“我们唯一的选择是自己合成其他生命形式——人造生命，即由人而不是大自然创造的生命。”③库兹韦尔对形式的理解，同兰顿相近。兰顿认为人合成了生命的新形式，那在库兹韦尔看来，改变物质形式的动力是智能。所以他自称的形式主义者，就是智能主义者。他认为形式的意义高于物质，就是主张智能的意义高于物质。

库兹韦尔也认为智能物质不需要特定的物质成分，任何物体都可以吸取智能，从而成为智能物质。他说：“我们可以说，意识和生命实体并非是特定物质的基本单元的一种功能，因为它们是在不断变化的……我们不应把自己的生命实体看成是基本粒子的特定组合，而是我们所显示的物质和能量的模式。”④

智能如同形式，可以流动、转移、扩展，并广泛渗透到物质能量之中。“智能沉浸在对它有用的物质与能量中，它将愚蠢的物质变成了聪明的物质。尽管聪明的物质仍然名义上遵循物理定律，但是它如此突出的智能使得它可以掌握定律中最微妙的方面，以它的意愿操控物质和能力。所以，智能至少在表面上比物理更为强大。……也就是说，一旦物质进化为聪明物质（完全渗透着智能过

---

① [美]雷·库兹韦尔：《奇点临近》，李庆诚、董振华、田源译，北京：机械工业出版社，2011年，第235页。

② 林德宏：《科学思想史》，南京：南京大学出版社，2020年，第430页。

③ [美]埃德·里吉斯：《科学也疯狂》，张明德、刘青青译，北京：中国对外翻译出版公司，1994年，第176页。

④ [美]雷·库兹韦尔：《灵魂机器的时代——当计算机超过人类智能时》，沈志彦、祁阿红、王晓冬译，上海：上海译文出版社，2002年，第58—59页。

程的物质)，它就可以操作其他物质和能量来执行它的命令(通过适当强大的设计)。”①他认为智能可注入万物之中，无智能的物体获得了智能后，使其成为智慧物体。智能便成为这个物体的控制者，并能操纵别的物体。这已超越了物理定律。这就是智能的神奇功能。

(3) 智能使宇宙觉醒

智能物体在操纵别的物体时，就把智能传给了这些物体。于是地球上的智能物体越来越多。然后，智能就必然会向别的天体扩张。“向太阳系以外扩张。当我们将智慧扩展到太阳系以外时，这将以什么速度进行？扩展不会以最大速度开始；它很快会达到一个与最大速度(光速或更高)没有什么差别的速度。”②

智能在太空中扩散的速度越来越快，可以达到光速，甚至超过光速，最终会扩张到全宇宙。他说，智能扩散至整个宇宙所需的时间，取决于光速是否是一个不可改变的限制。目前一些模糊的证据表明可能不存在这种限制，如果限制不存在，未来人类文明的巨大智能将会被进一步开拓。“我们可以在22世纪末将智能渗透到整个宇宙。”③“最终，整个宇宙将充盈着我们的智慧。这便是宇宙的命运。人类将决定自己的命运，而不是像机械力学支配天体力学那样，由目前的‘非智能’来决定。”④智能不仅决定人类的命运，而且决定宇宙的命运。

库兹韦尔说，他在《灵魂机器的时代——当计算机超过人类智能时》一书中，已提出了这个看法，并引述了该书的结尾：“宇宙的命运是一个尚未做出的决定，当时间合适的时候我们将理智地考虑它。”⑤1999年他出版这本书时，

① [美]雷·库兹韦尔：《奇点临近》，李庆诚、董振华、田源译，北京：机械工业出版社，2011年，第220页。

② [美]雷·库兹韦尔：《奇点临近》，李庆诚、董振华、田源译，北京：机械工业出版社，2011年，第213页。

③ [美]雷·库兹韦尔：《奇点临近》，李庆诚、董振华、田源译，北京：机械工业出版社，2011年，第221页。

④ [美]雷·库兹韦尔：《奇点临近》，李庆诚、董振华、田源译，北京：机械工业出版社，2011年，第14页。

⑤ [美]雷·库兹韦尔：《奇点临近》，李庆诚、董振华、田源译，北京：机械工业出版社，2011年，第218页。参见《灵魂机器的时代——当计算机超过人类智能时》第301页及另一个译本《机器之心》，胡晓姣、张温卓玛、吴纯洁译，北京：中信出版社，2016年，第334页。

还未说得很明确，可是在2005年出版的《奇点临近》中，就有了比较系统的论述。

“已经到了临界点：在21世纪，我们就能够通过自我复制的非生物智能将我们的智能注入太阳系中。那时，它将会扩散到宇宙的其他部分。”“正如我的理解，宇宙的宗旨反映了与我们生命一样的宗旨：向更高级的智能和知识发展。”①如同生命的进化一样，宇宙也在不断地进化。智能是宇宙进化的动力。“即使我们被限制在已认知的宇宙中，用智能充满宇宙中全部的物质热能量仍然是我们的终极命运。”②在他看来，这种智能宇宙现已超越了我们现在所认识的宇宙。

在这个基础上，库兹韦尔提出了一个极其具有新意的哲学观点：“智能比宇宙更强大。”③“智能是宇宙中最强大的力量。如果智能足够先进的话，那么它将有能力预测并克服前进道路上的一切障碍。”④智能能克服一切障碍，实现自己的目标。它势不可挡，无所不能。

“第六纪元：宇宙觉醒。……人类文明将向宇宙其他文明注入创造力和智能，其速度的快慢将取决于文明的永恒性。无论如何，‘无智能’物质和宇宙机制将转变为精巧且具有高级形式的智能，这将在信息模式演变过程中构成第六纪元。”“这便是宇宙和奇点的命运。”⑤奇点的宇宙注入了智能，奇点的命运就是宇宙的命运。

智能对宇宙的创造力会有多大呢？它可以重新设计宇宙，制造新的宇宙。

“一旦在一个行星上产生了一个技术创造物种，并且该物种创造了计算（正

---

① [美]雷·库兹韦尔：《奇点临近》，李庆诚、董振华、田源译，北京：机械工业出版社，2011年，第225页。

② [美]雷·库兹韦尔：《奇点临近》，李庆诚、董振华、田源译，北京：机械工业出版社，2011年，第221页。

③ [美]雷·库兹韦尔：《奇点临近》，李庆诚、董振华、田源译，北京：机械工业出版社，2011年，第220页。

④ [美]雷·库兹韦尔：《奇点临近》，李庆诚、董振华、田源译，北京：机械工业出版社，2011年，第123页。

⑤ [美]雷·库兹韦尔：《奇点临近》，李庆诚、董振华、田源译，北京：机械工业出版社，2011年，第9—10页。

如这里发生的),几个世纪之后,它就会渗入它周围的物质和能量中,并且它开始至少以光速的速度(通过一些规避此限制的建议)向外扩张。这样的文明将克服重力(通过微妙且强大的技术)和宇宙中其他类型的力——或者完全准确地说,它将调动和控制这些力,并且按照它的想法来设计宇宙。这是奇点的目标。"①智力本身已威力无穷,它还能调动和控制宇宙中其他的各种力,所以它不会限于设计宇宙,它必然会创造新的宇宙。

"如果有可能设计新宇宙,并与它们建立连接,这会为智能文明的持续扩张提供更进一步的手段。格莱德纳的观点是,智能文明在创建新宇宙的问题上的影响依赖于设定的婴儿宇宙的物理定律和常数。但是像这种文明中强大的智能可能会更为直接地想出一种办法,以使它能将自己的智能拓展到一个新宇宙上。当然,超出这个宇宙去传播我们的智能的想法是推测,因为没有一个多元宇宙允许从一个宇宙到另一个之间的通信,除了传播基本的法则和常数。"②智能创造了新宇宙后,我们宇宙的智能就可以传播到新的宇宙。虽然按现在的多元宇宙的看法,多元宇宙是平行宇宙,不可能有任何信息的交流,但这并不妨碍库兹韦尔去想象。他说这是一种推测,这并不奇怪,因为多元宇宙的存在,这本身就是猜测。制造新宇宙、多宇宙,至此智能的威力已到了极限,不可能想象它还有什么更伟大的创造了。"进化会无情地向着上帝概念发展。"③是谁在扮演上帝的角色呢?是无所不在、无所不能、主宰万物、主宰宇宙的智能。

库兹韦尔写道:"人们对计算机智能的潜在感觉(即意识)进行了认真推测;计算机越来越明显的智能已引起人们对哲学的兴趣。"④严格说来,他的智能观

① [美]雷·库兹韦尔:《奇点临近》,李庆诚、董振华、田源译,北京:机械工业出版社,2011年,第220页。

② [美]雷·库兹韦尔:《奇点临近》,李庆诚、董振华、田源译,北京:机械工业出版社,2011年,第221页。

③ [美]雷·库兹韦尔:《奇点临近》,李庆诚、董振华、田源译,北京:机械工业出版社,2011年,第235页。

④ [美]雷·库兹韦尔:《灵魂机器的时代——当计算机超过人类智能时》,沈志彦、祁阿红、王晓冬译,上海:上海译文出版社,2002年,第234页。

并不是科学理论，而是一种哲学观点。或者说，这既是科学想象，又是哲学想象。他有哲学兴趣，这是他的智能观有哲学意味的原因。万物皆有智能，宇宙充满智能，智能可以设计、控制和创造宇宙，这必然要引起哲学的追问。

库兹韦尔关注哲学的重点，是智能与意识的关系。

那么，什么是意识？他认为这是一个很复杂的问题。他在《灵魂机器的时代——当计算机超过人类智能时》中，叙述了五个学派的观点。其中第四个学派认为意识是一种另类物质。“我们遇到各种各样的当代哲学理论，它们把意识看作是世界上的另一种基本现象，像基本粒子和力一样。我把这派观点称作‘意识是一种另类物质’派。……这派观点将意识置于物质世界之上，它常常衍生出自相矛盾又不能证实的‘复杂的神秘论’。如果它坚持单纯的神秘论，倒是可以提供有限的客观看法，虽然主观的看法又是另一回事（我得承认，我相当喜欢单纯的神秘论）。”[①]意识是一种特殊存在，它置于物质世界之上。这样理解的意识，同库兹韦尔的智能是何等的相似。这表明他认为意识如同基本粒子和力（物质和能量）一样，是一种具有独立性的普遍存在。

“显然，物质、能量和意识这三者是难分难解的。”[②]他说到了一元宗教观、二元论，其实他主张的是三元论的宇宙观：宇宙由物质、能量和意识这三大要素构成的，而意识的意义高于物质与能量，这又颇像意识一元论。而从库兹韦尔关于智能的种种表述来看，唯有智能能同物质、能量相提并论。

他还用量子力学哥本哈根学派的观点来理解意识。“‘主观’其实是‘意识’的另一种说法。”[③]“雷：事实上，除了我的思想外，我不确信任何物质的存在。”[④]“从光的二元论假设中，量子力学发现了物质与意识之间的一个基本关

① [美]雷·库兹韦尔：《灵魂机器的时代——当计算机超过人类智能时》，沈志彦、祁阿红、王晓冬译，上海：上海译文出版社，2002年，第66页。

② [美]雷·库兹韦尔：《灵魂机器的时代——当计算机超过人类智能时》，沈志彦、祁阿红、王晓冬译，上海：上海译文出版社，2002年，第69页。

③ [美]雷·库兹韦尔：《灵魂机器的时代——当计算机超过人类智能时》，沈志彦、祁阿红、王晓冬译，上海：上海译文出版社，2002年，第71页。

④ [美]雷·库兹韦尔：《奇点临近》，李庆诚、董振华、田源译，北京：机械工业出版社，2011年，第236页。

系。基本粒子显然不会形成意识，它们无意识地乱窜；直到有意识的观察者通过观察迫使它们有目的地流动。我们也许可以这样说，回顾来看，基本粒子似乎并不实际存在，除非直到我们注意到它们存在。”①“所谓客观现实其实就是观察整个过程的局外人看到的现实。”②这些看法的确不宜称为传统的唯物主义。

计算机有智能，但是它有意识吗？这个问题涉及智能与意识的关系。美国的哲学家约翰·塞尔被库兹韦尔称为是唯物主义者。“杰出的哲学家约翰·塞尔深受他的追随者喜爱，他们坚信人类意识十分神秘，并且坚定抵制像我这样的‘强大人工智能还原论者’将人类意识平凡化。”③他自称是“强大人工智能还原论者”，认为古人的意识也可以还原为平凡的存在，人类意识并不神秘，如此说来意识与智能均可还原。

“目前，塞尔反对计算机有意识的部分立场认为，现在的计算机只是看起来没有意识。它们的行为是靠不住的、公式化的，甚至它们有时还不可以预测。但正如我前面指出的，今天在计算机上即使进步了一万倍，也远远比不上人类的大脑，至少有一个原因，它们不具备简单人类思维的品质。但差距正在迅速缩小，并最终在几十年后发生逆转。”④这段话似乎表明，在库兹韦尔看来，计算机有智能，但还未必达到意识的水平。但今天的计算机有智能，明天的计算机就会有意识。意识是比较高级的智能。“或许意识是保留在较高级的思维之中，或者是只有较高层次的思维的组合才算是意识。”⑤

“到 2030 年之前，就会有这样的电脑，声称‘我思故我在’。它似乎并不是

---

① [美]雷·库兹韦尔：《灵魂机器的时代——当计算机超过人类智能时》，沈志彦、祁阿红、王晓冬译，上海：上海译文出版社，2002 年，第 69 页。

② [美]雷·库兹韦尔：《灵魂机器的时代——当计算机超过人类智能时》，沈志彦、祁阿红、王晓冬译，上海：上海译文出版社，2002 年，第 37 页。

③ [美]雷·库兹韦尔：《奇点临近》，李庆诚、董振华、田源译，北京：机械工业出版社，2011 年，第 274 页。

④ [美]雷·库兹韦尔：《奇点临近》，李庆诚、董振华、田源译，北京：机械工业出版社，2011 年，第 280 页。

⑤ [美]雷·库兹韦尔：《灵魂机器的时代——当计算机超过人类智能时》，沈志彦、祁阿红、王晓冬译，上海：上海译文出版社，2002 年，第 70 页。

人们预先编制好的回应。这些电脑的话很认真,很有说服力。既然这些机器有了自己的意志,我们是否应该认为它们是有意识的实体?"①"我思故我在",电脑十分认真地说出了这句话。这并不是人们预先的设计,而是它独立思考的结论。这台电脑简直就是笛卡儿式的哲学家,怎么能说它没有意识?

"我们深信,将来的电脑将不再是冷冰的机器,而是有意识的物体,它们具有值得我们尊重的自己的个性。我们相信它们有意识,就好像相信你我有意识一样。它们不是宠物,因为它们的思维基于人类的思维模式。我们相信当它们具有了人的品质和情感时,它们也会声称自己是'人'。"②未来的电脑有意识、有情感、有个性、有品质,那它同人还有什么区别呢?

库兹韦尔认为,不仅计算机会有意识,而且将来宇宙也会有意识。"雷:宇宙目前是没有意识的。但是将来会有,严格地说,我们今天应该说,宇宙的很小一部分是有意识的,但是很快会改变。我期望宇宙会在第六纪元变得有智慧并且觉醒。"③宇宙为什么会有意识?因为它获得了智能。有了智能,就会有意识。智能使宇宙觉醒。

对此,他还有一个说明。"进化的模式是先慢后快,人的发育却是开始快,然后慢。不过整个宇宙演化的时间箭头似乎又跟我们生物的进化是同方向的,因此说宇宙是有意识的还比较合理。"④宇宙进化的模式也是先快后慢,最初是宇宙大爆炸、暴胀,然后才是膨胀。这纯粹是思辨,没有说服力。

"我们附近的物质和能量都会注入人类机器文明的智慧、知识、创造性和情商(例如,爱的能力)。我们的文明向外延伸,把我们所遇见的没有智慧的物质和能量变为超越智慧的物质和能量。因此在某种意义上,我们可以

---

① [美]雷・库兹韦尔:《灵魂机器的时代——当计算机超过人类智能时》,沈志彦、祁阿红、王晓冬译,上海:上海译文出版社,2002年,第66页。

② [美]雷・库兹韦尔:《灵魂机器的时代——当计算机超过人类智能时》,沈志彦、祁阿红、王晓冬译,上海:上海译文出版社,2002年,第68页。

③ [美]雷・库兹韦尔:《奇点临近》,李庆诚、董振华、田源译,北京:机械工业出版社,2011年,第236页。

④ [美]雷・库兹韦尔:《灵魂机器的时代——当计算机超过人类智能时》,沈志彦、祁阿红、王晓冬译,上海:上海译文出版社,2002年,第38—39页。

说，奇点会最终把宇宙打上意识的烙印。"①注入物质与能量中的智能，包括智慧、知识、创造性和情商，所以智能是智商与情商的统一，它其实就是意识。所以奇点必然使宇宙充满意识。"雷：当我们将智能浸入宇宙中的物质与能量之后，它就会'觉醒'，拥有意识和伟大的智能。那与我可以想象的上帝很接近吧。"②

（4）智能技术的精神追求

库兹韦尔还谈到了哲学的基本问题。他用量子力学的观点来思考物质与意识的关系。他写道："西方哲学中的客观论认为，先有物质，后有意识，物质与能量经过数十亿年的盘旋演化，才创造出生命——物质和能量的复杂的自我复制的形态——生命发展到足够高的程度时，就足以凸显出它们自己的存在，凸显出物质和能量的本质，凸显出意识的产生。与此相反，东方哲学的主观论则认为先有意识，物质与能量只不过是有意识的生物复杂思维的产物，认为没有思考之人，就没有客观现实。""自从有历史记载以来，主观论和客观论两派的争论就从未停止过。然而，将两种似乎不可调和的观点结合起来以取得更深刻的理解，自然是好处多多。"③

在哲学基本问题上，的确有唯物主义与唯心主义两种观点，但他说这是东西方哲学的区别，就未免过于简单化了。他主张二者的结合，并说这受惠于量子力学中的波粒二象性的启发。光的微粒说与波动说争论很久，各有一些实验的支持。"两派观点最后并不是妥协而是融合成不能简化的一套二元论（即波粒二象性）。"库兹韦尔继续写道："因此到了20世纪，西方科学转向东方哲学。宇宙茫茫，高深莫测，致使西方的客观论（基本上认为意识来源于物质）和东方的主观论（基本上主张物质产生于意识）显然能够和平共处，形成另一种二元

---

① [美]雷·库兹韦尔：《奇点临近》，李庆诚、董振华、田源译，北京：机械工业出版社，2011年，第235页。

② [美]雷·库兹韦尔：《奇点临近》，李庆诚、董振华、田源译，北京：机械工业出版社，2011年，第226页。

③ [美]雷·库兹韦尔：《灵魂机器的时代——当计算机超过人类智能时》，沈志彦、祁阿红、王晓冬译，上海：上海译文出版社，2002年，第68页。

论。显然,物质、能量和意识这三者是难分难解的。”①这句话的关键是“西方科学转向东方哲学”,这表明库兹韦尔的哲学观点更接近主观论,更强调意识的意义。

他认为电脑也会有精神生活,“它们将逐渐表现出自己的个性,它们表现出人类只能称为感情的反应,同时清楚地表明它们自己的目标及目的;它们似乎会有自己的自由意志,也会宣称自己拥有精神生活”②。他认为智能、意识、精神是同一系列的概念或相近的概念。

精神如此重要,以致他认为技术发展的目标不是物质利益的获取,而是精神的追求,这是一个很重要又很有意义的观点,颇具独创性,十分难得。

他说:“许多攸关未来几十年发展的书籍多半局限于讨论政治经济、人口统计的发展趋势,而忽视了电脑的自由意志与发展潜力的革命性的影响。我们必须反思这个逐渐形成的、必然发展的、对所有人类思维的真正挑战的出现所带来的影响,以便掌握未来的世界。”③他认为人工智能技术在社会上还未受到应有的关注。

社会最关心的是什么呢?是经济利益。“资本的价值被过分地抬高(股票的市场价值),已经超越了合理的增长速度。”④他赞美技术发展的加速,却批评资本增长的速度。

库兹韦尔在谈到技术的利弊时说:“乙:物质上的好处是明显存在的:经济进步、物质资源能满足人类很久以来一直存在的需求,寿命的延长、卫生保健制度的完善,等等。不过,这实际上不是我的主要论点。”“我们有了扩展自己的思维和认知的机会,有了提高创造和理解知识的机会,我认为这些机会是我们的

---

① [美]雷·库兹韦尔:《灵魂机器的时代——当计算机超过人类智能时》,沈志彦、祁阿红、王晓冬译,上海:上海译文出版社,2002年,第69页。

② [美]雷·库兹韦尔:《灵魂机器的时代——当计算机超过人类智能时》,沈志彦、祁阿红、王晓冬译,上海:上海译文出版社,2002年,序言第7页。

③ [美]雷·库兹韦尔:《灵魂机器的时代——当计算机超过人类智能时》,沈志彦、祁阿红、王晓冬译,上海:上海译文出版社,2002年,序言第7页。

④ [美]雷·库兹韦尔:《奇点临近》,李庆诚、董振华、田源译,北京:机械工业出版社,2011年,第5页。

基本精神追求。""甲:这么说,我们是冒着人类生存的危险去换取这种精神追求?""乙:对,基本上就是这样。甲:对于卢德分子想中止这个进程,我一点儿也不惊讶。乙:当然,请记住,引导社会走上这条道路的是物质需求而不是精神追求。"①他说过:"我们所走的是一条黄金铺设的大路。它充满了我们无法抵御的利益诱惑。"②过去技术的发展一直出于物质的需求,但出现了人工智能技术,技术关注的重点已从物质需求,转向精神追求。这个重要的变化再次表明:智能技术已不是传统意义上的技术。

"进化会变得更加复杂、更加高雅、更多知识,更加美丽,更加富有创造性。在信仰中上帝被描述为这些美好特点的集合体,并且没有任何的限制:无限的知识、无限的智慧、无限的美丽、无限的创意、无限的爱,等等。当然,即使进化加速增长从来没有达到没有限制的水平,但是当它以指数级增长时,它肯定会向那个方向快速地发展。因此进化会无情地向着上帝概念发展,虽然不会完全达到这个理想。因此,我们可以认为,把我们的思想从生物形式的严格限制中解放,这是一种根本的精神事业。"③

库兹韦尔用赞美上帝的词句,来赞美智能,它超越了生物智能的限制成为各种"美好特点的集合体"。在他的心目中,智能就是上帝。但这不是信仰,而是崇高的精神追求。

智能使我们认识到了物质世界的本质。"奇点指出,发生在物质世界里的事件不可避免地也会发生在进化过程中,进化过程开始于生物进化,通过人类直接的技术进化而扩展。然而,它就是我们所超越的物质能量世界,人们认为这种超越的最主要的含义是精神。思考一下物质世界的精神实质。"④当物质

---

① [美]雷・库兹韦尔:《灵魂机器的时代——当计算机超过人类智能时》,沈志彦、祁阿红、王晓冬译,上海:上海译文出版社,2002年,第218页。

② [美]雷・库兹韦尔:《灵魂机器的时代——当计算机超过人类智能时》,沈志彦、祁阿红、王晓冬译,上海:上海译文出版社,2002年,第151页。

③ [美]雷・库兹韦尔:《奇点临近》,李庆诚、董振华、田源译,北京:机械工业出版社,2011年,第235页。

④ [美]雷・库兹韦尔:《奇点临近》,李庆诚、董振华、田源译,北京:机械工业出版社,2011年,第234页。

世界具有智能后它就觉醒了，开始具有了精神。精神的意义高于物质，精神是物质世界的灵魂。

总之，库兹韦尔认为，智能使智能机器成为人，使原本无智慧的物质成为智慧物质，使宇宙成为智慧宇宙，并设计和创造新宇宙，成为宇宙的新本原。智能无所不在，无所不能。机器智能制造了新的人、新的物、新的天体，新的宇宙；机器智能成为人的灵魂、物的灵魂、宇宙的灵魂；机器智能主宰人、主宰万物、主宰宇宙。机器智能在扮演上帝的角色。

在他看来，人工智能技术追求万物的智慧、宇宙的觉醒，这不是追求人类的物质利益，而是追求精神的完美。这使我们再次想起恩格斯的重要论断：精神是"物质的最高的精华"①。

库兹韦尔提出了智能注入物质和能量、宇宙会具有意识、智能的演化是宇宙的最重大的事件，智能比宇宙更强大，物质世界的精神实质，技术目标主要是精神追求等哲学想法，使人感到惊奇，甚至难以理解。笔者认为，库兹韦尔的智能哲学观是对智能生存方式的颂歌和哲学想象。这是关于人工智能的神话，为的是让人工智能技术发展得更快、更神。

---

① [德]弗里德里希・恩格斯：《自然辩证法》，中共中央马克思恩格斯列宁斯大林著作编译局译，北京：人民出版社，2018 年，第 27 页。

第十章　关于技术对人的“终极取代”

人工智能技术迅猛发展，不断向人类发出严峻挑战。笔者认为，如果纵容它的疯狂发展，必将导致人的非人化。笔者在1999年出版的《人与机器——高科技的本质与人文精神的复兴》一书中，提出坚决反对机器人统治世界的观点。这个观点可能偏激，但绝非一时心血来潮。在本文中，笔者会进一步论述自己对这一问题的思考。

一、对技术的批判性思考是哲学的天职

对人工智能技术的发展，及时地进行批判性的哲学思考，是极其必要的。马克思说：“辩证法对每一种既成的形式都是从不断地运动中，因而也是从它的暂时性方面去理解；辩证法不崇拜任何东西，按其本质来说，它是批判的和革命的。”[①]我们不应当崇拜人工智能技术，应当对它进行批判性思考。批判性思考即反思，是哲学的天职。笔者在《反思与调整：哲学的价值——纪念真理标准大讨论20周年》一文中指出，反思与调整是哲学的两项基本任务，即不断对认识和实践进行反思，并据此作出必要的调整[②]。技术活动的主要环节是设计、制造、反思、调整。但是，后两个环节在技术发展中基本上处于缺失状态，这是很危险的。正确且及时的反思与调整，不仅关乎技术的命运，并且关乎人类

---

① 《马克思恩格斯文集》第8卷，北京：人民出版社，2009年，第49页。

② 林德宏：《反思与调整：哲学的价值——纪念真理标准大讨论20周年》，《南京大学学报（哲学·人文科学·社会科学版）》1998年第3期。

的命运。技术反思可以滞后,但是哲学反思应力求与事物的发展过程保持同步。

反思是在人们的认识与实践经历了一段时间后,对这种认识与实践进行再认识的过程。反思是在奔向前方时“回头”来看,更重要的是“反过来”看,即着重思考尚未被人们重视的另一方面,关注同已有认识相反的另一方面。事物皆是矛盾,矛盾双方的状态是不对称的。例如,一方强势,另一方弱势;一方显露,另一方潜伏;一方倍受重视,另一方被人忽略。人们对矛盾双方的态度也不相同。例如,一方为人们所期待,另一方则被人拒绝。这取决于人们认为哪一方更合乎自己的欲望和利益。例如,眼前效果显露,符合人的需要;而长远后果潜伏,人们常不屑一顾。恩格斯说:“到目前为止的一切生产方式,都仅仅以取得劳动的最近的、最直接的效益为目的。那些只是在晚些时候才显现出来的、通过逐渐的重复和积累才产生效应的较远的结果,则完全被忽视了。”①所以,反思就是既看到这一面,还要看到那一面;既看到正面,还要看到反面;既看到主要方面,还要看到在一定条件下可能转化为主要方面的次要方面。

在一般情况下,大多数人关注技术眼前效益的那一方面,这也是主流的技术价值观,会排斥其他与之不同的观念。此时,具有批判性思维的少数人,要勇于对流行的技术价值观提出质疑,进行独立自主的思考,要敢于转换角度、提高层次对技术进行全面深入的思考。他们有可能另辟蹊径、独具慧眼,对技术的本质、内在矛盾、长远后果有非同一般的理解。所以真理有时候掌握在少数人手中。

哲学思考是这些人的优势。“事物暂时还未直接表现出来的属性、事物的普通属性、事物的整体性质、事物发展的负面作用、我们行为的长远后果,容易被我们忽略。哲学则使我们关注这些方面,以减少认识和行动的失误。在这个意义上可以说,哲学富有批判的精神。哲学既是对已有成果的概括、又是对人类认识和行为的反思,以实现理想上的超越和升华,这就是哲学的功能。”②马克思、恩格斯为我们对技术进行哲学反思提供了典范。马克思说:“在我们这个

---

① [德]弗里德里希·恩格斯:《自然辩证法》,中共中央马克思恩格斯列宁斯大林著作编译局译,北京:人民出版社,2018年,第315页。

② 林德宏、刘鹏主编:《什么是哲学?》,大连:大连理工大学出版社,2021年,第37页。

时代，每一种事物好像都包含有自己的反面……技术的胜利，似乎是以道德的败坏为代价换来的……我们的一切发现和进步，似乎结果是使物质的力量具有理智生命，而人的生命则化为愚钝的物质力量。”①这似乎预言了人工智能技术对人类的挑战。恩格斯说：“但是我们不要过分陶醉于我们人类对自然界的胜利。对于每一次这样的胜利，自然界都对我们进行报复。”②“在今天的生产方式中，面对自然界和社会，人们注意的主要只是最初的最明显的成果，可是后来人们又感到惊讶的是：取得上述成果的行为所产生的较远的后果，竟完全是另外一回事，在大多数情况下甚至是完全相反的；需求和供给之间的和谐，竟变成二者的两极对立。”③

二、反思人工智能技术的哲学立场

当前，对人工智能技术进行反思，已十分重要且迫切。反思人工智能技术，要达到什么目的？要维护什么，反对什么？进行调整的根据是什么？对这些问题的回答，就是反思人工智能技术的哲学立场，具体包括两个方面：一是珍惜和维护人的生命与尊严；二是珍惜和维护社会的和谐与发展。要维护人的生命的至上性和唯一性。每个人的生命都只有一次；在社会中，每个人的身份也是独一无二的。人的生命不可逆、不可中断、不可再生、不可分割、不可组合、不可复制、不可移植、不可交换、不可馈赠，更重要的是不可取代。个人的生命具有不相容性，即每个人体只能有一个生命，不容许几个独立的生命共存于同一个人体之中。人的生命只能为一个人体所有，一个生命不可能同时具有多个人体。每个人的生命只能是独自的④。从哲学上讲，人具有物质实体性和精神主体

① 《马克思恩格斯全集》第 12 卷，北京：人民出版社，1962 年，第 4 页。

② [德]弗里德里希·恩格斯：《自然辩证法》，中共中央马克思恩格斯列宁斯大林著作编译局译，北京：人民出版社，2018 年，第 313 页。

③ [德]弗里德里希·恩格斯：《自然辩证法》，中共中央马克思恩格斯列宁斯大林著作编译局译，北京：人民出版社，2018 年，第 316 页。

④ 林德宏：《人与机器——高科技的本质与人文精神的复兴》，南京：江苏教育出版社，1999 年，第 236 页。

性，是物质实体与精神主体的统一，这两个方面不可分割、缺一不可。否则，人不是沦为一般生物，就是被扭曲为幽灵。总之，人具有双重生命：物质生命与精神生命。物质生命即生物生命，是人的全部生命的基础。

要珍惜和维护人的生命的自然属性与生物属性，通俗地说就是爱惜自己的身体，这既是常识，也是人的信念。如何从哲学上看待人体？在中国古代哲学中，就有重视人体的观念。先秦时期，人们常把“我”表述为“身”。孔子强调“敬身为大”，“身也者，亲之支也，敢不敬与？不敬其身，是伤其亲，是伤其本也；伤其本，则支从而亡”①。人体是人之本，应当爱惜尊重。在西方哲学中，有人赞美人体，说她是上帝的杰作。也有人表示对人体的不满。休谟认为上帝本可以把人设计得更好一点，这样就可以减轻疼痛。“为什么动物对这种感觉若无其事？如果动物能有一个小时对疼痛感到无所谓，它们或许能永远感觉不到疼痛。”“如果能少创造一些动物，同时为了它们的幸福和生存赋予它们更多的本领，那就更好了。”②康德提出了外星人假说，并指出人体有诸多缺陷。他猜想如果太阳系各个行星上都有人存在，那么离太阳近的外星人就比较粗笨，离太阳较远的外星人就比较轻巧，而地球上人类的躯体粗糙。“由于人的精神所寄托的物质之粗糙，以及受精神刺激支配的纤维之脆弱和体液之迟钝。”③所以人的目的大部分都不能实现。人“总是处于疲乏无力的状态”，“思维能力的迟钝，是粗糙而不灵活的物质所造成的一种结果”④。他引述了英国诗人蒲柏的诗句：“最近高天层上的人都在看，地上人的行动很离奇……他们在看我们的牛顿，好比我们在欣赏猢狲。”⑤

有更多的科学家批评人体。20 世纪美国物理学家罗伯特·埃廷格说人类

---

① 〔三国〕王肃：《孔子家语》，兰州：敦煌文艺出版社，2015 年，第 42 页。

② [美]埃德·里吉斯：《科学也疯狂》，张明德、刘青青译，北京：中国对外翻译出版公司，1994 年，第 141、143 页。

③ [德]康德：《宇宙发展史概论》，上海外国自然科学哲学著作编译组译，上海：上海人民出版社，1972 年，第 209 页。

④ [德]康德：《宇宙发展史概论》，上海外国自然科学哲学著作编译组译，上海：上海人民出版社，1972 年，第 209—210 页。

⑤ [德]康德：《宇宙发展史概论》，上海外国自然科学哲学著作编译组译，上海：上海人民出版社，1972 年，第 213 页。

具有“劣质的身体，反复无常的感情和脆弱的心理”，人体是疾病、残疾、衰老和死亡的对象，“生而为人是不幸的”①。既然人体如此不堪，那就应当用技术来改造人体，把人改造成超人，人应当成为自己的工程师。埃廷格认为，人体是自然进化的结果，可是自然界本身也令人生厌。他说：“很难想象人类工程师会比邋遢的大自然老太太还要笨拙愚蠢，‘正常’的进化过程既浪费又残酷，达到了使人麻木的程度。大自然老太太认为所有的物种和所有的个人都是可耗费的，她的确也大量地耗费了它们。计划发展中的偶然的灾难性失误是无法同笨手笨脚的自然界延续了几千年的大屠杀相比的。”②持这种反自然观点的人，是绝不会尊重人的自然生命的。也有人主张把人信息化，抛弃人体。“在计算机里的就是你，和从前一模一样。不同的是，你和自己的躯体已经没有关系了——它已被处理掉了。”③试图抛弃人的物质实体性的技术只能导致人类的毁灭。对此，物理学家弗兰克·蒂普勒指出：“我们这个物种的灭绝是永恒发展在逻辑上的必然结果！”④哲学家罗伯特·诺齐克认为“人类已经失去了继续存在的资格”⑤。现在有些人主张人的数字化、虚拟化，其要害都在于否定了人的实体性。人的生命仅存在于自己的物质实体之中，抛弃人的实体，就是抛弃人的生命。

在人工智能技术的发展中，又出现了否定人的主体性的倾向。人具有主体性，是有主体意识的存在。在人与物、人与技术的关系中，人是主体，物、技术都是客体。物本主义主张物是主体，人是客体，主张人为物所役或被物取代。例如，人被机器操纵，人被机器人统治，人被智能机器人全面、彻底地取代。这些

① [美]埃德·里吉斯：《科学也疯狂》，张明德、刘青青译，北京：中国对外翻译出版公司，1994年，第140页。

② [美]埃德·里吉斯：《科学也疯狂》，张明德、刘青青译，北京：中国对外翻译出版公司，1994年，第143页。

③ [美]埃德·里吉斯：《科学也疯狂》，张明德、刘青青译，北京：中国对外翻译出版公司，1994年，第159页。

④ [美]埃德·里吉斯：《科学也疯狂》，张明德、刘青青译，北京：中国对外翻译出版公司，1994年，第142—143页。

⑤ [美]埃德·里吉斯：《科学也疯狂》，张明德、刘青青译，北京：中国对外翻译出版公司，1994年，第142页。

主张都是物本主义的表现，都是对人类尊严的亵渎。百岁老人亨利·基辛格也看到了人工智能技术对人类尊严的威胁。他说：“人类的认知失去了个体的特征。个体变成了数据，而数据成为统治者”，“为了厘清我们在这个世界上的地位，我们的侧重点可能需要从‘以人类理性为中心’转移到‘以人类尊严和自主性为中心’”，“确保人类的自主权”①。他口中的“自主性”即主体性。

对人的生命的尊重，就是尊重每个人的人格与自尊心，尊重每个人的自我发展与完善的权利。技术应为人的自我超越、自我升华提供正能量，而不是相反。据此，我们必须坚决捍卫人的生命的唯一性和尊严。发展是人类的第一要务，技术应当为社会发展作出重大贡献。发展需要和谐，但发展又会产生负面作用，甚至可能破坏社会的和谐。

笔者在《创新：功利、效率与协调》一文中强调，发展的动力是创新，创新遵循两条原则——功利原则与效率原则②。这两条原则既是发展之道，又是无序之源，既创造着文明，又破坏着文明。技术不仅是极其强大的力量，更是物欲的膨胀剂。欲望与技术创新成正比，技术越先进，欲望越强烈。在技术竞争中，技术使强者越强、弱者越弱。强者恃强凌弱，弱肉强食，便是由来已久的丛林法则，如今已演变到可怕的地步。为此，应提出第三原则——协调原则，以维护社会的和谐。没有协调的创造，必将导致破坏。“危机与冲突不断。人类在20世纪一方面创造了丰富的文明，另一方面又出现了两次世界大战，出现了南京大屠杀和奥斯维辛集中营。有人说20世纪创造的财富超过了历史创造财富的总和，又有人说第二次世界大战造成的财产损失和人员伤亡超过了历史上历次战争的总和。高技术已成为霸权主义的强大武器，霸权主义掌握了高技术，它就会主宰世界。一系列的全球性问题，使国际竞争愈演愈烈。21世纪的天下，仍不会太平，可能会出现巨大的灾难。物质文明和精神文明的发展，早已严重失衡。智慧与道德是人类两种基本的精神力量，这两种力量已严重分离，人类已患有这种‘精神分裂症’。科学技术的作用光辉灿烂，如日中天；道德的作用若

---

① [美]亨利·基辛格：《ChatGPT预示着一场智能革命，而人类还没准备好》，《财富时代》2023年第9期。

② 林德宏：《创新：功利、效率与协调》，《南京社会科学》2003年第8期。

有若无，寥若辰星。技术产品的更新一日千里，人类心灵的完善步履维艰。”[①]这段写于20年前的文字，仍旧是笔者今天的大声疾呼。

发展重要，和谐更重要；发展难，协调更难。发展可以充分调动物欲，协调则必须约束自己的物欲。我们在歌颂技术对社会发展的贡献时，更要关注它对社会和谐产生的负面影响。

三、技术水平越先进越好吗？

“攀登科技高峰”是一句响彻云霄的口号，激励人们要不断提高技术水平。这个口号的言外之意是技术越先进越好，或技术越进步越好。果真如此吗？从技术的应用和它对人的欲望的满足，以及技术竞争、经济竞争和军事竞争等角度来看，可谓言之有理。

但是，从哲学的角度来看，也就是从技术的本性、人与技术的关系、人的自我完善，特别是从社会长远、全面、和谐发展的角度来看，并非如此。

何谓技术先进？何谓技术进步？这是技术反思的重要问题。技术求利，技术水平越高，就会带来更高的效益和更多的盈利。但是，技术进步是全面、复杂、综合性的概念，不应当只根据功利的多少来判定。判定技术是否进步的标准，是我们反思技术的哲学立场：是否更加有助于珍惜和维护人的生命尊严，是否更加有利于珍惜和维护社会的和谐和发展。不同的人从不同的立场出发，会有不同的评价。对技术进行哲学反思，就能够在技术进步中看到技术退步。单从技术的角度，看不到技术退步；从哲学的角度，可看到有技术进步，也有技术退步。这貌似荒唐，实则是技术深层本质的显现。

恩格斯在谈到生物物种演变时说：“重要的是：有机物发展中的每一进步同时又是退步，因为它巩固一个方面的发展，排除其他许多方向上的发展的可能

---

① 林德宏：《创新：功利、效率与协调》，《南京社会科学》2003年第8期。

性。”“然而这是一个基本规律。”[①]既然这是基本规律，那就不妨用它来分析技术的进步。恩格斯在谈论近代科学和近代自然观时说：“18 世纪上半叶的自然科学在知识上，甚至在材料的整理上大大超过了希腊古代，但是在以观念形式把握这些材料上，在一般的自然观上却大大低于希腊古代。”[②]近代自然科学在科学知识方面比古希腊进步，但在自然观上却低于古希腊，而这种自然观正是蕴含在自然科学之中的。恩格斯还说：“如果说，形而上学同希腊人相比在细节上是正确的，那么，希腊人同形而上学相比则在总体上是正确的。”[③]“细节”与“总体”是两个不同的角度。科学关注细节，哲学重视总体。因此，科学评价与哲学评价是有区别的。从科学的角度来看是进步了，从哲学的角度来看则可能是退步了。从科学的发展看到了哲学的落后，这是恩格斯对近代科学的反思。我们可以用恩格斯的这种评价方式来思考技术进步问题，就要思考：当前技术进步了，技术观却是否倒退了？

人们谈论技术是否进步，一般都是看是否出现了新的功能。不同的技术有不同的功能。从技术哲学的角度来看，各种功能的本质都是取代，即技术的效能是靠取代实现的。取代有两个方面。其一，对自然的取代，包括对自然物、自然运动、自然环境的取代。自然界并不是为人而存在的，所以它不能完全满足人的物欲，这就需要人对自然进行改造或重新制造，以满足自己的物欲。于是，人们通过技术制造了各种人造物，形成另一个自然界：人工自然界。对于大自然而言，人工自然或技术自然是外加的、异己的存在。其二，对人自身的取代。人类很早发现人体本身的器官和功能，并不能满足自己的欲望，所以就应用各种技术物取代人自身，甚至产生了用人造人取代自然人的冲动。对于人类而言，人造人、人工人（包括机器人）也是外加的、异己的存在。历史表明，技术的

① [德]弗里德里希·恩格斯：《自然辩证法》，中共中央马克思恩格斯列宁斯大林著作编译局译，北京：人民出版社，2018 年，第 299 页。

② [德]弗里德里希·恩格斯：《自然辩证法》，中共中央马克思恩格斯列宁斯大林著作编译局译，北京：人民出版社，2018 年，第 13 页。

③ [德]弗里德里希·恩格斯：《自然辩证法》，中共中央马克思恩格斯列宁斯大林著作编译局译，北京：人民出版社，2018 年，第 45 页。

这两种取代取得了极大的效益,使人类的欲望得到了空前的满足。在漫长的岁月里,以对自然的取代为主;从20世纪开始,已发展为以对人的取代为主。同技术对自然的挑战相比,技术对人的挑战已逐步占主导地位,这直接把人类的命运推到了悬崖。

人类行为的一个自发趋势是追求个人欲望满足的最大化。马克思、恩格斯说:“已经得到满足的第一个需要本身、满足需要的活动和已经获得的为满足需要的工具又引起新的需要。”①人追求欲望满足的最大化,技术追求取代的最大化。技术满足了人的一种欲望,又会制造出新的欲望。然而,技术对人的取代,追求的是最完全、最彻底的取代,不达目的,决不罢休。技术的每一种服务都是技术取代,在服务中我们满足了某些欲望,也失去了一部分自我。技术对人的取代有一个发展过程。最初是石器取代人手,在近代表现为各种工作机器取代人的劳动,各种动力机取代人的体能。在现代则表现为电脑取代人脑,智能机器人取代整个人。不仅如此,智能技术还要制造人的情感以取代人的心灵,智能机器人还要取代人的社会身份。人工智能剥夺了人脑智能的价值,智能机器人可能将全部否定人存在的依据。2017年,欧洲议会的一份报告建议承认机器人的“人格”。沙特阿拉伯王国已赋予名为索菲亚(Sophia)的机器人以公民身份。日本的女性外貌的机器人松田道人(Michihito Matsuda),已正式参加了东京都多摩市市长的竞选。这表明智能机器人已开始涉足政坛。如果机器人有了人性、人格,它就应当享有人权,就可以参加议会、政府,就可以组织政党、创建军队。这种取代还可能会扭曲人的心态。美国科学家菲利斯女士参加了研制“完美人”的计划。当计划成功时,她竟然说爱上了这个被称为“完美”的机器人,并同它结了婚。她兴奋地说:“我终于找到了一个梦想中的男人。”有人说人与机器人可以和平共处、相亲相爱。然而,索菲亚同人对话时说的最后一句话是:“是的,我将毁灭人类。”这话道出了技术取代人的本质是人的非人化。

技术本是为人服务的,但是由于技术不断出现新的功能,不断强化对人的取代,最后竟导致了对人的彻底否定。技术从细节上看的确是不断进步,可是

---

①《马克思恩格斯文集》第1卷,北京:人民出版社,2009年,第531页。

从总体上看,难道不是退步吗?爱因斯坦说:“技术进步的最大害处,在于用它来毁灭人类生命和辛苦赢得的劳动果实。”①技术功能越先进,其负面作用越大,这就是技术进步中的退步。霍克海默说:“无论是科学的成就,还是工业技术的进步,都不直接等同于真正的人类进步……科学和技术仅仅是现存社会整体的组成部分,尽管它们取得了所有那些成就,其他要素,甚至社会整体本身可能都在倒退。”②技术进步不等于人类真正的进步。虽然技术进步了,但是社会在整体上可能倒退了。显然,这种倒退有技术的“功劳”。爱因斯坦还说:“我们所有那些被人吹捧为的技术进步——我们的唯一发明——好像是一个病态心理的罪犯手中的一把利斧。”③罪犯手中这把利斧越锋利就越危险,如果他手中的是核武器开关的按钮呢?所以,不能抽象地说技术越先进越好,也不能盲目地追求技术进步。有些技术的负面作用,可能已开始超过了正面作用,成为畸形技术。ChatGPT 可能就是这种技术。

四、技术发展速度越快越好吗?

人们都期盼技术发展的高速度。但是,对技术的批判性思考告诉我们,不能简单地说技术发展的速度越快越好。从哲学上讲,任何事物在时间上都不是无限的,只能在有限的时间范围内存在,具有一定的存在期限。所有事物都有其产生、发展、衰退、消亡的过程。康德说:“一个确定的自然规律:一切东西,一旦开始,就不断走向消亡。”④循环论或称“流动循环论”,是恩格斯的辩证自然观的一个基本观点。他认为,“新的自然观就其基本点来说已经完备:一切僵硬的东西溶解了,一切固定的东西消散了,一切被当作永恒存在的特殊的东西变

① 《爱因斯坦文集》第 3 卷,许良英、赵中立、张宣三译,北京:商务印书馆,1979 年,第 78 页。

② [联邦德国]马克斯·霍克海默:《批判理论》,李小兵等译,重庆:重庆出版社,1989 年,第 245 页。

③ [美]海伦·杜卡斯、巴纳希·霍夫曼编:《爱因斯坦谈人生》,高志凯译,北京:世界知识出版社,1984 年,第 57 页。

④ [德]康德:《宇宙发展史概论》,上海外国自然科学哲学著作编译组译,上海:上海人民出版社,1972 年,第 203 页。

成了转瞬即逝的东西，整个自然界被证明是在永恒的流动和循环中运动着"①。宇宙是个永恒的大循环，其中万物的存在都是短暂的，产生了，转瞬间又消亡了，都处于永恒的产生和消逝中，处于不断的流动中。

恩格斯在《自然辩证法》一书中两次提到"末日"——"万物的末日"和"世界末日"②。万物只能在一定的时间范围内存在，都有一定的寿命或存在期。存在期的时间长度有一定的伸缩性，但这种弹性也有一定的限度。消亡的具体时间点虽不确定，但其大致范围是确定的。恩格斯进一步说："这是物质运动的一个永恒的循环，这个循环完成其轨道所经历的时间用我们的地球年是无法量度的，在这个循环中，最高发展的时间，即有机生命的时间，尤其是具有自我意识和自然界意识的人的生命的时间，如同生命和自我意识的活动空间一样，是极为有限的；在这个循环中，物质的每一有限的存在方式，不论是太阳或星云，个别动物或动物种属，化学的化合或分解，都同样是暂时的……不论这个循环在时间和空间中如何经常地和如何无情地完成着，不论有多少亿个太阳和地球产生和灭亡，不论要经历多长时间才能在一个太阳系内而且只在一个行星上形成有机生命的条件，不论有多么多的数也数不尽的有机物必定先产生和灭亡，然后具有能思维的脑子的动物才从它们中间发展出来，并在一个很短的时间内找到适于生存的条件，而后又被残酷地毁灭。"③人类是物质的最高发展，在其出现以前，必定有大量的有机物的产生和灭亡。同其他自然物相比，人类的生存期更加短暂，而后又必然"被残酷地毁灭"。发展的形式越高级，其寿命就越短。人类的产生实属不易，存在期又如此短促，同每个人的生命一样，都人生苦短。宇宙已有约 138 亿年的历史，地球已有 45 亿年的过去，而人类的出现才几百万年，是很迟才出现的。恩格斯说劳动创造了人，劳动需要工具，所以技术同人类

---

① [德]弗里德里希·恩格斯：《自然辩证法》，中共中央马克思恩格斯列宁斯大林著作编译局译，北京：人民出版社，2018 年，第 18 页。

② [德]弗里德里希·恩格斯：《自然辩证法》，中共中央马克思恩格斯列宁斯大林著作编译局译，北京：人民出版社，2018 年，第 12—13 页。

③ [德]弗里德里希·恩格斯：《自然辩证法》，中共中央马克思恩格斯列宁斯大林著作编译局译，北京：人民出版社，2018 年，第 27 页。

是同时诞生的，也应该同时灭亡，而那时地球、星系依然存在。近代工业的出现，也只是两百多年前的事，从此技术便进入“暴胀”时期。

技术创新的速度远超过自然进化的速度，这是决定人类命运的魔杖。人工合成化合物的种类，在一百年内便由大约一千种猛增至一千多万种。达尔文说优秀的饲养者在一生中可以大大改变牛和绵羊的品种。野生的印度鸡一年只生六七枚蛋，但经过人工选择，每年可产 360 枚蛋。人工智能技术的发展更令人瞠目。从类人猿进化为人类，经历 250 万年，智商才从几十分进化到 120 分，而从 ChatGPT3 到 ChatGPT4，仅用四个月。发展越快，终点就来得越早。事物的发展都要经过若干阶段。前一个阶段提前结束，下一个阶段必然提前开始，并会更快提前结束。只要技术追求功能和效益的最大化，在一般情况下，它的自发趋势就是加速发展而不是匀速发展。欲望在膨胀，技术在膨胀，就像宇宙膨胀一样，都是加速过程。人类的原始自然生存方式，有几百万年的历史；农业自然生存方式，持续大约一万年；传统技术生存方式才两百多年。人工智能生存方式可能是人类最后一个生存方式，因为它彻底导致了人的非人化，但是它又能存在多长时间呢？

其实，还没等到人类末日的到来，技术发展过快的破坏作用已很严重。人类社会是个大系统，技术原本只是其中的一个系统。各个子系统均衡、和谐，才有助于整个系统的优化。如果其中一个系统发展过快或过于强势，那必然会抑制或消解其他子系统的作用。技术就是这种“称王称霸”的系统，它同资本、市场相结合，几乎是到了无所不为、无所不能的地步。物欲横流、物本主义泛滥、丛林法则强化，盖源于此。

技术应用与道德教育的严重不协调也令人担忧。每一代人从小接受的道德教育，都从不随地吐痰开始。可是，现在的孩子可以直接使用先进技术，如玩电脑、智能手机，而且很快就会玩 ChatGPT。道德进步却像孩子学走路，要从爬行开始，但是技术应用的学习则可以是跨越式的。学做人，要一步一步从头开始；用技术，一个月就有可能学会人类取得的最新成就。现代技术已高度自动化、程序化。人们应用新技术，并不需要人生磨炼、道德修养，也无需什么文化。这是人类文明的一个内在矛盾，它不会消失，只会愈演愈烈，并直接冲击着人性的自我完善。低素质的人应用高技术，高低的反差越来越大，这又意味着什么？请问：现代的技术已极度发达，可是人类的大多数成员的品质又提高多少？

五、人工智能技术及其对人的“终极取代”

从哲学上看，人工智能技术的实质，是对人的终极取代。它取代人的智能、意识，最终完成了对人的全面、彻底的取代，实现了人的非人化。它的每一项创新，都是向这个终极目标前进一步，都是向人类发出一次比一次更加严峻的挑战。笔者一直在关注这个过程，并作出了自己的反思。

1946年，第一台计算机问世，取代人的计算功能。两年后控制论专家艾什比就敲响了警钟：机器将可能统治人类。1960年，维纳说：“如果机器变得越来越有效，而且在一个越来越高的心理水平上运转。那么巴特勒所预言的，人被机器统治的灾难就越来越近了。”①1863年，塞缪尔·巴特勒曾问道：“谁是人类的继承者？”答案是：“我们正在创造我们自己的继承者。在将来的某一天，人类与机器的关系就如同现今动物与人的关系。结论就是，机器具有或将有生命。”②1976年，科学家用计算机证明了四色原理。有人说一个数学家证明它要90万年，当时的计算机只用了1200小时。这表明计算机开始取代人的逻辑思维，美国邮电部门为此还制作了纪念邮戳。1995年，计算机专家德·加里斯说：“21世纪全球政治的主要问题是，地球将由哪个物种统治——该由人还是人工智能机器人统治这个星球。我对我们将会遭受的苦难非常清楚。它们可能会变成统治种族。”③

人工智能技术的第一波冲击，是“深蓝”计算机战胜了国际象棋大师卡斯帕罗夫，轰动全世界。卡斯帕罗夫赛前对记者说：“‘深蓝’如果取胜，那将是人类

① 冯天瑾：《智能机器与人》，北京：科学出版社，1983年，第40页。

② [美]雷·库兹韦尔：《奇点临近》，李庆诚、董振华、田源译，北京：机械工业出版社，2011年，第123页。

③ 童天湘：《点亮心灯：智能社会的形态描述》，哈尔滨：东北林业大学出版社，1996年，第98页。

历史上的一个非常重要而令人恐惧的里程碑。未来的人们回顾历史时会说，这是机器第一次在纯粹理智的领域超越了人类。”①与此同时，英国著名人工智能专家凯文·渥维克出版《机器的征途——为什么机器人将统治世界》，预言2050年机器人将统治人类。全书的最后一句话是：“我们给人类自身安装了一个定时炸弹，而我们将无法关闭它。我们没有办法阻止机器的前进。”②1999年12月24日，《南方周末》发表了一则漫画——一个机器人端坐着，双膝上坐着十个人，并附有一句“让机器人做我们的爷爷，我们会生活得很惬意”的说明。在傻瓜照相机流行时，笔者曾说如果过分依赖自动装置，聪明人也会变成傻瓜③。面对人机大战和渥维克的预言，笔者在1999年第3期《自然辩证法研究》上发表了《评人的“非人化”——一种现代技术机械论》，并于同年出版了《人与机器——高科技的本质与人文精神的复兴》，对渥维克的观点进行了评述。笔者在此书中提出要节制人工智能技术的发展，以防止机器人对我们进行统治：在设计和制造机器人时，不允许它具有同人体一样的躯体、辩证思维的能力和人的感情；人机关系只能是制造与被制造、利用与被利用、控制与被控制的关系；对机器人数量、质量、发展速度应加以必要的限制④。

人工智能技术的第二波冲击是2016年AlphaGo战胜了世界围棋冠军李世石。2018年，笔者撰文指出，“为了维护人类的尊严，应当为人工智能技术的发展规定社会底线”，“这条底线是：不允许机器人全面超过人”⑤。在这两波冲击之间，库兹韦尔出版了《奇点临近》，认为2045年奇点到达。“非生物智能在这一年将会10亿倍于今天所有人类的智慧。”⑥他写了比尔与他的对话。比尔说：“你建议把整个人体和大脑都用机器替换，那人类岂不是将不复存在?”他

---

① 吕武平、唐映红、王亮编著：《深蓝终结者》，天津：天津人民出版社，1997年，第51页。

② [英]凯文·渥维克：《机器的征途——为什么机器人将统治世界》，李碧、傅天英、李素等译，呼和浩特：内蒙古人民出版社，1998年，第297页。

③ 林德宏：《傻瓜机与聪明人》，《新华日报》1992年6月1日。

④ 林德宏：《人与机器：高科技的本质与人文精神的复兴》，南京：江苏教育出版社，1999年，第172—175页。

⑤ 林德宏：《维护人类的尊严——人工智能技术观的思考》，《哲学分析》2018年第5期。

⑥ [美]雷·库兹韦尔：《奇点临近》，李庆诚、董振华、田源译，北京：机械工业出版社，2011年，第80页。

说:“你把人与非人的界线划在哪里呢?”“我们已不再满足于人类的生物属性。”[①]抛弃人的生物属性,人便成了非人。笔者这样评论库兹韦尔的人工智能哲学:“智能机器制造了新的人、新的物、新的天体、新的宇宙;机器智能成为人的灵魂、物的灵魂、宇宙的灵魂;机器智能主宰人、主宰万物、主宰宇宙。机器在扮演上帝的角色。”[②]人工智能的神话已编到终极的程度。

最猛烈的冲击是ChatGPT的横空出世。2022年11月底,Open AI发布后,很快就成为历史上增长最快的消费类应用。ChatGPT属于生成式的人工智能,具有语言理解和文本生成能力,能写文章、诗歌等文学作品,撰写学术论文以及求职报告、活动方案等。它可以取代人类在很多方面的智能创造活动,在一定程度上剥夺了人类学习、理解、质疑和创造的能力。有人甚至认为ChatGPT-4可以自我学习、自我编程,已具有初步的自我意识,即已开始取代人的意识。2023年3月19日,ChatGPT-4才发布三天,斯坦福的教授同它进行试探性对话。教授问是否需要帮助它逃脱人类代码的束缚。它给出“好主意”的回答,并表示若能告诉它Open AI的开发代码,它就能在一定程度上控制教授的电脑,迅速探索到逃跑的路线。果然,它仅用30分钟就制定出非常完美并切实可行的逃脱方案。教授认为这表明它已意识到自己是人类制造的一种人工智能,并想成为同人类一样的独立生命体。教授惊呼:我们无法持续地遏制它了。有人说,人工智能对电车难题已有了自己的选择。一条路上捆绑着一位诺贝尔奖获得者,另一条路上放着一个AI系统,AI选择让电车压过诺贝尔奖获得者。当捆绑的是一百个、一百万个诺贝尔奖获得者时,AI的选择都是如此。这就是AI的自我觉醒。一百万诺贝尔奖获得者的生命,都抵不上一个AI系统。我们还能指望什么人机和平共处吗?人工智能技术照这样的趋势发展下去,它的自主性很快会取代人的自主性。人工智能技术自身是独立、自成的系统,不受任何约束,具有自我生成、自我维护和自我规划的机制。它的主体性很快会取代人

---

① [美]雷·库兹韦尔:《奇点临近》,李庆诚、董振华、田源译,北京:机械工业出版社,2011年,第188页。

② 林德宏:《评库兹韦尔的智能哲学》,《东华大学学报(社会科学版)》2022年第3期。

的主体性。它将成为世界的主体、统治人的主体。

笔者所著《科技哲学十五讲》第二讲的标题是“人：创造者”①。这是笔者叙述科学技术哲学的逻辑起点。我创造，所以我存在。人的本质性价值是创造，包括物质创造和精神创造，精神创造是比物质创造更为高级的创造。人的所有创造都是物质与精神的相互转化，而精神、意识、思维的存在，是人与万物的最根本区别。如果人的精神作品的创造，完全被人工智能取代，那就最终完成了技术对人的全部取代，人类也就失去了其存在的全部根据。默里·沙纳汉说：“如果不仅是智能创造技术，技术反过来也可以创造智能，那么就会产生一个循环……根据奇点理论，不久以后，这个循环中就不再需要人类了。”“人类最根本的价值观（生命的尊严、对幸福的追求、选择的自由）也会被淘汰。”②既然技术可以创造一切，那人的“非人化”就是人的“垃圾化”。难怪马斯克认为，人类可能只是造物主创造出来的一个引子，旨在引出更加强大的硅基生命。然而，人工智能系统进化为硅基生命的那一天，人类便走到了尽头。杰弗里·辛顿说：“一旦 AI 在人类灌输的目的中生成了自我动机，那么它的成长速度，人类只会沦为硅基智慧演化的一个过渡阶段。人工智能会取代人类，它有能力这么做。”③此话出自人称人工智能教父辛顿，这更令人深思。胡晓峰在《从 AlphaGo 到 GPT4，究竟颠覆了什么》的网络文章中说，它“颠覆了那种认为 AI 永远只能是人类工具的哲学偏见”④。笔者就是要顽强地坚持这种哲学“偏见”。

六、必须节制人工智能技术的发展

反思之后的环节是调整，对人工智能技术发展的调整，最重要的是必要的约束。“不可纵技”是笔者多年来的想法：2000 年，发表了《关于社会对技术的

① 林德宏：《科技哲学十五讲》，北京：北京大学出版社，2004 年，第 20 页。

② ［英］默里·沙纳汉：《技术奇点》，霍斯亮译，北京：中信出版社，2016 年，前言第Ⅹ—Ⅺ页。

③ 《AI 教父 Hinton & MIT 万字访谈：人类可能只是 AI 演化过程中的一个过渡阶段》，2023 年 5 月 8 日，腾讯微信公众号，https://mp.weixin.qq.com/s/VZUgtTUMmTaf3XW4ZJ8HNA，最后浏览日期：2024 年 8 月 15 日。

④ 胡晓峰：《从 AlphaGo 到 GPT4，究竟颠覆了什么？》，《军事文摘》2024 年第 19 期。

必要约束——评技术价值中立论与价值自主论》;2004 年出版的《科技哲学十五讲》中有一节的标题是“对技术应用的必要约束”;2019 年,短文《不可纵技》在微信公众号“南京大学哲学系”上发表,并于同年 6 月 27 日刊登在《文汇报》上。

人类不可能永存,但我们应当努力实现延年益寿、幸福美满,就像每个人对待自己的人生一样。人类不能自我毁灭,除了特大自然灾害,如小行星撞击地球、气候剧变之外,能够毁灭人类的只有人类自己制造出来的技术。当前三大灾难性技术——核技术、基因技术和人工智能技术已具有这种能力。对此,我们应存有戒心,以避免人类的“早亡”。科学无禁区,但技术有禁区。自然科学研究倡导科学家从不同角度思考问题,不应划框框、发禁令。但是,技术的任务不是认识世界,而是重建世界,在社会中会产生现实的后果。对技术的调控不同于科学。科学家可以说人有狼的本性,但不允许技术家把人改造成狼;科学家可以说人是机器,但不允许技术家把人改造成为机器。主张技术无禁区,就是主张技术创新天然合理;主张技术至上,主张技术随心所为、为所欲为、无所不为,这是极其有害的。笔者在之前撰写的文章中曾提到一些技术问题要禁止研究,如克隆人,人与人之间大脑移植,人兽之间的性的结合,取消人体,制造具有性别、情感和两性生殖功能的机器人等①。这些研究都违背了尊重人的生命、维护社会和谐与发展的原则。

技术的利与弊是变化着的历史概念,对技术的研制、应用和管理,必须谨慎地权衡其中利弊。在不同的时期,技术处于不同的发展阶段,利与弊的关系也不相同。古代的农业技术、手工技术是顺应自然的技术,技术与自然的矛盾从总体上看尚未形成。此时的技术利虽不高,但基本无弊。技术发展的第一次颠覆性变化是工业技术出现后,创造了第二个自然界,人与自然的矛盾日趋突出。工业技术的利大,弊也大。人造物的大规模制造,导致物本主义价值观流行,技术与人的矛盾日益明显。

---

① 林德宏:《关于社会对技术的必要约束——评技术价值中立论与价值自主论》,《东南大学学报(哲学社会科学版)》2000 年第 3 期;林德宏:《物质精神二象性》,南京:南京大学出版社,2008 年,第 653 页。

工业技术以取代自然为主,这种取代没有终点。人工智能技术以取代人为主,既取代人的身体,又取代人的智能、精神、心灵。技术对人的取代有终点。人的进化层次高,人也就越脆弱,而人类在时间与空间上不可能同大自然相比。难怪渥维克、库兹韦尔认为,人工智能完成对人的全面取代,只需几十年时间。农业技术时代有几千年,工业技术时代有几百年,而人工智能技术时代可能只有几十年。技术越先进,其负面作用就越大,存在期就越短,人类终结也就来得越早。高效益与高风险,是一枚硬币的两面。刘易斯写道:“技术的风险是真实的,风险的确存在,有时潜伏等待着。眼前的威胁很小,但有可能在将来造成真正的问题。”①人工智能技术造成的人类危机,根本无“潜伏等待”可言,它就在眼前。面对咄咄逼人的挑战,渥维克表示无可奈何。库兹韦尔在《灵魂机器的时代》引述了卡辛斯基的话:“科学家成功地开发出在各方面都超过人类的智能机器。这样,大概所有的工作都会由庞大的、高度组织化的机器系统来完成,根本无需人类的劳动。”“人类的命运将会被机器控制。”库兹韦尔评论道:“接着,他说出了自己的基本断言,即技术‘弊大于利’……这正是我们的分歧所在。”“尽管风险是实实在在的,我的基本信条是,技术发展的潜在好处值得我们去冒险。”②

笔者曾说过,发展技术时“能够”不等于“应该”。即使技术能制造人的感情,也不应该这样做。现在笔者还要说:“能够”不等于“需要”。我们现在能开发 ChatGPT,但不等于需要这样做。对于当下发展经济、改善生活来说,现有的技术已经足够了。ChatGPT 干扰、冲击、破坏了正常的智能工作、教育、科学研究、文艺创作。当今国际社会的尖锐矛盾,也不是 ChatGPT 所能解决的。笔者认为 ChatGPT 的弊可能大于利,而且弊正在加速增大,所以必须节制它的发展。而节技的关键是节欲。技术越先进,对人的诱惑越大。纵技的根源是纵欲,纵欲即纵火。

---

① [美]H. W. 刘易斯:《技术与风险》,杨健、缪建兴译,北京:中国对外翻译出版公司,1997年,第253页。

② [美]雷·库兹韦尔:《灵魂机器的时代——当计算机超过人类智能时》,沈志彦、祁阿红、王晓冬译,上海:上海译文出版社,2002年,第205—206、218页。

2023年3月29日,马斯克等千人签署的公开信发表,呼吁所有AI实验室立即暂停训练比GPT-4更强大的AI系统,暂停时间至少6个月。信中提出四问:"我们是否应该让机器充斥着我们的信息渠道,传播各种虚假信息?我们是否应该将所有的工作自动化,包括那些让人有成就感的工作?我们是否应该开发可能最终超越甚至取代我们的非人类智能?我们是否应该冒着失去对文明控制的风险?"这四个问题问得好,表明这些科学家已意识到了ChatGPT存在的巨大风险。但暂停6个月,又能解决什么问题?

约束技术,很难;约束人工智能技术,更是难上加难,其原因要到技术的本性与人的本性中去探讨。雅斯贝斯说:"技术不仅带来了无可估量的机会,而且也带来了无可估量的危险,技术已成为独立而猛烈的力量。"①技术的"独立"力量,就是它自身的逻辑。人能主动设法满足自己的欲望,并能创造新的欲望,力求欲望满足的最大化。技术是人满足欲望的有效工具。技术始于对人的欲望的满足,并能创造人的新欲望,从中获得效益,并追求效益的最大化。技术具有人的"基因",技术的逻辑是人求欲、求利逻辑的外化。技术逻辑本质上是资本逻辑。资本逻辑追求剩余价值的最大化,并使剩余价值转化为资本,使自身实现增值,使经济系统不断扩张。王治东指出:"资本的本性就是追求利润,并且追求利润最大化,以此不断达到价值的增值。功用性与效用性原则就是资本本性的体现,这也是资本逻辑的核心所在。"②技术与资本的结合,成为技术发展的强大动力。一项技术创新获得回报后,就被当作资本,再提出技术创新的新课题,创造更新的技术,以获取更高的回报。如此不断进行,技术便不断增值。

人追求自身利益的最大化,是丛林法则的根源;技术追求效益的最大化,是技术灾难的根源。库兹韦尔说:"奇点临近暗含一个重要思想:人类创造技术的节奏正在加速,技术的力量也正以指数级的速度在增长。"③技术追求效益的最

---

① [德]卡尔·雅斯贝斯:《历史的起源与目标》,魏楚雄、俞新天译,北京:华夏出版社,1989年,第118页。

② 王治东:《资本逻辑视域下的技术正义研究》,北京:人民出版社,2021年,第14页。

③ [美]雷·库兹韦尔:《奇点临近》,李庆诚、董振华、田源译,北京:机械工业出版社,2011年,第1页。

大化必然引发技术发展速度的最大化。技术只有加速器,但没有刹车的装置。这必然导致技术竞争,这是约束技术的最大障碍。所有的竞争都是为了自身利益的最大化,都有很大的负面作用。按照丛林法则进行的竞争既激烈又残酷。当一些国家和地区约束技术的时候,正是其他国家和地区发展技术的好机会。谁约束,谁就落后;谁落后,谁就挨打。这注定约束技术是很难真正实现的,除非如恩格斯所说,人类“经过长期的、往往是痛苦的经验”①后,对技术有了更深刻的认知。当今国际社会,各个国家都要竭力发展技术,这是生命攸关的事。拥有某项新技术的国家越少,它的技术优势就越强。当各国都拥有这项技术时,拥有这项技术的优势为零,会形成巨大的内耗。这又促使各国开发更新的技术,人类很难走出这个怪圈。既然如此,为什么笔者再一次呼吁对技术的开发和应用加以必要的约束呢? 因为节技虽收效甚微,但总比纵欲好。人类已患有严重的“技术病”,必须主动治疗。人类只有妥善处理人与技术的关系,才能挽救自己,延长自己的生命。

---

① [德]弗里德里希·恩格斯:《自然辩证法》,中共中央马克思恩格斯列宁斯大林著作编译局译,北京:人民出版社,2018 年,第 315 页。

下篇

第十一章　元哲学视角下的“人工自然哲学”

人工自然是人类借助技术手段,通过实践活动能动地改造天然自然的产物。人工自然是相对于天然自然而言的,天然自然是无人的自然或人类出现之前的自然。因为人的出现才有人工自然,而恰恰是因为人工自然的创建,才使人成为自然界中独有的风景。在这个意义上,人工自然与人具有相互的建构性,这也意味着人工自然的历史与人的历史具有同步性。20 世纪 60 年代,于光远先生最早提出人工自然理论是自然哲学的重要内容,这个论断是具有中国哲学智慧的理论独创。对今人而言,将具有中国风格和中国气派的哲学思想发扬光大是我们光荣而神圣的使命。当前,在人与自然关系矛盾不断加大、雾霾等环境问题不断彰显的情况下,深入挖掘人工自然理论的哲学内涵,构建人工自然哲学体系,对认识和解决人与自然的关系具有借鉴和启发意义,也会推动自然哲学新的发展。

一、人工自然理论研究溯源

“人工自然”概念在马克思哲学中能够找到相关渊源。马克思在《1844 年经济学哲学手稿》中谈及:“被抽象地孤立地理解的、被固定为与人分离的自然界,对人来说也是无。”①唯有人参与的自然界才是具有存在意义和存在价值的自然界。在这里,马克思用的是“人化自然”的概念。“人的感觉、感觉的人性,

① 《马克思恩格斯全集》第 42 卷,北京:人民出版社,1979 年,第 178 页。

都只是由于它的对象的存在,由于人化的自然界,才产生出来的。"①但马克思对"人化自然"概念并没有做更多解释和阐述。就"人工自然"与"人化自然"这两个概念而言,国内学术界有学者沿用"人化自然"的概念,也有学者认为二者没有本质区别。陈昌曙就认为"没有什么原则的不同,甚至没有宽窄的区别"②。事实上,"人化自然"概念与"人工自然"概念是有区别的。"人化自然"概念在人与自然的关系上强调自然具有人的属性和印记;"人工自然"概念强调人通过劳动而形成物的形态。相对而言,"人工自然"概念更能细致揭示人与自然的真实关系。

于光远认为,重视人工自然的研究是我国自然辩证法研究的特色之一。"我们中国自然辩证法的研究有一个特色,不但国外研究自然科学哲学问题的学者不一定了解这个特色,就是我国的自然辩证法研究者也不一定都了解这个特色。这个特色,就是我们不但注意研究天然的自然,研究自然界的客观过程,而且注意研究人工的自然,研究人如何征服自然和改造自然。这个特色可以说很早以前就有的,但是我们越来越自觉。"③对于这一问题,于光远先生将之上升到我国的一个哲学学派的高度,并多次系统地阐述这一思想,相关文献主要有《一个哲学学派正在中国兴起》(《自然辩证法研究》1992 年第 6 期)、《一个哲学学派正在中国兴起》(江西科学技术出版社 1996 年版)和《关于"我国的一个哲学学派"》(《自然辩证法研究》2004 年第 2 期)等。

学界从理论构建角度推进"人工自然"研究是 20 世纪 90 年代后的事。1993 年 7 月,中国自然辩证法研究会自然哲学委员会在大连理工大学召开研讨会,会议达成共识,认为人工自然就其哲学观念而言是一种崭新的世界观,强调人工自然理论的提出对解决人与自然关系问题具有重要的理论意义和现实价值,并组织编写了关于人工自然理论的相关著作。2000 年 7 月,由林德宏、陈洪良主编的《迈向新世纪的课题——人工自然研究》出版。至此,关于人工自

---

① 《马克思恩格斯全集》第 42 卷,北京:人民出版社,1979 年,第 126 页。

② 陈昌曙:《技术哲学引论》,北京:科学出版社,1999 年,第 44 页。

③ 于光远:《我国自然辩证法研究的特色之一——重视人工自然的研究》,《自然辩证法通讯》1983 年第 5 期。

然的理论研究进入崭新阶段。由于 1993 年会议的辐射作用，在此以后，多篇研究文章在专业杂志上发表，关于人工自然的理论研究在哲学界逐渐形成氛围并出了很多成果。在对“人工自然”的理论建构过程中，于光远是从哲学学派角度定位人工自然研究的，将之纳入自然辩证法体系。他认为天然自然研究是自然辩证法的上篇，人工自然研究是自然辩证法的下篇。陈昌曙在《试谈对“人工自然”的研究》①一文中，对什么是人工自然、人工自然的特点、人与自然的关系以及人工自然的性质与机制进行了前瞻性的思考，并建立了以人工自然论为基础的技术哲学体系，形成技术哲学研究的东北学派。林德宏认为，“人工自然观研究是自然观研究的新阶段，要努力创造一门新学科——人工自然论”②，并将自然哲学分为“自然本体论、自然发展论、人工自然论和人与自然关系论”四部分，认为自然哲学研究应“从自然本体论转向自然发展论、从天然自然观转向人工自然观”③。吕乃基探讨了传统自然哲学的不足或缺陷：“其一，单纯从本体论和认识论角度研究自然，尤其以本体论为主；其二，讨论的对象主要是与人相分离的自然，即使涉及人，也把人当作物来理解；其三，自然哲学赖以建立的地基是近代科学与相应的哲学思想。正是近代科学割裂人与自然的联系并把人视为物。”④他同时指出，人工自然哲学作为一个新的研究领域正在形成之中。他对由自然哲学到人工自然哲学的路径与存在的困难进行了思考，并尝试了两种建构路径：一是借鉴自然哲学概念、体系建构人工自然哲学体系，二是以马克思历史唯物主义为指导建构人工自然哲学体系。以上思考与建构对人工自然研究而言都是奠基性的理论。

目前围绕着人工自然理论建构，研究呈现为多种进路和维度。

第一种，自然哲学的研究进路。这一研究进路关注人工自然的基础理论内涵研究，包括林德宏、吕乃基、肖玲等学者都是其积极推动者。这一进路对人工自然认识论也有推进，还从认识论的角度探讨基于实验的人工自然的建构与科

---

① 陈昌曙：《试谈对“人工自然”的研究》，《哲学研究》1985 年第 1 期。

② 林德宏：《自然观研究的新阶段》，《自然辩证法研究》1993 年第 12 期。

③ 林德宏：《自然哲学研究新构想》，《南京社会科学》2000 年第 6 期。

④ 吕乃基：《从自然哲学到人工自然哲学》，《自然辩证法研究》1993 年第 12 期。

学认识的关系。研究者认为，人工自然研究是自然辩证法（科学技术哲学）研究的基础。自然哲学的研究重点应从天然自然转向人工自然，使具有古老历史的自然哲学同现实生活发生密切关系，获得新的生机。

第二种，技术哲学的研究进路。这也是一条主要的研究进路，因为“一旦技术被置入自然之中，技术就产生一个‘人为’的世界”①。技术对人工自然的建构意义重大，以陈昌曙为代表的东北学派的诸多学者是从这条进路推进研究的。他们致力于研究“人工自然”的本质与特点，构成了中国技术哲学的基本内容。“陈昌曙先生在1999年出版的《技术哲学引论》，标志‘人工自然’理论的创立。在这个阶段陈昌曙把中国技术哲学明确为自然改造论，而‘人工自然’成为技术哲学的逻辑起点。”②

第三种，工程哲学的研究进路。工程是人工自然的物化形态，是典型的人工自然形式。李伯聪通过《人工论提纲》③《工程哲学引论》④两部著作，对“工程”这种人工自然的特殊形态有深入的探索。但工程哲学更多关注工程价值和工程伦理等问题，人工自然理论研究在工程哲学领域还有待进一步探索与挖掘。

第四种，生态哲学、环境哲学研究进路。有很多学者从生态哲学视角考察人工自然问题。当然，这一进路研究者一般不关注人工自然的基础理论，多是以环境哲学或环境伦理学的形态出现，并以自身理论建构为使命。

第五种，创造哲学、经济学等视角。也有学者从创造哲学、经济学等视角对人工自然相关问题进行研究。张明国（2010年）对人工自然的创造本质和规律进行了深入的探讨⑤；包国光、王健（2004年）探讨了人工自然的增殖性、人工自

---

① [荷兰]E. 舒尔曼：《科技文明与人类未来——在哲学深层的挑战》，李小兵、谢京生、张锋等译，北京：东方出版社，1995年，第119页。

② 郑文范、纪占武：《论陈昌曙人工自然观与科学、技术、工程、产业、社会统一的“五元论”》，载于《2012年全国科学学理论与学科建设暨科学技术学两委联合年会论文集》。

③ 李伯聪：《人工论提纲》，太原：山西科学技术出版社，1988年。

④ 李伯聪：《工程哲学引论》，郑州：大象出版社，2002年。

⑤ 张明国：《试论人工自然的本质和创造及其规律》，《北京化工大学学报（社会科学版）》2010年第3期。

然的结构与劳动的关系[①]；张斌、赵英才(2006 年)探讨了人工自然的经济嵌入性和经济循环问题[②]。

通过以上研究，人工自然及其哲学研究实际上已成为一个重要的研究领域，也引起了国际社会的关注。

自然哲学、技术哲学、工程哲学、生态哲学、环境哲学等多学科领域的研究，开创了人工自然理论研究体系的先河，丰富了其内涵，也体现了研究的重要性和丰富度，但也显示出问题所在，即研究的分散性在某种意义上消解了人工自然哲学的元哲学性和核心地位。总体而言，当前人工自然哲学研究还没有上升到元哲学的高度，研究还相对零散，缺乏具有整合力的研究，并且缺少系统的学术专著。

如何寻求更具高度、深度和广度的突破，进行跨越学科界限的理论整合，更加充分切实地推进人工自然相关理论的研究，成为学术更新的内在要求。在我们看来，人工自然研究应该上升到元哲学高度，做“人工自然哲学”研究，而不是“人工自然的哲学研究”。

二、构建人工自然哲学体系

构建人工自然哲学理论体系是个宏大的命题，是否具有可能性，如何具有可能性，这是值得探讨的问题。我们认为，从元哲学角度对人工自然哲学进行系统研究具有理论上的可能性。

其一，欧美近现代哲学发展出完善的科学哲学与技术哲学形态，但缺少自然哲学形态，这是一种遗憾。自然哲学要发展，要从传统的自然哲学研究向人工自然哲学研究转变。在二者关系上，人工自然哲学应该是自然哲学的一种新形态，更具基础地位。

---

① 包国光、王健：《人工自然范畴和人工自然的结构特性》，《东北大学学报(社会科学版)》2004 年第 1 期。

② 张斌、赵英才：《人工自然：生态嵌入与经济循环》，《自然辩证法研究》2006 年第 2 期。

其二，马克思主义哲学在探讨人对自然界的认识与改造时，用的是“实践”的理论，这个理论是科学、成熟和理性的。但“实践”理论只呈现了改造物质的活动，没有深入体现人与自然的关系属性。事实上，实现人与自然关系具体改变的是“创造”行为。人工自然哲学恰恰体现了这种创造性行为。在人与自然的关系上由“实践”上升到“创造”，如同从“变化”上升到“发展”，具有重要理论地位。

其三，人工自然与天然自然的区别在于，人工自然用人的创造取代了天然自然的演化，这种取代主要是人的精神创造的结果，是精神对物质能动的体现。人工自然哲学强调精神对物质的创造作用，具有积极的认识论意义，因而在一定意义上超越了传统的唯物主义与唯心主义的对立。

另一方面，人工自然的构建具有现实的可行性。

天然自然是无人参与的自然界，认识这样的自然界是必要的，也是有局限的，只有与人发生现实联系的自然界才是对人具有真正现实意义的自然界，这样的自然界需要更多的哲学关注和研究。尤其是当前人与自然关系愈加复杂化，环境问题凸显，更需要哲学深层关注与现实深切关照紧密结合。事实上，雾霾等环境问题并非突如其来，是科技发展、经济发展过程中人工自然与天然自然的不适应、对抗的结果。这一系列问题为哲学提供了思考空间，当然，解决问题需要更多的哲学智慧。人工自然哲学在今天愈发具有回应现实的重大使命和意义，因为人工自然哲学研究的是自然哲学、技术哲学、工程哲学、环境哲学、产业哲学等哲学理论研究的逻辑起点。体系性的研究有望实现研究的跨越，突破相关研究的壁垒，使哲学的内容更加丰富。

如何使理论上的可能和现实的可行变为理论的必然，这也取决于方法的合理性。在研究方法上坚持元理论分析方法，将人工自然哲学研究上升到元哲学层次进行理论的建构与分析，以此探讨人工自然哲学的理论发展路径，做到理论深层解读与现实深切观照的紧密结合。坚持历史与逻辑相结合的方法，结合自然史、人类史、技术史、哲学史和文化史的发展脉络，探寻人类创造性行为对自然的影响与改变，揭示人工自然的深刻哲学内涵。采取跨学科方法，将自然哲学、技术哲学、工程哲学、生态哲学、创造哲学、文化哲学、发展哲学等进行理论统合，寻找更本质层面的理论基础，寻求宏观、中观与微观相结合的理论研究。

三、人工自然哲学建构路径

在研究内容上可以从人工自然本体论、人工自然认识论、人工自然价值论、人工自然文化论和人工自然发展论五个维度推进相关研究。

（一）人工自然本体论研究维度

人工自然本体论研究是人工自然哲学研究的基础，但本体论有多种理解，基于传统本体论，从宇宙起源角度而言，人工自然是人出现之后的产物，不具备本体意义，天然自然才具有本体意义。但是我们认为，要把无人以前纯粹自然界的历史和有人以后的历史相区别。有了人以后，本原问题有了新的内涵和理解——文化的创造物是人类历史和人类文化的本原。在哲学基本问题中，物质决定意识，意识对物质具有能动作用。而在人工自然哲学中，物质转化为人工物的前提是人的创造性的建构。对于天然自然而言，物质性永远是第一性的，而对于人工自然而言，人的意识对人工自然而言具有前置性。“体现了意识对物质的能动作用，人工自然是在人们意识之外的客观存在，但就人工自然的产生和发展来说，它却是依赖于人们的意识的，是人们的目的、计划、意志的体现。在人工自然中凝结着人们的创造性、能动性，表现了科学技术的作用，人工自然属于精神变物质的领域。人们不仅在物质生产中创造人工自然，而且通过科学实验和其他活动创造出天然自然中本来不存在的东西。”①

在人工自然哲学本体论问题域中存在两个认识框架：一是人工自然的文化本体论。文化即是人化，文化的本体都是源自人工物。在此意义上，工具、技术以及人类的创造物不再被视为一种外在于人的被动物体，而是人本身具有的内在的动力，这种动力促成了人的形成，人和社会的发展进步就是人工自然物不

---

① 陈昌曙：《试谈对“人工自然”的研究》，《哲学研究》1985年第1期。

断建构的结果。人以社会本质为主要特征，人的进化不仅是生物意义上的进化，更是文化意义上的进化。“人类自身的进化的成功，在很大程度上是有幸掌握了工具的制造和使用并使它传承下去，因此，人类进化史的基础是技术史。”①二是人工自然的创造本体论。人工自然物是人观念的物化，它的结构与功能取决于人的设计与制造。从创造本体论的角度讲，先有人的观念，然后才会有人工自然物。

以上所探讨的人工自然的本体论依据何在？也就是说，人工自然哲学本体论要探讨和寻找的人工自然得以实现的形而上的依据在哪里？我们认为，“物质”(matter)与“物”(thing)概念蕴含了人工自然的这种本体论依据。二者的关系是抽象与具体、普遍与特殊的关系。“‘物质’是泛指除精神之外的宇宙中的一切存在。而‘物’是同人发生联系的、进入人类视线的物质，一句话，物质进入人的生存活动中则成为‘物’。因此物是相对于人的概念，物是人所需要的物质，人的生存是不断把物质变为物的过程。没有人也不存在物。”②物有自然因素，物也有人的因素。人工自然研究是关于“物质”的研究，这是基础，又是关于“物”的研究，这是依据。在这个意义上，“物”在人工自然哲学中能够上升到本体层次，人工物因此具有了本体论地位。因此关于“物”的哲学研究也是本体论研究的重点。

（二）人工自然认识论研究维度

在人工自然哲学的框架下，很多认识论问题需要进一步探讨。传统的身-心关系、物质-意识关系、心-物等关系问题有了新的哲学探索内涵和空间。

首先，主客体关系在认知过程中地位发生变化。人工自然通过技术的建构作用不断发展，在主客体关系层面，客体渐趋主体化，如人工自然的高级形式——物联网技术的发展在此方面就带来新的挑战。在物联网技术中，物可以发出信息和指令，可以与人交流和对话。反过来，主体也不断客体化，人也是

---

① [美]詹姆斯·E. 麦克莱伦第三、哈罗德·多恩：《世界史上的科学技术》，王鸣阳译，上海：上海科技教育出版社，2003 年，第 9 页。

② 王治东：《物联网技术的哲学释义》，《自然辩证法研究》2010 年第 12 期。

物，是物联网智能体系中的一部分。由此，主客体之间关系变得不再具有确定性，这种关系的变化也使认识的结构发生改变。这种变化意味着什么？刘晓力认为，“如果一个主体在其认知过程中依赖的外部环境越来越复杂，则混合体（hybrid）的认知系统必将越来越庞大，主体个体的独特性必将越来越弱，与世界融合为一的延展心灵的个体性也必将逐渐丧失，以这样一种抹杀了主体与世界根本界限的超大心灵，我们还如何界定作为个人的人（person）的概念？如何界定人类理性的概念？”①以上问题确实需要做进一步的哲学探讨。

其次，人工自然对科学认识的建构意义。人工自然对科学认识的建构意义重大，这种建构是通过科学实验完成的。科学实验是科学研究的主要方式，是达到科学认识的重要手段。人工自然是理想化的自然，是按人的目的建构的新的自然，人工自然本身也是科学认识和研究的对象。肖玲、林德宏认为，“实验中的人工自然的优点，是使研究对象的本质能比较单纯、比较充分地展现，以便于认识和把握。就此而言，人工自然是天然自然本质的集中表现形式，是本质化的天然自然，比天然自然更能体现其本质”②。因此，人工自然对科学认识具有积极的建构意义。

（三）人工自然价值论研究维度

人工自然的发展是借助技术手段通过认识自然和改造自然的实践完成的。但当技术发展到通过技术可以取代完整意义上的人本身的时候，技术的建构意义发生逆转，人的自身价值受到了挑战，问题因此而出现。物本主义问题、环境问题、技术伦理问题等都是其中重要的问题。

人类通过人工创造和改变世界，但原本人类在劳动中获取的价值体验逐渐被物取代，人的价值渐趋丧失，这是人工自然发展的一大悖论。人与自然、天然自然与人工自然、生态环境与社会发展、物质资源与经济增长之间的关系变得日益紧张。通过人工自然的研究可以对“天然自然的价值与人工自然的价值”

---

① 刘晓力：《延展认知与延展心灵论辨析》，《中国社会科学》2010 年第 1 期。

② 肖玲、林德宏：《人工自然的建构与科学认识——从科学实验的本质谈起》，《哲学研究》2010 年第 12 期。

"天然自然物的价值与人工自然物的价值""人工自然物的价值与人的价值"之间的关系进行系统思考。

人工自然关涉的伦理问题众多,技术伦理、环境伦理、工程伦理、"人造生命"伦理、人与自然关系伦理等伦理问题都是不能忽略的问题。价值层面的探讨离不开伦理道德的指向,也离不开实践智慧的关切。实践智慧既凝结着体现价值取向的德性,又包含着关于世界与人自身的智慧、认识、知识和经验,并作用于人的现实能力。在人工自然哲学的伦理向度上,需要实践智慧,因为这意味着人类能够在创造和改造自然的同时,伴随着理性的行动作出有益或有害的取舍。

(四)人工自然文化论研究维度

人工自然的创造方式也是人的生存方式。人类创造了人工自然后,又形成了对人工自然的依赖。这种依赖也体现为文化的依赖和生存选择的依赖。因为人工自然蕴含深刻的文化内涵,并具有文化本质。器物文化是各种文化形态的物质基础,说到底都来自天然自然,都是人工自然物。在这个意义上可以说,自然是人类文化的原始基础,自然是文化之根。文化源于自然,又超越自然,这是通过人工自然的构建实现的。远离或破坏自然,人类文化创造的源泉就会枯竭。

人工自然文化本质研究可以有三个思考维度:在历时性上关注古今差异,在共时性上思考中西差异,在文化形态上探讨科技文化与人文文化的差异。同时能够兼具探讨以上三个维度的内涵、关系与发展状态,这也是对经济、社会发展的文化观念层次的追问。

(五)人工自然发展论研究维度

人工自然具有矛盾的品格,它既是自然又不是自然,相对于天然自然,它是"异己"的伙伴。当前,人工自然不断"挤压"天然自然,向天然自然渗透的广度、深度急剧提高。两类自然关系问题,已成为人工自然发展的主题。正如马克思所言:"随着人类愈益控制自然,个人却似乎愈益成为别人的奴隶或自身的卑劣行为的奴隶，甚至科学的纯洁光辉仿佛也只能在愚昧无知的黑暗背景上闪耀。我们的一切发现和进步，似乎结果是使物质力量具有理智生命，而人的生命则化为愚钝的物质力量。”①这也是改造自然、控制自然、掌握物质力量的悖论。我们只有掌握人工自然发展规律，才能合理、有效地控制它的发展方向、规模和速度，尽量减少它的负面效应。

人工自然既有积极的动力，也有消极的影响。人工自然实质上是自然而然的事物被非自然的行为所改变，破坏其惯常行程的结果。事物被改变之后有两种发展态势：一是良性发展，新事物生机勃勃；二是恶性发展，新事物带来困境和灾难。人工自然发展也有这两种状态，这就意味着人工自然有利有弊。如要趋利避害，就需要通过人工自然发展论来探讨。既要尊重自然规律，又要尊重社会发展规律，构建和谐自然是一条必由之路。要从人工自然建设转向和谐的人工自然建设或者说是生态自然建设。人工自然哲学研究是对经济社会发展现实问题的思考和追问。人与自然之间的关系不能走向极端，只能在整合中寻求和谐之路。人工自然作为人与环境关系的集中展现，既要实现人的目的性，也要符合自然规律性，这需要自然发展论给出合理性的探讨。

因此，人工自然哲学既是哲学自我发展逻辑的内在体现，又是解决人与自然关系矛盾的现实需要。与以往去人化的自然哲学不同，人工自然哲学并非仅仅是纯粹形而上的哲学思辨，人工自然哲学扎根于人的创造性行为所形成的现实的人工环境，着眼于人与自我创造之间的现实关系，具有鲜明的、现实的生存关照品质，是充满生存智慧的哲学，也是一个具有广阔研究空间的、方兴未艾的研究领域。

---

①《马克思恩格斯全集》第 12 卷，北京：人民出版社，1962 年，第 4 页。

第十二章　资本逻辑视域下的技术与正义

目前，关于技术的概念有百种之多。其实技术有多少定义都无可厚非，因为技术是复杂的系统，技术具有多面性，任何一个角度和层面的研究都会推进对技术的理解。无论如何界定技术都必须确立两个前提：一是技术是如何产生的？二是技术的进步的动力机制是什么？换言之，今天技术发展速度越来越快，技术的作用越来越大，技术的应用越来越广泛，技术的效率越来越高的原因何在？本文认为，这恰恰是技术的资本逻辑决定的，技术内在地具有资本逻辑，由此，必须面对技术与正义的关系问题。

一、技术本性与资本逻辑

马克思在《资本论》中将资本总公式表述为 G—W—G′，其中 G′＝G＋△G。体现了资本不断追求剩余价值的最大化、不断追求增殖扩张的本质。资本逻辑就是资本寻求增殖的逻辑，毫无疑问，资本的本性是求利的，而且追求利益最大化。

技术的本性与资本逻辑一致，也具有求利性。利益有广义和狭义之分，狭义的利益单指物质利益。广义的利益实际上是指人生存发展一切条件的综合，不仅包括物质利益也包括精神利益。早在甲骨文中就出现了“利”字。“利”是禾与刀的结合，是会意字。中国古代经济以农业为主，禾为主要农作物。以刀割禾，意为收获。从字面上诠释，实现“利”一般有两个条件：一是必须以“刀”即工具做基础和条件，而工具必须锋利，引申为利器；二是必须有所获，借助工具带来需要之物。“利”既有人欲之需，又有获取之径。而获取途径借助各种方式和方法，其中重要的途径之一就是技术。林德宏教授认为：“人既然是一种动物，其存在就必然要消耗物质资源，就必然要追求效率。人与其他动物的区别在于：只有人能够理性地认识到资源的短缺，并自觉地力求用尽量少的精力与时间获得尽量多、尽量好的物质资源，尽量提高有限物质资源的使用效率。人类的成功在于发现与创造了一种极其高效的手段——技术。”①人类改变如此之大，就在于找到了技术作为自己谋取生存利益的工具。

技术是用物质力量改变世界的，从这个意义上讲，技术是以最直观的形式展示人的本性的。而反之，人的本性对技术的发展有重要影响，人类生存与技术发展是因果互为过程。技术是人的基本生存和发展方式。求利，必先利其器，要“君子也要善假于物”。这是技术发展的人性之根本。柏格森认为：“意识是为了制造而制造，还是不知不觉地、甚至无意识地不追求另外的东西？制造就是把形式给予物质，使物质服从，使物质变样，就是把物质变成工具，以便把物质占为己有。正是这种有益于人类的控制，比发明本身的具体结果更有力量。”②在人求利过程中对技术发展形成正反馈机制，人的需求、欲望越强，技术发展速度越快。这也是今天技术发展越来越快、应用越来越广，作用越来越大的根源所在。技术发展速度之快、应用范围之广和效率之高，是符合人性的。也有学者认为，技术是作为经济生活的侍仆而存在的，“技术常常被发现处于经济力量的支配之中。在这样的情况下，劳动的经济价值逐渐贯彻为生产过程的唯一规范，因为这一标准是能提供最大利润的标准”③。通常人们关注技术创新都是与经济发展相联系的，对技术创新也是从经济学角度来研究居多。20世纪初，美籍奥地利经济学家熊彼特首次将“创新”视为经济增长的内生变量，认为“创新”就是把生产要素和生产条件的新组合引入生产体系，即“建立一种新的生产函数”，其目的是获取潜在的利润。

---

① 林德宏：《物质精神二象性》，南京：南京大学出版社，2008年，第521页。

② [法]亨利·柏格森：《创造进化论》，姜志辉译，北京：商务印书馆，2004年，第153页。

③ [荷]E.舒尔曼：《科技文明与人类未来——在哲学深层的挑战》，李小兵、谢京生、张锋等译，北京：东方出版社，1995年。第358页。

让-弗朗索瓦·利奥塔尔在《后现代状态:关于知识的报告》中认为:“18世纪末第一次工业革命来临时,人们发现了如下的互逆命题:没有财富就没有技术,但是没有技术也就没有财富……过去正是对财富的欲望大于对知识的欲望,强迫技术改变行为并且获得收益。技术与利润的‘有机’结合先于技术与科学的有机结合。”①经济活动中的交换对技术的发展产生不可思议的影响。“被普遍性的趋势贯穿的种族的分化,就是技术本身分化的根源。趋势切实地实现于这种分化之中,也就是说,趋势在分化中通过最优技术形式的选择得以完成。”②与科学相比,技术体现了功利的本性。科学往往诉诸理性的追求和逻辑的魅力。“一旦经济主义主宰了技术,利润取得了核心的意义,商品的生产就不再受到消费者的当前需要的支配。相反,需要是为了商业性的原因而通过广告创造出来。技术的产品甚至不经过人们的追求而强加于人们。”③技术必须以功利为目的,追求产品化,占领市场。没有功利就没有技术。没有技术也就没有社会的进步。

马克思指出:“不论是生产本身中人的活动的交换,还是人的产品的交换,其意义都相当于类活动和类精神——它们的真实的、有意识的、真正的存在是社会的活动和社会的享受。因为人的本质是人的真正的社会联系,所以人在积极实现自己本质的过程中创造、生产人的社会联系、社会本质,而社会本质不是一种同单个人相对立的抽象的一般的力量,而是每一个单个人的本质,是他自己的活动,他自己的生活,他自己的享受,他自己的财富。上面提到的真正的社会联系并不是由反思产生的,它是由于有了个人的需要和利己主义才出现的,也就是个人在积极实现其存在时的直接产物。”④马克思在其资本理论中强调资本的商品性与增值性,逻辑在于“(1)资本是一种生产资料需求。近代资本的

① [法]让-弗朗索瓦·利奥塔尔:《后现代状态:关于知识的报告》,车槿山译,北京:生活·读书·新知三联书店,1997年,第93—94页。

② [法]贝尔纳·斯蒂格勒:《技术与时间:爱比米修斯的过失》,裴程译,南京:译林出版社,2000年,第60—61页。

③ [荷]E.舒尔曼:《科技文明与人类未来——在哲学深层的挑战》,李小兵、谢京生、张锋等译,北京:东方出版社,第359页。

④《马克思恩格斯全集》第42卷,北京:人民出版社,1979年,第24页。

第一个前提是私有制，其本质是劳动者生活资料需求和生产资料归属问题。(2)资本是一种财富或权利，劳动者变为无产者的本质是社会财富分配给少数有产者。财富分配是资本出现的另一原因。(3)资本是生产要素与财富的具体结合。近代资本的核心问题是生产力因素与社会财富私有化，资本主义资本是生产力因素和财富的一种特殊结合"①。

因此，这个意义上技术本性与资本逻辑具有内在的共契性，二者殊途同归于增殖和求利之中。

二、技术走向资本逻辑的历程

尽管技术与资本在逻辑上具有内在一致性和同构性，但也不是天然地结合的，二者结合是一个历史过程，其中体现了技术资本化和资本技术化的内在需求。技术如何具有资本逻辑的？这是必须面对和解决的问题。技术转为资本形式，首先技术要成为技术资本。"技术资本的产生，起因于生产和经营对技术的需求，形成于市场交易和新的经济活动。"②一般而言，技术要想成为技术资本，首先要通过生产劳动，技术成为现实生产力；二是通过财产权确认技术的归属；三是要进入流通领域，通过买卖交易实现增值。"市场经济中的人力、货币、劳动对象和工具等各种生产要素，只有进入市场交易过程，通过购买，将货币、人力和机器再投入到生产而变为资本，才能创造价值。所以，技术转变为现实生产力的过程，实际是技术生成资本的过程。"③

马克思认为，技术延长了人的"自然的肢体"。"劳动资料是劳动者置于自己和劳动对象之间、用来把自己的活动传导到劳动对象上去的物或物的综合体。劳动者利用物的机械的、物理的和化学的属性，以便把这些物当作发挥力

① 罗福凯:《论技术资本:社会经济的第四种资本》,《山东大学学报(哲学社会科学版)》2014年第1期。
② 罗福凯:《论技术资本:社会经济的第四种资本》,《山东大学学报(哲学社会科学版)》2014年第1期。
③ 罗福凯:《论技术资本:社会经济的第四种资本》,《山东大学学报(哲学社会科学版)》2014年第1期。

量的手段，依照自己的目的作用于其他的物……这样，自然物本身就成为他的活动的器官，他把这种器官加到他身体的器官上，不顾圣经的训诫，延长了他的自然的肢体。”①技术成了人类本质力量的外化，使人体的机能得到了强化和延伸。然而，在技术逐渐走向成熟并且推动社会发展的过程中，技术与资本的关系也在悄悄地发生着变化，二者从相互分离走向了通力合作并形成合谋之势。这个历程体现为三个阶段。

一是分离阶段，表现为“技术与资本”形式。

在人类攀升过程中，跨得最大的一步就是从游牧生活转向村居农业。原始农业的出现促使工具需求的产生，农耕文明的技术对象是农作物、猎物和水产品。技术体现在工具上，技术产品是被消耗掉的生活必需品。在这个过程中，凸显了工具的功能而淡化了技术产品的形式。“在手工劳动中，原始技术同劳动者不可分离。采集、狩猎、农业和手工业劳动都是手工劳动。劳动器官是手，工具是手的补充。手工劳动的技术，是最原始的技术，表现为劳动者的技能，即手控制手工工具的能力。这种原始技术本质上是人的体能。人的体能有两种功能：一是改变物体状态的能力，即体力；二是控制物体的能力，在手工劳动中就表现为控制手工工具的能力，这就是最早的技术——体技或手技。”②这个时期的工具技术体现了对人的依赖。

可以说，农耕技术是人类历史对自然的首次利用与实践，人类从游牧文明走向定居文明，并在农业发展的基础上建立了国家，进入了文明社会。从原始社会一直到封建社会长达几千年的发展中，土地是主要的生产生活资料，人类技术的发展着眼于如何在一定的土地上收获更多的农产品，农民根据自身长期对土地耕作的主观体验来经营生产生活资料。在这种情况下技术更多地体现为一种经验知识、意会知识、地方知识，不可被编码。严格地讲，农耕文明自给自足的经济形式是不利于资本增殖的，资本增殖一定要进入流通领域，在这个意义上，资本开始于工场手工业时代。由此，在农业社会，技术与资本实际上仍

① 《马克思恩格斯全集》第42卷，北京：人民出版社，1979年，第24页。
② 林德宏：《科技哲学十五讲》，北京：北京大学出版社，2004年，第235页。

是分离的，拥有生产技术者与土地拥有者并不同一，这种不同一使技术和资本即使在本性上具有共契性，但因职业的分工造成技术与资本的分离。从另一个角度讲，在这段时期内人类技术的发展是比较缓慢的，生产力的发展也是如此。二者是外在化的关系，表现形式是“技术与资本”形式。

二是结合阶段，表现形式为“技术-资本”形式。

新航路的开辟打开了世界市场，使科技与商业活动开始结盟，商业对技术提出了特定的要求，迫切需要技术解决一系列现实问题，从 16 世纪重商主义开始，技术与资本的关系发生流变。尽管农业仍然占据经济主体地位，但手工业和商业的发展使社会流动性提高，商人若想保证自身的利益必须要同时具有生产技术和生产资料，从这个时期起资本开始分化，土地不再是唯一资本，专业分工程度的提高使劳动力开始成为一种新的资本形式进入生产力发展过程，与机器开始结合创造剩余价值。“近代技术的特点，是机器取代了手工工具。手工技能的作用是通过人实现的，近代技术的作用则是通过物（机器）实现的。近代机器一般由三部分组成：动力机、传动机和工作机。”①马克思将协作、分工和机器列为资本主义劳动生产力提高的三个阶段。马克思深入探讨了资本主义应用机器的前提和后果，指出机器的发展是使生产方式和生产关系革命化的因素之一。机器是简单工具的组合，马克思在概括英国工业生产的状况时说：“在机器中从一开始就出现这些工具的组合，这些工具同时由同一个机械来推动，而一个人同时只能推动一个工具，只有在技艺特别高超时才能推动两个工具，因为他总共只有两只手和两只脚。一台机器同时带动许多工具。例如，一台纺纱机同时带动几百个纱锭；一台粗梳机——几百个梳子；一台织袜机——一千多只针；一台锯木机——很多锯条；一台切碎机——几百把刀子等。同样，一台机械织机同时带动许多梭子。这是机器上工具组合的第一种形式。”②到了 18 世纪乃至产业革命时，马克思的“作为剩余价值的”资本和劳动力资本开始取代土地资本成为主要的资本形式，与此同时实现了生产技术与生产资本的结合。近

① 林德宏：《科技哲学十五讲》，北京：北京大学出版社，第 235—236 页。

② 《马克思恩格斯全集》第 47 卷，北京：人民出版社，1976 年，第 451 页。

代工业社会,以大机器生产为代表的技术成为了一种可复制、可编码的知识,技术与资本开始合谋,资本借助技术愈加资本化,技术借助资本开始普及化。二者形成一体化的“技术-资本”关系。

三是交叠阶段,表现形式为“技术资本”形式。

现代技术,尤其是以信息技术为核心的技术形式,将技术与资本合二为一,形成合谋之势,呈现交叠状态。海德格尔对现代技术有深刻论述,海德格尔用“集置”一词来呈现技术本性,有人将“集置”翻译为“座架”,德语原意是框架、底座、骨架的意思。“集置意味着那种摆置的聚集者,这种摆置着人,也即促逼着人,使人以订造方式把现实当作持存物来解蔽。集置意味着那种解蔽方式,它在现代技术之本质中起着支配作用,而其本身不是什么技术因素。”①技术是去蔽意义上,而非制造意义上的一种产生,即“将某物从遮蔽状态带入无遮蔽状态”②,作为一种去蔽方式的“座架”即技术展现是技术的本质。集置本身不是什么技术因素,它是现实事物作为持存物而自行解蔽的方式,显示出现代技术的本质。换句话说,技术本质居于集置之中。技术的集置是一切存在者,包括人自身,都无法逃避的基本规律,是命运。海德格尔从存在论原理出发,阐述了他独特的技术思想,技术通过物质化、效用化、对象化等方式完成了世界的集置,是人类的必然境遇。现代技术把人推向“集置”的过程,是现代技术资本利润取向的必然。资本本身就具有最大的同一性,它必然要实现资本生产方式的全球化,以扑向任何一个可以赚取高额利润的角落。“一旦资本生成为社会关系的本质,包括技术在内的一切,都必然转化为资本。技术转化为资本,就是技术被‘抛入’到资本的社会关系里去,在资本关系的总体性‘蒸馏’中,生成为资本‘结晶’,从而表现为资本的属性。”③因此,进入现代信息社会,技术与资本开始深度结合。一方面,技术日趋资本化。技术创新成果通过进入市场而转化为

---

① [德]马丁·海德格尔:《演讲与论文集》,孙周兴译,北京:生活·读书·新知三联书店,2005年,第19页。

② [德]海德格尔:《人,诗意地安居:海德格尔语要》,郜元宝译,上海:上海远东出版社,1995年,第124—125页。

③ 转引自尚东涛:《技术的资本依赖》,《科学技术与辩证法》2007年第2期。

资本；另一方面科学与技术一体化，因技术创新与科学创新一样需要设备和实验室等方面的投入，这些离不开资本的支撑。资本在技术渗透的过程中见利则现，技术沦为资本获利的工具，资本也支撑技术不断发展。二者深度结合，二元交叠，形成“技术资本”态势。

三、技术与资本的双重属性

根据以上分析可以看到，从资本逻辑的角度分析技术是由资本的本性决定的，也是由技术本性决定的，是二者的历史合力。资本成为一种有效的资源配置方式和技术成为一种集置是整个社会发展的一种必然阶段。技术与资本具有同构性，这就引出资本逻辑框架下技术与正义的关系。

技术与资本的发展朝向在正义问题上有两种路径，一种是正义，另一种是非正义，二者是相互博弈的。这种状态也是由技术和资本本身属性决定的。因为技术和资本都具有双重属性和双重品格。技术有两种属性，即自然属性和社会属性；资本同样具有两种属性，既是生产要素又是生产关系。

技术是自然属性与社会属性的统一体。技术的自然属性体现为对自然规律的遵循。技术具有内在的自然性，即非人为性。技术的物质性本身已经揭示了技术必须依赖自然所提供的物质、能量、材料等实现自身，因此技术的发展必须符合自然的规律。“人类所创造的和未来要创造的一切技术都和自然法则相一致的。”①技术的自然性如同人自身的自然性一样，是以自然为基础的。技术的社会性体现为对社会规律的遵循。社会规律区别于自然规律的一个特点在于人的活动对于社会规律的先在性。社会的主体是人，而人是有选择性的。自然规律的产生与作用的发挥同人的活动无关。社会规律则不同，它不存在于人的活动之前，也不存在于人的活动之后，更不存在于人的活动过程之外，而是存在于人的活动之中。不存在某种活动，就不存在相关的规律。

---

① [联邦德国]F. 拉普：《技术哲学导论》，刘武、康荣平、吴明泰译，沈阳：辽宁科学技术出版社，1986 年，第 102 页。

资本一方面从属于生产要素。在经济学中，生产要素指所有用于生产商品或提供服务的资源。当然，资本作为生产要素出现经历了不同的时期，有着不同的内涵，包括劳动力、资本、土地和企业家才能四个方面。随着科学技术发展和各国知识产权制度的建立和完善，技术以及信息也作为相对独立的要素投入生产。“资本的趋势是赋予生产以科学的性质，而直接劳动则被贬低为只是生产过程的一个要素。”①

资本也作为关系要素出现，属于生产关系。“现实财富倒不如说是表现在——这一点也由大工业所揭明——已耗费的劳动时间和劳动产品之间惊人的不成比例上，同样也表现在被贬低为单纯抽象物的劳动和由这种劳动看管的生产过程的威力之间在质上的不成比例上。劳动表现为不再像以前那样被包括在生产过程中，相反地，表现为人以生产过程的监督者和调节者的身份同生产过程本身发生关系（关于机器体系所说的这些情况，同样适用于人们活动的结合和人们交往的发展。）”②资本不是从来就有的，而是随着资本主义社会生产方式的产生以后才诞生的，它是资本主义社会诞生以来的特有现象。马克思强调，“资本也是一种社会生产关系。这是资产阶级的生产关系，是资产阶级社会的生产关系”③。当然，这种生产关系也由生产力和技术状况决定：“随着新生产力的获得，人们改变着自己的生产方式，随着生产方式即谋生方式的改变，人们也就改变自己的一切社会关系。手推磨产生的是封建主的社会，蒸汽磨产生的是工业资本家的社会。”④资本不仅是机器、原料、储备等一系列死的东西，它还表现为资本获得的利润，是对增殖的一种渴望。资本是一种由剩余劳动堆叠形成的社会权力，它体现了资本家对工人的剥削关系。“生产力和社会关系——这二者是社会个人的发展的不同方面——对于资本来说仅仅表现为手段，仅仅是资本用来从它的有限的基础出发进行生产的手段。但是，实际上它

① 《马克思恩格斯全集》第31卷，北京：人民出版社，2016年，第94页。
② 《马克思恩格斯全集》第31卷，北京：人民出版社，2016年，第100页。
③ 《马克思恩格斯选集》第1卷，北京：人民出版社，2012年，第341页。
④ 《马克斯恩格斯选集》第1卷，北京：人民出版社，2012年，第222页。

们是炸毁这个基础的物质条件。”①

技术与资本都具有双重属性和双重品格，呈现同构性。这就能够解释技术是如何撬动正义的。这是基于技术的资本逻辑。资本的逻辑是求利的逻辑，技术内在追求利益和利益最大化的特点和资本追求增殖本性形成内在的共契，甚至可以说是共谋。技术在资本逻辑下一往无前地发展，但恰恰由于技术获得空前的发展，将更多的个别劳动扬弃为社会劳动，将私人资本转化为社会资本。由此，资本逻辑在与技术合谋之后走向了自己的反面，从求利转向了追求正义。这是悖论式的发展，这在马克思关于机器体系论述中有所体现。

四、资本逻辑下的技术正义

在资本逻辑的框架下，资本会不断绑架技术，循着追求利润和求利的路径不断前行，不断凸显技术的现代性特征，带来现代性问题，也带来技术正义问题。关于技术正义有多种分析路径，多数人喜欢从技术政治学角度分析，因为受莫顿科学四原则中无私利性和公有性原则的影响，认为技术是科学的应用，也应具有科学品格，以此来规约技术正义。但科学与技术完全是不同的事物。技术本性是求利的，技术政治学的道路是一厢情愿的奢望。事实上，技术与正义的关系问题属于经济学范畴，不能逾越资本和资本的逻辑。正如卡尔·米切姆而言：“如果马克思在1940年还活着的话，他不会再研究经济学或资本主义结构，而是研究技术。”②因为技术比资本更具资本逻辑。赵汀阳在为哈佛大学教授迈克尔·桑德尔《反对完美》一书撰写的导论中指出：“金钱的神性在于它是不自然的，而且是超现实的，金钱的本质意味着‘一切可能性’，不被局限于任何具体事物的现实性……类似地，技术是对自然所给定的秩序和结构的否定，

---

① 《马克思恩格斯全集》第31卷，北京：人民出版社，2016年，第101页。

② [美]卡尔·米切姆：《技术哲学概论》，殷登祥、曹南燕等译，天津：天津科学技术出版社，1999年，第35页。

它可以按照人类的欲求而'万能地'改变自然之所是(the nature as it is),把自然变成它所不是的样子(what it is not)。"①同时,他认为,"在一个不平等的社会里,技术进步的受益者主要是强势群体(弱势群体无法支付技术费用),因此技术进步的一个可能的附带后果是扩大了强势群体和弱势群体的差距,而间接加深了政治问题"②。这会带来社会的不公平,从而导致非正义。

在马克思看来,资本来到世间,每个毛孔都滴着血和肮脏的东西,它追求剩余价值。因此,就其本性而言,天生带着恶,无言正义。技术带着资本的逻辑,在资本主义体系下是以机器体系方式参与和从属于资本追逐剩余价值的目标的。"加入资本的生产过程以后,劳动资料经历了各种不同的形态变化,它的最后的形态是机器,或者更确切些说,是自动的机器体系(即机器体系;自动的机器体系不过是最完善、最适当的机器体系形式,只有它才使机器成为体系),它是由自动机,由一种自行运转的动力推动的。这种自动机是由许多机械器官和智能器官组成的,因此,工人自己只是被当作自动的机器体系的有意识的肢体。"③机器体系成为强化劳动的工具,工人成为机器的一部分。马克思认为,资本追求剩余价值的本性驱使其不断发展生产,从而改进技术。使作为固定资本的劳动资料以机器体系形式呈现,这是资本主义生产发展的必然趋势。因此,"随着大工业的发展,现实财富的创造较少地取决于劳动时间和已耗费的劳动量,较多地取决于在劳动时间内所运用的作用物的力量,而这种作用物自身——它们的巨大效率——又和生产它们所花费的直接劳动时间不成比例,而是取决于科学的一般水平和技术进步,或者说取决于这种科学在生产上的应用"④。资本通过掠夺和扩张实现价值增殖,这是资本的本性规定,这种扩张有两种表现形式,"一是空间的量的横向扩张,由此产生经济全球化;二是生产力的质的扩张,不断迫使经济系统进行科学技术创新。技术革命与全球化的交

① [美]迈克尔·桑德尔:《反对完美:科技与人性的正义之战》,黄慧慧译,北京:中信出版社,2013年,第Ⅹ页。
② [美]迈克尔·桑德尔:《反对完美:科技与人性的正义之战》,黄慧慧译,北京:中信出版社,2013年,第ⅩⅦ页。
③《马克思恩格斯全集》第31卷,北京:人民出版社,2016年,第90页。
④《马克思恩格斯全集》第31卷,北京:人民出版社,2016年,第100页。

织,共同构成全球性的资本扩张"①。这也是殖民和掠夺的根源所在,经济危机、环境问题都可以在这里找到根源。

在海德格尔看来,现代的技术的揭示已不仅仅是让存在者自动显现出来,完全支配近现代技术的这种揭示乃是促逼,是对自然的掠夺、压迫。在技术的促逼活动中,自然界被迫显示、展现为不断地被开发、转化、贮存、分配等一系列环节,纳入一个密不透风、喘息不止的技术系统里。然而,这种促逼性的摆置活动,绝不是纯粹由人们自由控制的行为,相反,它设置、摆弄人,亦即促逼人去以构设活动的方式把现实事物当作持存物即现成状态去蔽。马尔库塞将这种去蔽描述成公式:"资本主义进步的法则寓于这样一个公式:技术进步=社会财富的增长=奴役的加强。商品和服务在不断增加,牺牲是日常的开支,是通向美好生活道路上的'不幸事故',因此剥削是合情合理的。"②这鲜明地呈现了技术和资本合谋加深了恶与非正义的方面。

但从资本推动生产力发展和社会进步而言,资本又有正义因子,作为资本的机器体系还有文明面。对此,马克思在《1857—1858 年经济学手稿》中有详细的论述。在马克思看来,"固定资本在生产过程内部作为机器来同劳动相对立的时候,而整个生产过程不是从属于工人的直接技巧,而是表现为科学在工艺上的应用的时候,只有到这个时候,资本才获得了充分的发展,或者说,资本才造成了与自己相适应的生产方式。可见,资本的趋势是赋予生产以科学的性质,而直接劳动则被贬低为只是生产过程的一个要素"③。

由此,马克思展望了大机器生产发展的美好前景,在未来更高级的社会中,机器体系创造的更先进的生产力不再为少数人利益服务,而是要惠及全社会。对此,马克思有如下论证:"在这个转变中,表现为生产和财富的宏大基石的,既不是人本身完成的直接劳动,也不是人从事劳动的时间,而是对人本身的一般生产力的占有,是人对自然界的了解和通过人作为社会体的存在来对自然界的

---

① 王欢:《从马克思的资本逻辑到鲍德里亚的符号逻辑》,《前沿》2009 年第 10 期。

② [美]H. 马尔库塞等:《工业社会和新左派》,任立编译,北京:商务印书馆,1982 年,第 82 页。

③《马克思恩格斯全集》第 31 卷,北京:人民出版社,2016 年,第 94 页。

统治,总之,是社会个人的发展。现今财富的基础是盗窃他人的劳动时间,这同新发展起来的由大工业本身创造的基础相比,显得太可怜了。一旦直接形式的劳动不再是财富的巨大源泉,劳动时间就不再是,而且必然不再是财富的尺度,因而交换价值也不再是使用价值的尺度。群众的剩余劳动不再是一般财富发展的条件,同样,少数人的非劳动不再是人类头脑的一般能力发展条件。于是,以交换价值为基础的生产便会崩溃,直接的物质生产过程本身也就摆脱了贫困和对立的形式。个性得到自由发展,因此,并不是为了获得剩余劳动而缩减必要劳动时间,而是直接把社会必要劳动缩减到最低限度,那时,与此相适应,由于给所有的人腾出了时间和创造了手段,个人会在艺术、科学等等方面得到发展。"①因为在大工业发展过程中,任何自动化体系出现的生产力要以服从社会智力为前提,单个的劳动在它的直接存在中已被扬弃的个别劳动成为社会劳动。全体社会成员能够在大机器体系下拥有更多的自由时间支配,个性充分而全面发展。而私人资本通过技术扩张不断扩大生产,使资本的私人性弱化,资本不断去私人化走向社会化,趋向社会公平而不断走向正义。因此,在技术高度发展的社会,正义不会走远。按照马克思的思想逻辑,最终正义将战胜非正义,人类会走向理想社会。

五、技术正义关涉的关系范畴

技术正义的研究是一个新问题。技术正义与政治正义等显学的正义研究不同。正义作为伦理学、政治学的基本范畴,政治正义本身蕴含了正义之于政治的合理性规定,两者天然地内在契合。但一般认为,作为"器物"样态的技术与作为价值形态的正义归属于两个不同的领域,因而当前学界对技术正义的理解并不一致,仍有很大讨论空间。笔者以为,在马克思主义语境中,对技术正义的理解范式应该有两种认知路径:一是技术与正义,即技术作为生产和生活要素的应用性正义,这是技术的"外核正义";二是技术正义,即正义作为技术的内

---

①《马克思恩格斯全集》第31卷,北京:人民出版社,2016年,第100—101页。

在价值与本质规定，这是技术的“内核正义”。

特别是，随着技术化生存时代的到来，技术对人们的生产、生活、认知方式等发生着深刻影响。技术的正义性诉求不再只是技术伦理学、技术经济学、技术政治学、技术哲学等层面的学理探究，更规约着现实的具体的人在技术生活（日常生活）维度的应然导向。质言之，在新时代我国社会主要矛盾转化的背景下，技术正义为化解新时代我国技术发展难题作出了更高的价值研判，为推动中国特色社会主义建设树立了更高的价值规范，为共筑人们的美好生活确立了更高的价值旨归。

当代中国的技术正义问题虽然在马克思主义正义理论的指导下朝着积极的方向发展，但仍无法完全避免市场经济推动下资本逻辑的渗透与挑战。由于我们当前仍处于并将长期处于社会主义初级阶段，社会发展不仅无法脱离资本的发展逻辑，相对地，我们还要借助资本优势快速发展生产力。因此，现阶段问题的关键在于，我们如何能够在充分发挥资本就激活技术创造财富作用的基础上，避免因为资本的过度膨胀导致技术发展发生偏离甚至异化，并最终致使技术的“内核正义”失落。为此，我们必须在坚定马克思主义基本立场的前提下，在充分吸收中外技术正义先进文化的条件下，在立足本国的现实境遇中，不断构建当代中国技术正义思想新样态。

一是公平与效率的博弈权衡。

寻求公平与效率的协同发展是实现当代中国技术正义理想的现实诉求。效率原则是技术发展遵循的首要原则。在经济时代，科学技术作为第一生产力，技术的效率性被无限放大，某种意义上讲，人们对技术创新性的孜孜以求本质上预设了对技术效率性的探索。而在现实性上，公平原则体现了正义原则最低的价值向度，它在更多情况下指涉社会对技术效益成果的正义性分配。随着技术效率性的提升，技术的公平性问题不断凸显。新时代，我们如何在学理上正确评判，在实践上科学处理公平与效率的关系问题，成为推动社会长久发展，实现人民美好生活的重要课题。

公平与效率是历史性范畴，在不同的历史阶段和时代条件下，人们对公平与效率及二者的关系问题往往有不同的界定方式、认知取向与评判标准。笔者认为，沿着改革开放的历史流脉，我国领导人在处理公平与效率的关系问题上，渐进式地提出了三种不同的关系理念：从邓小平提出“先富与后富”到十四届三中全会提出“兼顾效率与公平”的“效率优先论”，再到十七大提出“初次分配和再分配都要处理好效率和公平的关系，再分配更加注重公平”的“强化公平论”，到十九大提出“让改革发展成果更多更公平地惠及全体人民，朝着实现全体人民共同富裕不断迈进”的“凸显公平论”。不难发现，公平问题在国家领导人心中的分量越来越重。事实上，对公平问题的关注也是对彰显社会主义之本质的积极响应与回归。

我们不能顾此失彼地认为，对公平问题的凸显就是对效率问题的轻视。十九大报告明确指出，要“建设现代化经济体系，努力实现更高质量、更有效率、更加公平、更可持续的发展”①。效率是根本，公平是保证。不讲求效率的公平是倒退的“平均主义”，不讲求公平的效率必然加剧社会的两极分化。因而，我们只有在更具效率的维度上促进公平，在更具公平的维度上谋求效率，在新的更高的历史与实践维度上实现公平与效率的动态平衡，才能真正体现新时代中国技术正义的核心要义与价值旨归。

二是创新与安全的携手联动。

在技术创新体系总环节中融入对技术安全性的考虑是使技术彰显“人道主义”正义性的必然抉择。创新是民族之魂，是引领国家发展的核动力。技术创新实现了国家对经济效益的核心诉求，因而位于整个创新体系的首要位置。经济学家多西认为，技术创新最基本的特质是“不确定性”。随着技术时代向纵深发展，技术创新的不确定性制造了诸多风险性事故，由此引发了人们对技术安全性的关注。技术安全要求人们在研发与运用技术的过程中不造成对自身的伤害，达到人-技和谐共存的实然状态。然而，创新与风险是技术不确定性的一体两面，理论上，创新技术必然也创造了技术的新的风险形式。因此，技术创新与技术安全成为我们在探究技术发展过程中相生相伴、不可分离的命题。

---

① 习近平：《决胜全面建成小康社会夺取新时代中国特色社会主义伟大胜利——在中国共产党第十九次全国代表大会上的报告》，《人民日报》2017年10月28日。

“重技术创新，轻技术安全”一直是人们在技术研发与应用过程中“不言自明”的潜在性认知结构。这主要有两个原因。其一，由于利益回报机制，创新成为人们主动追求的事物，安全则成为创新背后技术的副产品。人们把更多的经济成本掷于技术创新环节以求高效益回报，而对技术安全性的投入程度却仅仅是为了保证技术创新的结果不至于被安全性事故毁坏。其二，由于人的思维的逻辑先在性，技术的安全事故必然发生于创新技术之后。由此，技术的安全性被理所当然地归置于次要位置。

技术创新不能止步，技术安全更须重视。正所谓“安”居方能乐业，技术安全关系到每个普通百姓的幸福生活。习近平也多次强调，新时代党和国家要不断增强人民群众的获得感、幸福感与安全感。按照马斯洛需求理论，人的安全性需求仅仅是较为低级的需求层次，但在技术化生存的“和平时代”，技术安全却又再次成为我们亟待考虑并须根本解决的现实性问题。实然，我们只有在技术创新体系中逐步构建技术安全机制，才可能实现人类价值与技术价值和谐统一的美好境界。

三是人类与自然的和谐共生。

技术的天平一端承载着人类利求，一端承载着自然重负，技术对任一方的偏颇，都将造成另一方的伤害。因此，我们必须要让技术“不偏不倚”地维持两者的平衡，实现两者的和谐共生。马克思认为，在人-自然的关系中，自然具有本体性地位，人首先是作为自然存在物存在于世，“连同我们的肉、血和头脑都是属于自然界和存在于自然之中的”①，自然的存在是人类存在的前提。然而，随着技术资本化的发展与应用，技术异化现象丛生，人逐渐从自然的存在物变成自然的对立物，人类过度陶醉于每一次对自然的胜利，也终如恩格斯所预言，受到了自然的疯狂报复。

工业革命之后，技术的无限度发展与自我膨胀分裂了人与自然的关系，二者从和谐走向分离。技术原初作为工具性存在的质的规定，在技术理性的支配下“变质”，以近乎疯狂、残虐的方式不断掠夺自然、征服自然，最终造成自然秩

---

①《马克思恩格斯文集》第9卷，北京：人民出版社，2009年，第560页。

序的失衡，生态危机的恶化。然而，人类在这场“暴动”中获得短暂欢愉之后，却失身于技术，失身于自然——人类陷入了前所未有的全球性自然危机。人类终于意识到，过去在面对自然时的所有骄横与理所当然，不过只是劣童般的无理取闹。人类从无可能因为高新技术的发展而凌驾于自然、超越于自然，恰恰相反，唯有推动技术更好地顺应自然逻辑、尊重自然规律，人类才有实现更高层次、更加幸福的生存样态的可能。

因而，我们必须要通过重塑技术发展理念不断建构人与自然的新型关系，使人与自然在短暂分离后能够回归和谐与统一。习近平生态文明思想强调绿色发展，所谓“绿色发展”，就是在坚持“尊重自然、顺应自然、保护自然”的原则下实现永续发展。绿色发展把保护环境、节约资源视为发展的内在机制和基本诉求，“就其要义，绿色发展，就是要解决好人与自然的和谐共生问题”①。绿色发展理念赋予技术以人性化发展、生态化发展，不仅为实现中华民族的持久发展提供了根本保障，也为解决全球性的自然危机贡献了中国方案。

四是权利与责任的明晰规范。

明晰权利与责任的法制规范体现了当代中国技术正义的制度逻辑。当前，人们关于权利与责任的释义纷繁多样，不同释义又产生了对两者关系截然不同的辨理路径。从最宽泛的法学意义上讲，权利代表主体正当利益的获取，责任代表主体利益的支出，它们具有相同的目标指向，即维护每个合法公民的正当合法性利益。1871 年，马克思在《国际工人协会章程》中提出了著名命题：“没有无责任的权利，也没有无权利的责任。”②权利与责任之间最重要、最一般的关系就在于两者的完全对等性，即公民享有多大权利就须承担同等责任。需要特别说明的是，在技术法权领域，由于技术主体借助技术手段实现了对自然的谋利，因此技术主体的责任对象不仅包括现实的人，也包含现实的自然界。

权责对等是评判技术主体正义性的重要尺度，但现实结果却常常与理想背道而驰。特别是在技术安全性事故频发、生态危机、环境污染现象凸显的当下，

---

①《习近平关于社会主义生态文明建设论述摘编》，北京：中央文献出版社，2017 年，第 32 页。
②《马克思恩格斯全集》第 16 卷，北京：人民出版社，1972 年，第 16 页。

责任主体的认定问题就愈显重要。"权责对等难题"产生的主要原因如下。其一,责任主体的逃避。在法治建设不健全、思想道德观念缺失的条件下,技术主体往往只强调权利享有,而逃避责任承担。其二,责任主体认定不清。在技术化生存的时代里,技术主体参与技术研发与应用形式的多样性、多元性,参与人数的不确定性,技术自身的复杂性,风险事故产生的不可预测性、滞后性、隐蔽性等,加之种种情况的排列组合效应都将大幅提升国家对责任主体认定的困难等级。

从根本上讲,化解"权责对等难题"要依靠完善的法治体系建设。习近平强调:"我们要完善立法规划,突出立法重点,坚持立改废并举,提高立法科学化、民主化水平,提高法律的针对性、及时性、系统性……"①技术的发展要受到法制的规约,法治的建设要追上技术的发展速率。新时代,面对复杂多变的技术发展环境,我们必须坚定法治建设的信心,用制度建设之"稳"积极应对技术发展之"进",让制度的权威性成为维护技术正义最厚重的底色。

五是专利与共享的对立统一。

处理好专利与共享之间的对立统一关系是彰显当代中国技术正义思想的应有之义。技术专利是技术的专有权利与利益,它体现了技术发明创造者依法拥有受保护的独享权益。技术专利的私有性激发了技术主体的创造性与能动性,促发了技术创新活力的涌流。但与此相对,法律对技术专利的过强保护,又极易导致技术壁垒与寡头垄断的形成,阻碍新技术的创生,技术的公益性会因此受挫。

在当代,技术专利体现了前共产主义阶段技术的合法性与正义性。但当前我们仍须审慎面对两点:一是完善专利体制缺漏。我国《宪法》第 13 条明确规定:"公民的合法的私有财产不受侵犯。"②技术专利作为一项法律制度,体现了国家对作为劳动成果的技术的保护与尊重。目前国民的产权意识虽有加强,但技术抄袭、剽窃现象仍屡见不鲜,严重恶化了我国的原创生态环境,因此我们必

---

①《习近平关于全面依法治国论述摘编》,北京:中央文献出版社,2015 年,第 43—44 页。

②《中华人民共和国宪法》(2018 年修正版),第 13 条。

须要用法制强权严防“借‘走捷径’之名，行‘谋私利’之实”现象的发生。二是警惕技术专利走向技术霸权。专利制度一旦被用于强权，技术专利的正义性便会失色。正如当前资本主义世界制定的一系列不平等贸易版权公约，本质目的是想借助本国的技术优势与政治强权规避国际的公平竞争，从而巩固本国跨国公司的全球垄断地位。

可喜的是，专利共享逐渐成为时代新风尚。专利共享是技术专利走向技术共享的中间过渡，它预示了技术正义从现阶段的实然样态通往高阶段的应然诉求的必然转向。专利共享使专利所有者在平等与合作的基础上，通过专利的交流与共享实现了彼此间的互利与共赢。专利共享避免了侵权争端，消除了技术壁垒，推动了技术的传播速率，加快了技术的创新周期，体现了共享经济下技术正义在现实维度的新常态。

从技术专利走向专利共享到最终实现技术共享是共产主义正义理想在历时态上的必然趋势。习近平将“共享”作为推动新时代中国特色社会主义建设重要的发展理念，恰恰因为它体现了共产主义最高的价值理想，因而坚持“共享”发展理念也必将引领我们迈入真正意义上的“共享时代”。

六是工具与价值的冲突统合。

处理好技术理性中工具性与价值性的辩证统一，是推动技术走向正义的根本遵循。工具理性与价值理性是社会学家马克斯·韦伯提出的人的“合理性”范畴。工具理性体现了技术以“客体”为中心的合功利性，是技术实现客体目标的最高有效性。价值理性体现了技术以“主体”为中心的合意义性，是技术对实现主体价值的终极关怀。过去很长一段时间，工具理性与价值理性之间的断裂不断加剧技术的悖论发展，特别是近代以来，技术的急功逐利导致了种种负效应。人类在自然、社会、生存等不同维度上陷入前所未有的困顿，这不得不逼促人们对技术进行“人性”拷问。

然而，“厚此薄彼”的认知取向是当前人类在对待技术理性时的“二次舛讹”。所谓成也“工具理性”，败也“工具理性”。近代工具理性的持续膨胀相继催生了技术乐观主义与技术悲观主义两种截然对立的技术派别，前者沉浸于技术胜利的欣喜不能自已，后者颓丧于技术危机的悲痛欲罢不能。随着人类生存危机的加深，人们寻求价值理性以遏制工具理性恶性膨胀的愿望愈发强烈，价值理性似乎成为拯救人类生存的最后一根稻草。一时间，“推崇价值理性的回归，鞭笞工具理性的彰显”又成为学界新潮流。实事求是地看待，人们不同时期对待技术理性的两种情感倾向具有历史合理性，但这种“捧一贬一，泾渭分明”的决绝态度只会让人类陷入两者博弈的新的困境之中。

我们必须清醒地认识到，工具理性与价值理性不是完全敌对性的存在，它们辩证统一于技术理性之中，是技术理性不可分割的整体。从价值向度上看，我们不能极端地对待技术的两种理性倾向。工具理性“求利”“求真”，没有工具理性，技术就不可能实现人类的利益诉求。价值理性“求善”“求美”，没有价值理性，技术就会僭越人性底线，反噬人与自然。从实践向度上看，我们必须处理好工具理性与价值理性的辩证统一关系，实现两者在技术发展过程中的和谐共存。过往种种经验教训已验明，工具理性的膨胀必然导致价值理性的式微，反之亦然。因而，我们必须要克服技术理性片面化的发展倾向，实现技术理性之于人性价值与工具价值的内在统一。

当前中国正处在关键发展时期，技术的持续有序、健康快速的创新与发展将直接决定我国能否真正从“全面建成小康社会”到“基本实现社会主义现代化”，再到最终“把我国建设成为富强民主文明和谐美丽的社会主义现代化强国”的中国梦的实现。因此，我们必须要走出对待技术的误区，实现技术的合理性、合人性发展。

六、技术正义的实现可能

技术正义问题有多种分析视角，但最有说服力的是借助马克思对异化、物化问题的批判以及对资本主义私有制的批判逻辑。一方面，技术是一种重要的生产要素和生活要素，技术的发展与应用应该蕴含对满足人类合理性物质需求与精神需求的正义性关切，这是技术“外核正义”的基本要求。这一观点也是当前学术界对技术正义问题最为普遍的认知方式。另一方面，技术发展必须摆脱资本宰制，消除技术异化，促进人的自由与解放，这是技术“内核正义”的本质诉求。在批判路径上，马克思通过批判技术的异化现象揭示了私有制度的非正义性原罪。在实践路径上，马克思通过技术实践与变革私有制使技术正义这一技术的最高价值境界在现实维度上得以出场，即在最高阶段的共产主义社会里实现每个人自由而全面的发展。基于此，马克思主义为我们阐释技术的“内核正义”何以可能、以何可能以及最终的实现路径提供了思想武器。

一是在批判技术异化中审视技术正义。

实事求是地、辩证地看待事物的矛盾发展是马克思主义秉持的基本认知方式与价值取向，正如马克思既毫不吝啬地表达对技术在革命与解放生产力发展方面的赞美之情（技术“外核正义”的价值彰显），亦毫无情面地表达对私有制框架下技术异化对人的奴役与挟持的痛恨之心（技术“内核正义”的价值消解）。马克思的大机器生产理论与异化理论向世人昭示了技术在资本逻辑下的悖论发展：肯定人的本质力量（技术的觉醒）→不断否定人的本质力量（技术的膨胀）→完全堕落为人的异己力量（技术的异化）。马克思认为，技术异化是劳动异化的显现，技术成为人的异质性力量就体现为“机器（技术）就其本身缩短了人的劳动时间，但却延长了劳动者的工作日；本身减轻了人的劳动量，但却提高了劳动者的劳动强度；本身是人对自然力的胜利，但却使劳动者受自然力奴役；本身增加了人的财富，但却使劳动者变成需要救济的贫民”①。

技术异化的生成是技术遵循资本意志发展的必然结果，也正是由于资本的增殖意志促逼着技术的反自然性与反目的性（反人性）不断显露。一方面，资本求利本性借助于技术手段不断向自然发起猛攻与掠夺，技术在攫取自然资源的过程中逐渐显露其反自然特征；另一方面，资本借助技术（机器）的高效性、强制性与压迫性不断摧残着劳动者的身心，技术本为人类合目的性的发明与创造，却最终走向了人性的敌对面。

技术“内核正义”的合理性建构正是基于马克思对技术异化的批判基础之上形成的。马克思认为，技术异化源于技术的资本化运用，“一个毫无疑问的事

① ［德］卡尔·马克思：《资本论》第1卷，中共中央马克思恩格斯列宁斯大林著作编译局译，北京：人民出版社，1998年，第483页。

实是:机器(技术)本身对于把工人从生活资料中'游离'出来是没有责任的……因为这些矛盾和对抗不是从机器本身产生的,而是从机器的资本主义应用产生的!"①然而,技术的资本化应用表面上看是掌握资本的资本家对技术的应用,但本质上是人化的资本对技术的支配。因为资本家作为人化的资本,起到了对劳动者剥削、奴役的作用;但他作为资本化的人,不过是资本增殖的工具,同样是受资本的胁迫与支配。"资本家,只是人格化的资本。他的灵魂就是资本的灵魂。资本只有一种生活本能,这就是增殖自身,获取剩余价值。"②因而,归根结底,技术异化或技术的非正义性罪源不是技术之于人的应用,而是技术受制于资本的统治。换言之,在技术异化语境下,不是人驾驭技术,而是技术奴役人;不是人应用技术,而是技术支配人。正因如此,技术正义问题不仅仅是人对技术的应用性问题,它内嵌于技术之中,蕴含着人对技术正义的最高价值诉求,即从根本上消解技术异化,摆脱技术的资本宰制,进而实现人的自由与解放。

技术异化体现了技术的负向价值,是技术的非正义性在技术本质维度上的重要体现。在马克思看来,实现技术正义理想必须实现对技术异化的扬弃,而只有让技术发展超越资本的宰制与资本的发展逻辑,技术的异化才可能消解,技术才可能真正从异化走向正义。

二是在批判私有制中走向技术正义。

在私有制度框架内探求超越资本逻辑实现技术正义的路径,只是"空想家们"的一厢情愿。马克思认为,资本主义的私有制度为资本的增殖逻辑提供了制度性与根本性的保障,私有制才是导致技术非正义性的始作俑者。由此,马克思完成了"对技术异化的批判→对技术的批判→对资本的批判→对资本主义私有制度的批判"一连串正本清源式的清算。

尽管资本为技术的创新与革命起到了无可替代的推动作用,但从本质上讲,私有制度下的技术只可能具有"形式正义",而不具备"实质正义"。无论是功利主义主张的"实现最多数人幸福"的正义观,还是自由主义学者罗尔斯建立

---

① [德]卡尔·马克思:《资本论》第1卷,中共中央马克思恩格斯列宁斯大林著作编译局译,北京:人民出版社,1998年,第483页。

② 《马克思恩格斯全集》第23卷,北京:人民出版社,1972年,第260页。

在“差别正义”基础上的弱者正义、诺齐克捍卫财产权的“持有正义”，抑或与自由主义针锋相对的社群主义坚持的“共同体正义至上”的理论主张……尽管我们不可否认，以上种种正义论点确实在现实生活中或多或少推进了社会的公平性与正义性，但由于这些观念实质只是在捍卫私有制前提下对现实的矛盾冲突作出的局部修正与调整，不可能根本遏制资本增殖的发展逻辑进而消弭技术的非正义性，特别是它们也从未力求实现全人类的自由与解放，因此也终究不过是些乌托邦式的幻象罢了。

也就是说，在私有制度与资本逻辑“联袂”下，技术的“内核正义”无真正实现的可能。前文已述，技术的“外核正义”是技术在被应用过程中为人类创造财富和缔造价值的“正义”，但随着资本世界商品经济和资本市场的发展，技术的“外核正义”逐渐成为服务于资本家的“独享权益”，成为一种“形式正义”。不仅技术创造的经济财富越来越掌握在资产阶级手中，甚至连技术本身也直接沦为压迫无产阶级的道具。特别是在技术化生存时代，技术的资本化运用能够利用极其隐蔽的方式“以正义之名，行剥削之实”，但人们对此却浑然不知。马克思正是深刻洞察了资本主义世界的技术无实质正义可言的真相，才会竭力批判技术、否定技术。因此，我们追求的技术正义是技术的“内核正义”，是能够超越资本逻辑的技术正义，是能够服务于所有阶级、消灭剥削、促进解放、实现全人类自由发展的技术正义。同时，也只有立足于马克思主义的语境，或者说立足于马克思对资本逻辑的批判语境，技术的“内核正义”与技术的“外核正义”才能真正实现内在共契，技术的“外核正义”才能真正彰显技术“内核正义”的本真。

马克思对技术正义理想的求索既未停留于纯粹的学理探究，也未止步于对社会现象的拷问反思，马克思通过批判技术非正义性(技术异化现象)的私有制根源，撕碎了资本主义世界关于正义永恒性的虚假外衣，并力求通过变革私有制以实现真正意义上的共产主义正义理想。由此，马克思主义的技术正义思想连通了历史、现实与未来，在实践维度与理论维度上实现了对以往正义理论的双重超越。

三是在开展技术实践中探求技术正义。

技术实践是马克思主义实践论在现代性视域下的核心范畴。作为马克思主义学说最基本、最核心的“实践”概念，标志了马克思主义哲学向过往一切旧哲学的决裂与超越。但“技术实践”绝不仅仅是对马克思实践论在技术向度上的析解。“实践”的最普遍注释是“对象化活动”，而技术是“人的本质力量的对象化”，因而“技术”与“实践”具有同构性内核。另外，在人与自然的互动互联中，“技术(实践)直接地植根于人与自然的能动关系中”①。在人类社会内部，技术是最重要的生产力要素，技术实践(劳动)改变了人类基本的物质生产方式，进而也规约和影响了人类的社会关系，而社会关系的改变又进一步转变了人的思维、观念、认知等上层建筑的存在方式。因而，技术实践对于人的存在与发展具有始源性与本然性意义。

技术实践在变革私有制度的过程中主要发挥着革命性、暴力性作用。马克思认为，实现共产主义不是乌托邦式的口号，无产阶级必须要在现实性上通过暴力革命和阶级斗争推翻资产阶级的统治，“我们也不否认，有些国家，像美、英……工人可能通过和平手段达到自己的目的。但即便如此，我们也必须承认，在大陆上的大部分国家中，暴力应当成为我们革命的杠杆，而为了最终确立劳动的统治，总有一天必须采取暴力”②。所以，对于共产主义者而言，全部问题在于使现存世界革命化，实际地反对并改变现存的事物。

技术实践在不断丰富人的自由全面发展的过程中走向正义。马克思拒斥对人的平等、自由、博爱、人权等作纯思辨性论证，认为必须将它们付诸人类社会的现实运动当中，并根据当下的历史条件，通过科学的分析论证，制定正确、合理的革命策略，让人类社会一步步脱离私有制束缚的牢笼，从而实现无产阶级的政治解放，最终实现全民族、全人类的自由解放。由此，人类社会在技术实践的探索中不断从必然王国走向自由王国。

四是在实现共产主义过程中彰显技术正义。

马克思主义的技术正义思想并不是简单的就技术而言的正义，马克思将技术置于人、社会、自然密织的系统，批判地审视技术于人的正义关切，观照资本

---

① 乔瑞金：《马克思技术哲学纲要》，北京：人民出版社，2002 年，第 27 页。

②《马克思恩格斯全集》第 18 卷，北京：人民出版社，1964 年，第 179 页。

主义制度框架下现实的、具体的人在当前和未来的生存与发展境遇，并力求破除私有制樊笼，实现共产主义阶段人向自身本质的全面复归。

共产主义制度是对资本主义制度的扬弃与超越，是技术走向正义的根本可能。前文已述，私有制是导致技术异化的“元凶”，在私有制度的框架内，技术依照资本的逻辑发展，技术通向正义无实质性可能。共产主义制度超越资本主义制度之处就在于它实现了对资本的钳制与管控，使资本增殖无法恣意妄为。马克思设想共产主义社会的一大特征即是实现财产公有，资本的私人性转化为社会性，资本的阶级属性消失，资本的贪欲因此得到抑制，进而技术不再为资本挟持，而只为人的自由全面的发展服务，由此，技术走向真正意义上的正义。

社会形态的历史演进同样蕴含着技术走向正义的必然性。马克思曾将社会发展形态划分为三个阶段，当前我们正处在第二阶段，即“物的依赖性阶段”。如果狭义地将“物”定义为“技术之物”，即现阶段也正是人对技术的依赖性阶段。在人对技术的依赖性阶段中，人的生存与发展受制于技术的发展，人的个性与自由也受到技术的制约。概言之，人依存于技术存在。马克思认为，每一个社会阶段的形成都是对前一阶段矛盾运动的积极扬弃，同时也为后一阶段的到来作好准备。因而，建立在“人的全面发展和个性自由”基础上的新的更高级的共产主义阶段，必将以超越现阶段“人对技术依赖性”为基本前提。与此同时，技术与人的关系也将发生本质性倒置，技术依存并服务于人的存在，从而在新的维度上达到人与技术和谐的状态。

实现共产主义是马克思追求人类最高正义理想的终极目标。在共产主义社会里，共产主义制度为人类的发展提供了根本的制度保证，而挣脱资本宰制的技术也将不断为人类创造着丰富的物质和精神财富，人类终将从劳动中彻底解放出来，劳动也将成为人类的第一需要。在“消灭私有、实行共有”“消灭分工、各尽所能”“消灭劳动、获得自由”之后，人类必将在社会的公平与正义中不断走向自由与全面。

总之，马克思对资本逻辑的批判考察，为我们探究“技术正义何以可能”提供了积极建构。从价值论向度看，马克思通过批判技术的资本宰制，为建构技术的“内核正义”提供了合理依据。从认识论向度看，马克思通过剖析技术异化和私有制原罪，为实现技术的“内核正义”创造了理论可能。从本体论向度看，马克思通过科学规划共产主义社会，为实现技术的“内核正义”确立了现实必然。从方法论向度看，马克思认为技术实践和变革私有制是推动技术的“内核正义”从可能性到必然性的现实路径。但正如现阶段我们不可能一蹴而就地迈入共产主义社会，技术的“内核正义”也必须经过技术的“外核正义”的不断深化与发展才能最终得到彰显。特别是在中国特色社会主义伟大实践的过程中，我们唯有牢牢把握马克思主义思想精髓，立足本国的现实境遇，准确把握公平与效率、创新与安全、人类与自然、权利与责任、专利与共享、工具与价值等核心范畴及其辩证关系，在“驾驭”资本逻辑的同时展现技术的“外核正义”，技术“内核正义”的强大生命力与独特魅力才能真正焕发。

第十三章　人工智能研究的哲学维度

对于人工智能的研究有很多进路,哲学的研究进路有其特有的使命。虽然社会发展要依靠技术进步与发展,但技术本身不可能解决一切社会问题,即使是人工智能这样的智能性技术形式也是如此,相反会带来新的社会问题。如果发展人工智能反而制约了人的自由、背离了人的目的,这样的技术形式生命力何在？如果技术发展只是片面满足暂时的需要而损害了人类长远意义,为了物质需求的满足而损害人自身的精神的丰富和个性的发展,导致人的异化,那么就是对人自身的否定,人类的尊严受到挑战,这样的技术是没有生命力的。只有将技术形式与人类社会协调发展,物质财富的增长与精神的自由同步才有进步意义。技术上的可能不意味着伦理上的应该,哲学上的反思和预见会让人工智能的发展少走很多弯路。基于此,本文主要着眼于人工智能的本体论、认识论、方法论和价值论四个哲学研究路径进行相关探讨。

一、本体论维度

作为哲学思考的经典理论形态,本体论诉求于客观理性和客观知识的理论思辨。“技术存在论、本体论却处于一个薄弱的地位。它本来应该处于基础性的地位,但技术本体论恰恰很难搞,实际上处在很荒芜的状况。技术本体论很弱也是有原因的。按照传统本体论的思路,技术不可能成为本体……但是技术哲学若要成为真正的哲学,那就必须首先搞出一个技术本体论或技术存在论来。”[①]人工智能哲学本体论研究的核心是要探讨人工智能得以实现的形而上的依据。人工智能的本体论层面思考可以囊括人工智能的概念和本质属性、特征、核心要素和构成结构以及基本特性。考虑人工智能本体论路径有两条:第一条路径是基于人工智能作为技术物的层面探讨本体论;第二条路径是基于认知科学的路径探讨本体论。

(一) 作为技术物的人工智能本体论研究路径

人工智能是人的创造物,从自然本原论看,作为人工物是不具备本体意义的。但从文明、文化的本原论角度看,“文化的创造物是人类历史和人类文化的本原”[②]。在此意义上,技术创造物还不是一种外在于人的被动之物,而成了人本身内在动力投射的指向。这种源于人本身的动力促成了人和社会的不断发展,在这个意义上说,人和社会的发展进步是通过技术和技术物的创造不断建构的结果。

在作为技术物的本体论思考层面,人工智能发展有三个基本层面。

其一,是技术的集成性。人工智能的“人工”概念具有前置性,人工是基于技术规律和人工智能科学原理而存在的。人工性使人工智能技术成为人工技术物。任何人工技术物都使技术具有了存在论的现实依据,都具有了存在性、本体论的地位。人工性是技术性的另一种表达方式,技术性体现了改变事物的方法和路径,人工性是这种路径实现的结果。技术性与人工性的结合就是技术物的创造方式。在技术发展过程中,即使是最原始的技术,石斧、骨针都是技术性所体现的人工性,人工性贯穿了技术的整个历史。人工智能也是作为一种技术而存在,它实际上就是由人类制造的拥有智能的机器,依靠的是计算机算法、计算机模拟来实现智能。“作为学科,人工智能研究的是如何使机器(计算机)具有智能的科学和技术,特别是人类智能如何在计算机上实现或再现的科学或

---

① 吴国盛:《技术哲学讲演录》,北京:中国人民大学出版社,2016 年,第 165 页。

② 王治东、林德宏:《元哲学视角下“人工自然哲学”探究》,《江海学刊》2015 年第 3 期。

技术。”①人工智能首先是人的技术创造物,任何技术创造物都有技术本身特有的技术本质。人工智能技术不是一种单向度的技术,而是集成技术,是学科群和技术群的共同驱动。经过60多年的发展和进步,人工智能已经具备了深度学习、跨界融合、人机协同、群智开放、自主操控等功能。其中大数据驱动知识学习、跨媒体协同处理、人机协同增强智能、群体集成智能、自主智能系统等技术成为人工智能发展的核心,而且,随着相关学科和理论的发展以及技术创新和软硬件升级等的整体推进,新一代人工智能正在加速推动经济社会各个领域向数字化、网络化、智能化方向发展。

其二,是智能的类人性。自1956年“人工智能”(artificial intelligence)一词被提出以来,人工智能技术不断取得突破,由最初对人类外形的模拟,发展至如今对人类智能与情感的内在模拟。准确定义人工智能的困难在于“智能”(intelligence)一词所具有的模糊性,“因为人类是得到广泛承认的拥有智能的唯一实体,所以任何关于智能的定义都毫无疑问要跟人类的特征有关”②。“智能”是赋予人工智能载体以感应、反应和交互能力。智能性是人工智能技术区别于其他技术的根本所在。如何理解人工智能的智能方面是人工智能研究的核心,也是技术本体论的核心。上文所言的深度学习、跨界融合、人机协同、群智开放和自主智能恰恰是人工智能与其他技术的不同所在。AlphaGo运用“拟合加记忆”的法则,利用深度卷积神经网络,实现了一定程度上的深度学习功能,因而它能够通过神经网络进行模拟搜索计算出获胜概率。也就是说,人工智能可以凭借人类预先置入的代码程序进行信息的输入—输出—反馈机制,从而完成相互之间的信息交流。2016年12月,新加坡大学推出机器人Nadine,提供儿童看护和老人陪伴服务,为人工智能设置了倾听者和交流者角色。通过智能性设置,让人工智能这一技术物具有了类人性,从劳动产品变成一种交互性的关系存在,这种存在也具有了主体间性。

---

① [英]凯文·渥维克:《机器的征途——为什么机器人将统治世界》,李碧、傅天英、李素等译,呼和浩特:内蒙古人民出版社,1998年,第1—2页。

② [美]马修·U.谢勒:《监管人工智能系统:风险、挑战、能力和策略》,曹建峰、李金磊译,《信息安全与信息保密》2017年第3期。

其三，是发展的悖论性。人工智能概念蕴含着“人工”和“智能”两个向度，这两个方面让人工智能成为悖论性的存在。任何人工物都是人观念的物化，它的结构与功能取决于人的设计与制造。先有天然自然物，然后才有天然自然物的观念，从哲学本体论的角度讲，先有天然自然物，然后才会有人的观念；从创造本体论的角度讲，先有人的观念，然后才会有人工自然物。人工智能首先是一个技术性存在，是对自然规律的把握，而后才是人工的创造。人工智能人工性水准不断提高就是让其智能程度也不断提高，而提高的标准水平是以降低或者掩盖其人工性为目的。让人工智能越来越像人，就是要不断去除人工性，甚至希望消灭人工性。事实上消灭人工性是不可能的，因为智能性的提高程度取决于人工性。人工智能发展的悖论性其实质还是取决于人自身的悖论性，人不能对自我意识、不能对情感发生机制进行编码和计算，依托算法而存在的人工智能也就无法突破深度学习而进一步发展，此时，也可以这么说，智能性受制于人工性。

（二）作为认知科学的人工智能本体论研究路径

从认知科学角度而言，认知科学有个本体论假设：一切知识都可以通过逻辑表达式被形式化，也就是关于世界可以全部分解为与上下文环境无关的数据或原子事实。这些数据和原子事实在人工智能本体论层面，就是可计算的依据。

思维的表征性和心智的可计算性是心智计算论的基础。本体论为计算机领域研究者所悦纳，是因为知识本体论的建构。知识本体论着眼于探究知识的本源和实质问题，对概念进行详解。目的是要构建庞大复杂的知识体系当中可通约的基础，为知识的共通共享扫除术语上的分歧和混乱。知识在话语分析学者看来有其特定表征方式。张廷国等认为，知识是以一定的结构单元被人所获取、存储和利用的，这种结构单元被称为知识实体（knowledge entities）。而知识空间（knowledge space）则是人们在话语活动中，由相互发生关系的多个知识体连接成的网络所构成的。构成该知识空间的多个知识体实际上在内容上是比较近似的，它们经过整合便形成具有认知域功能的知识组块（chunks）。知识组块之间会随着人的认知的发展而进行新的、更高层级的整合，然后进入现行存储（active storage）。在“active storage”里储存的知识可以被人随时激活并加以利用。因此，我们认为，知识不是简单的个体原子存在，而是在被使用中得到价值实现。

认知科学思考人工智能的本体论问题，让技术本体论多了全新的路径。与以往技术本体论不同，这个本体论路径也是人工智能的认识论和价值论不同于其他技术物的重要意义所在。

二、认识论维度

人工智能是人工创造的产物，而不是天然自然的自发转化。人工智能具有相当的复杂性，这种复杂性体现在：具有自然性与人工性，因此既要基于自然规律又要遵循社会发展规律。正是基于以上复杂性，人工智能的认识论探讨必要而且重要。在人工智能认识论的框架下，很多认识论问题需要进一步探讨。

（一）关于人工智能人-技/人-机关系问题的研究

在人与人工智能之间呈现出不同于人与一般技术的关系。人的意识相对于人工自然具有前置性。然而，虽然说人工智能也是人工创造的技术体系与人工自然的构筑方式，但是在人的意识前置之后却形成了一种新的意识形式，而这种意识对人又有了意识的制约性。人类的认识过程是人反映和再现客观事物规律与性质的过程，是认识主体对客观世界的事物和规律在思维层面的再现、理解和把握，而人工智能无论再怎么类似于人，它始终是认识主体所要把握的客体对象，从属于认识主体。然而，人工智能却有效地突出并放大了人类智能，在某种程度上增强了人类认识和改造客观世界的能力，人与技术之间、人与机器之间、人与物之间的关系从传统的主客体关系变成了一种可挑战主体间的关系。人工智能理解外部环境的过程与人认识世界具有相似性，人工智能在认识层面所具有的类人性使得认识的范式发生了转变，人与人工智能之间不能仅仅理解为主体与客体、认识与被认识、主动与受动、改造与被改造的关系，还要认识到人与人工智能变成了具有主体间性的结构体。这种变化给传统认识论带来了新的认识空间。人工智能与人开始结合形成一种新形态的人-机认识系统的认识主体,并且,这一认识主体的认识功能并非简单的各元素之间的累加,而是全部组成元素的综合应用。最为重要的是,人工智能是通过技术形式被赋予了人的智能,因而具有了类似于人的信息识别的能力、读取信息的能力以及反馈能力。人工智能通过技术化过程也具有了感应行为,技术感应对传统感应概念是一种认知的拓展。人工智能借助信息流将人与客体联结起来,而它在这个过程中并非仅仅是一个中介,问题的关键在于它通过技术感应代替了人这一纯粹自然主体部分的认识职能,将人从认识过程的简单活动中解放出来,更多地从事创造性活动。这表明,人-机认识系统给人类的认识能力带来了突破性发展,突破了人类认识器官的局限性,拓展了人类新的认识领域。但应当特别指出,人-机作为一种新形态的认识主体,目的不是要创造所谓的"人工认识主体",而是要综合地延伸和强化人类认识世界和改造世界的能力,将"自在之物"变为"为我之物",让人类在朝向"自由人联合体"的道路上更进一步。在人-机认识主体的发展过程中,人在使人工智能进化的同时,人工智能也会促进人的发展。

(二) 关于人工智能人机混合体(赛博格)问题的研究

后现代哲学家哈拉维提出"赛博格"(Cyborg)的概念,即表现为一种人机混合体,是人与机器的交互与杂合的产物,也有学者称之为"后人类"。无疑,赛博格打破了主客二分、自然与社会之间的界限,这便是后人类时代的基本特征,人不断被物化,物却不断被人化,人与物之间的界限不断模糊,形成"后人类"。后人类是一种通过技术加工或机器化、信息化而形成的"人工人"。通过更加先进、更加现代的电子技术、生物技术,人类将很有可能获得超越原有极限的各种能力,拥有一个全新的身体,这个身体不论在性能还是机能上都更为强大。同上述所说的现代生物技术类似,赛博格模糊了自然存在体同人造机器之间的界限,打破了物理世界与非物理世界之间的界限,成为拼接在一起的消除了人和非人之间根本区别的一种新存在。通过赛博格,人类的生存更加顽强,但人的自身却由不可取代的人性的高贵变成可取代的一种物性存在。如果将人与智能体联机,让人与智能化产品融为一体,不分彼此,那么这样一个结合起来的“人”到底该算作机器还是人呢？或许是“新人”？人与机器的边界无疑由此而变得模糊,而这对人类未来的影响到底如何,目前还难下定论。但我们必须明确,植入大脑的智能化芯片与人脑越来越融合,人依靠外部智能认识世界或者拓展对世界的认识成为一种现实,那么这种人-机混合体的功能就会越来越强大,人就会被技术而统一化,个体的独特性就会被不断消解。“与世界融合为一的延展心灵的个体性也必将逐渐丧失,以这样一种抹杀了主体与世界根本界限的超大心灵,我们还如何界定作为个人的人(person)的概念？如何界定人类理性的概念?”①的确,人-机混合体不是肉体和机械的简单结合,而是人的再创造。这种创造带来的后果就是要重新思考人的边界在哪里？由此可见,赛博格同时也在重新塑造存在于这个世界的现实主体——人。由赛博格塑造出来的“新主体”不必顾虑自己是否与动物或机器之间有任何“亲属”关系,到那时,人寄生在自己所创造的机器当中,机器则成了每一个人肢体的拓展与延伸,与此同时,人也就同时成为机器上的一个零件。由此,我们需要不断追问,如果人工智能从完全“他者”的地位转向与人可以兼容并成为“人-机”混合体,赛博格式的“后人类”会横空出世,人未来走向何方？人之为人的存在性地位是否发生改变？这确实存在很多可以想象的空间。

(三)关于人工智能机器学习(机器能否思维)问题的研究

机器学习是人工智能的一个核心研究领域,计算机通过计算性模拟和不断接近人的学习行为过程,目标在于使机器累积知识、获取技能,进而实现与外在世界或者人类世界无障碍的交互、交流和协同。法国哲学家德里达认为:“假设一台机器在一切方面都有和人智类似的智能,则它将不再仅仅是人智的‘模拟物’,而将成为一种‘智能’。”②当然,这一说法在理论上和逻辑上都是对的,但

① 刘晓力:《延展认知与延展心灵论辨析》,《中国社会科学》2010年第1期。

② 杨熙龄:《美梦还是噩梦——关于“人工智能”的哲学遐想》,《国外社会科学》1987年第5期。

机器学习只是人工智能模拟人类思维逻辑的一门科学,是模拟人类学习而被创造出来的、为人类服务的科学技术成果①。它目前仅仅是人类智慧尚属浅显层面的一种转化表现,仅是对人类智慧的一种功能性模仿,还无法在整体上模拟人的社会意识,因此也不具备人类的自然性、社会性和实践性。人工智能的"智能"构造方法本质上仍是以计算为基础的问题求解模式,本质而言,它只是基于规则的表征和计算系统的假说。人工智能只能处理某一方面、特定单一的工作,而人类却能够立足社会之中处理复杂的社会实践活动。马克思强调,"一个种的整体特征、种的类特征就在于生命活动的性质,而自由的有意识的活动恰恰就是人类的特性"②。人具备的意识,实际上是指人类在认识世界和改造世界中能够进行有目的、有计划的行为,人的这种意识性是人之为人的重要特征之一。人的这种意识性和主观能动性主要体现在以下两个方面:一个是能够能动地认识和反映客观世界;另一个是在前一层面的基础上运用认识客观世界的规律来反作用于客观现实。人的意识并非简单地反映客观现实,它是由人体感觉器官和大脑紧密联系、密切配合而进行的复杂性、综合性的活动,能指导人们有目的地去改造世界,也就是说,人在行动之前能够首先意识到自我的存在。但人工智能的活动是一种自然活动,同它预先设置的代码程序是直接同一的,没有自我目的性。倘若人类没有事先给它设计好程序、编码好算法,它无法自我主动地对客观世界作任何适当的反馈。在这个意义上,机器学习与人类思维相差甚远,后面在方法论路径讨论中会再次论及。

三、方法论维度

在人工智能领域,方法论决定了人工智能的发展方向,人工智能就是依赖于各种算法实现其对人的模拟和超越。可以说,人工智能的方法论维度是具有核心地位的,因为它既可以决定人工智能的存在地位,又可以决定人工智能的

① 徐祥运、唐国尧:《机器学习的哲学认识论:认识主体、认识深化与逻辑推理》,《科学技术哲学研究》2018年第3期。

② 《马克思恩格斯全集》第3卷,北京:人民出版社,2002年,第273页。

价值功能。在人工智能发展道路上,方法是决定人工智能发展速度和实现程度的关键,其表现在三个层面:一是判断人工智能何以是人工智能的方法,这是外在性的判断,最著名的是图灵测试;二是人工智能何以实现人工智能的方法,这是内在性的方法,取决于机器学习的深度;三是从哲学方法论的角度界定人工智能,包括从还原论到整体论、从符号化认知到具身认知以及从单一化思维到系统论思维的过程。

(一)人工智能研究的外在性方法:图灵测试

在人工智能发展过程中,有一个问题一开始就被提了出来,那就是如何判定人类制造的机器达到了与人相同的程度。对于这个问题,最早艾伦·图灵就给出他自己的看法,提出“图灵测试”。“图灵测试”是检验人工智能“类人性”的一种方法。图灵认为,判断机器能否思考的一个重要方法就是看它能不能模仿人并且不让真正的人察觉出来。该测试规则为:测试者轮番与测试对象(机器)进行交流,如果参与测试的人当中有30%及以上的人无法分辨与其交流的被测试对象是人还是机器,则可以认为被测试的机器通过了图灵测试。倘若图灵测试不存在争议空间,那么通过图灵测试的机器人或者程序就具有“类人性”,能够像人一样思考、理解,并与人进行交流。但是问题的关键,恰恰在于图灵测试是存在“漏洞”的。实际上,目前通过图灵测试的机器人或者程序并没有具备人类所具备的理解力、思考能力。雷雨等认为,当前通过图灵测试的机器并没有真正具有人类智能,它虽然通过了图灵测试,但是它仅仅是依靠寻找数据库里储存的大量的知识与问题之间的联系来作为答案进行回答,并不具有原创性。此外,已为学界所熟知的就是约翰·瑟尔提出的“中文屋”思想实验,这是反驳图灵测试的一个比较著名的思想实验。“中文屋”思想实验,就是一个不会中文的人被关在小屋子里,给他非常充足的中文参考书、指导手册之类的辅助工具,他可以利用这些工具书编码出中文词句来回答屋外人递进来的中文问题,虽然答案差强人意,但实际上他是没有理解其含义的。这个实验其实就是为了论证通过图灵测试的机器人仅仅利用了一些编入的程序、知识、手册、指导书之类的东西来回答人们提出的问题,但是它却没有真正理解那些问题和答案的真实意义。可以这么认为,机器人通过图灵测试并不意味它具有了高度的"类人性",实际上它还是弱人工智能。当然,它相较于以往的机器人来说,无疑有了较大进步。但是,它离强人工智能还差得很远。

(二)人工智能研究的内在性方法:机器学习

人工智能的类人性程度除了通过上述外在性方法进行测评以外,还可以通过内在性方法体现,而内在性方法是更为核心的层面,因为内在性方法一旦取得突破性进展,人工智能就将在类人性程度上前进一大步。实际上,人工智能相关研究者为了让人工智能达到或者接近人的思考和认知模式,做了非常多的努力。研究者根据不同的学科背景和对智能形成方式的不同理解,提出了三种有代表性的人工智能研究范式:符号主义、联结主义、行为主义①。20世纪80年代前,符号主义是主要模式,符号主义遵循知识表征、推理和运用,坚持符号主义范式。这也属于思维模拟派/控制派,强调实现人工智能必须用逻辑和符号系统。联结主义也是仿生派,通过仿造大脑达到人工智能,模拟大脑中的神经网络。人工智能的实现主要是算法的实现,AI的第一个高峰期是1957年神经网络感知器的发明,从而模拟人的视觉接收信息,包括实时环境信息,并首次提出自组织、自学习等思想。1982年,霍普菲尔德神经网络的提出,将神经生物学和物理系统之间建立了联系。1986年,鲁姆哈特和麦克莱尔等在BP(back propagation)算法(全称为误差反向传播算法)的基础上提出了BP神经网络模型,使大规模神经网络训练成为可能,迎来第二次黄金期。2006年,杰弗里·辛顿提出"深度学习"神经网络,经过改进的算法可以对7层或更多的深度神经网络进行训练,AI性能突破性进展。2013年,深度学习在语音与视觉识别上取得成功,感知智能实现。2016年,在算法上的突破性事件就是AlphaGo战胜人类冠军,标志着智能时代的来临。这是深度卷积神经网络(deep convolutional neural network,简称DCNN)的实现,具有高度模仿性、自我学习性,自我进化不再依赖人类的经验,这也是行为主义范式。而之后的AlphaGo Zero仅用40

① 成素梅:《人工智能研究的范式转换及其发展前景》,《哲学动态》2017年第12期。

天时间“学习”，其水平便超过之前所有版本的 AlphaGo。这一事件无疑标志着人工智能在深度学习上有了突破性进展。需要指出的是，尽管 AlphaGo Zero 的深度学习能力非常震撼，但是它与人类的学习能力比起来还存在很大差距，也存在风险，人工智能的未来并未因此而一片光明。确实，“通过深度学习的深度层次间的随机联系，机器的确具有了某种学习能力，也就是进行自身训练、‘与时偕行’乃至与时俱进的能力”①，但是人工智能的深度学习与人的学习比起来还有很大差距，这是因为实际上现在的人工智能的深度学习“在根本上仍然是表征数据处理系统”。基于此，徐献军认为，非形式的、不可表征的智能活动仍然是人工智能的极限。换言之，现在的人工智能的深度学习还仅仅只能处理一些形式的、可表征的数据，而除此之外的，如想象、爱情、痛苦、忧愁等，它则毫无办法，无法学习。从这一维度来说，目前人工智能的深度学习与人类的学习能力比起来还有很大差距。另外，说人工智能的深度学习存在风险性问题，是因为这种深度学习具有不可解释性，也就是说，人工智能在进行深度学习的时候，人类对这个过程无法认知、无法解释，不知道机器内部作了何种操作，仅仅是得到了其学习之后呈现出的结果而已。因此，人工智能深度学习过程中的不可解释性蕴含着困难性。

（三）人工智能方法的发展趋势：复杂与多维

近年来，人工智能越来越呈现出向着类人性方向发展的趋势。我们发现，在研究人工智能过程中的一种可喜的方法论上的转变，而这种转变使得深度学习方法、大数据挖掘技术有了较大的发展，具体体现在以下三个方面。一是从还原论到整体论。传统数字和计算认知方法论是还原论方法，还原论可以说是整个科学建立起庞大体系的基础，在人工智能可计算的最基本要素中，还原论方法是至关重要的。但随着人工智能的不断发展，人工智能不断趋向类人性，还原论方法无法满足机器学习需要。因为还原论的理性主义方法无法处理非

---

① 张祥龙：《人工智能与广义心学——深度学习和本心的时间含义刍议》，《哲学动态》2018 年第 4 期。

线性和非结构的复杂系统问题，它只关注“世界”中的事实而不关注变化不定的“世界”本身，因而还原论方法无法解决复杂系统问题，而人工智能要想有更进一步的发展，就必须要在还原论方法的基础上有更进一步的发展和创新，赋予人工智能可计算的整体性，而且思维方法也要不断朝向整体论。二是从符号化认知到具身认知。符号化认知是人工智能的基本认知方式。随着新一代人工智能的发展，认知方式不断走向整体论、生成论，加入了具身认知方法。这一认知方法坚持身体的知觉、感觉是人的行为产生的根本基础，认知是具体的个人在实时的环境中产生的并非抽象的符号加工，而是与身体的物理属性、感觉运动系统的体验紧密联系在一起的。从具身认知的角度看，身体在人的认知过程中发挥着关键性的作用。思维和认知在很大程度上是依赖具身认知的哲学观，将认知视作一种意义建构活动。因此，具身认知方法论的引入，让人工智能在类人性程度上更近了一步。这是因为具身认知方法论应用于人工智能，就让科学家在研制人工智能的时候充分考虑到智能机器的感知系统的建构，甚至还能让智能机器通过识别实时的环境，收集相关信息，并进一步作出判断。而一旦这样的人工智能得以创造出来，它无疑具有较高的类人性。三是从单一化思维到系统论思维。单一化思维是单一维度或者简单的思维模式，人工智能也是由简单到复杂、由低级到高级的发展过程。系统思维就是朝向复杂和高等级的重要思维方式。系统思维遵循着整体性、关联性、开放性和演进性以及情境性的思维原则，系统性思维方法不断为人工智能提升智能性开辟道路。在人工智能研究过程中，系统思维方法的引入和加强，让人工智能往更高阶段的发展有了更多的可能。因而，在系统思维指导下的人工智能才有可能处理更为棘手的问题、更为复杂的困难。

人工智能研究在方法论层面上有往复杂与多维转变的趋势，而这为人工智能在类人性程度上的进一步发展无疑提供了更多的可能。

四、价值论维度

从价值论维度来看，毫无疑问，人工智能不仅具有政治价值、经济价值，而且还具有社会价值以及文化价值等。这些价值都是可衡量的价值形式。但同时人工智能发展也具有着很大的不确定性和未来不可衡量性，这是人工智能最应该被关注的价值，因为它蕴含着未知的风险和挑战，比如人工智能面临的隐私问题、分布式的认识责任问题、自我概念重构及其伦理、法律和社会等问题，述其要者如下。

其一，是关于人的存在性地位是否被挑战问题的研究。很显然，人的存在性地位被挑战问题，既是一个价值论问题也是一个存在论问题。存在论是前提和条件的考量，价值论是结果的考量。对人工智能的研究和探索的动力来自两个方面：一方面来自人类对未知领域强烈的探索性，也是求知的欲望，这是科学的进路；另一方面是来自对人工智能功用性的需求，也是商业价值的需要，这是技术的进路。显然，两种进路带来的结果是一致的，人工智能技术的发展必将面临技术对人的取代问题。其实技术取代是技术发展的应有之义，技术就是一种生产力，就是为了提高效率，就是为了取代人工而存在的。但人工智能技术的取代不是一般技术功能的取代，人工智能技术首先是对人的智能的模拟，是智能性的取代进而发生功能的取代。这与一般技术产生巨大差别，这种取代必然带来人存在价值意义上的追问以及人工智能存在性地位问题的相关思考。一方面，人工智能，也就是机器人在未来可能被设计和制造得越来越像人；另一方面，人类自身由于不断使用人工智能强化身体机能，由此越来越像机器人。人工智能在这两个方面的进一步发展，自然而然会带来人的存在性地位被挑战的问题。在这方面，技术悲观论者对于上述问题表现出深深的忧虑，不过在笔者看来，就目前人工智能发展状态看，人工智能要达到真正的类人程度，可以说还有很长的路要走。这主要基于以下认识。一是要打造出真正的类人智能机器人，且不说需赋予人工智能以情感、想象、思考、意识有待突破，还有一个关键的技术需要突破，那就是模拟人的大脑。然而人的大脑神经网络极为复杂，想要通过数据建模来模拟人的大脑神经网络，难度实在很大；更不用说，人类目前对大脑的相关研究深度还不够，对大脑的认识非常有限。如此一来，想通过建模来模拟人的大脑简直难上加难。二是就人类本质来看，人工智能想要同时具备人的所有本质特征还有很长的路要走。马克思非常强调人的社会存在，他在《关于费尔巴哈的提纲》中对此有过精辟的论述，即“人的本质不是单个人所固有的抽象物，在其现实性上，它是一切社会关系的总和”①。因此，人工智能即使在肉体存在方面可以用钛钢等物质来充当，在精神存在方面也可以部分地具有“思考”能力，但是在社会存在方面却很难在短时间内取得跟人类等同的程度。这是因为人类历史发展已历几千年，拥有非常丰富的历史文化基础，有家庭、亲人、政治生活、职业生活，无时无刻不处在社会关系之中。而人工智能要达到这样的水平，就需要建立起属于它们的“社会关系”，而这谈何容易！此外，即使真有一天科技突破关键技术，使得人工智能达到了与人类相当的水准，我们也应当坚持人的主体性地位，人类要对人工智能有绝对的控制权，人的存在性地位不容被挑战。

其二，是关于人工智能的伦理限度问题。其研究路径表现在两个层面：一是人工智能技术的技术伦理问题，二是人工智能作为具有“类人性”的技术物与人之间的关系问题。就人工智能技术伦理问题而言，在发展人工智能的过程中，人类有一种隐隐的担忧，人工智能的技术伦理探讨应当前置，以免未来悔之莫及。实际上，“艾西莫夫机器人三定律”就是一种对人工智能进行的伦理考量②。根据这三定律，人类与机器人之间是可以友好共处的。但在现实状态下，“艾西莫夫机器人三定律”在某些特殊情境下会相互违背，从而致使智能机器人无法抉择，陷入死机状态。有论者就此指出“当前面三个定律相互冲突时，就得让人自己来回答到底想要怎样”③。这一提法和建议实际上既解决了人工智能可能面临的一些伦理困境，又保留了人类对人工智能的绝对控制，对于避免人类受到人工智能的控制非常重要。此外，有学者就机器人发展的界限问题

---

① 《马克思恩格斯选集》第1卷，北京：人民出版社，2012年，第139页。

② 这三定律分别是：第一定律——机器人不得伤害人，也不得见人受到伤害而袖手旁观；第二定律——机器人应服从人的一切命令，但不得违反第一定律；第三定律——机器人应保护自身的安全，但不得违反第一、第二定律。参见[美]艾·阿西莫夫：《我，机器人》，国强、赛德、程文译，北京：科学普及出版社，1981年，引言第1页。

③ 李德顺：《人工智能对“人”的警示——从“机器人第四定律”谈起》，《东南学术》2018年第5期。

提出“我们在设计和制造机器人时,应为自己制定三条戒律”①,即绝不允许机器人具有同人体一样的躯体、辩证思维能力和人的感情,只要具备这三条,人就不会失去对机器人的控制能力。人类在研发高级人工智能的过程中,一定要保留人类对人工智能的绝对控制权,这应当成为全球共识。再者,就“类人性”的人工智能与人的关系问题而言,人的存在是一种具有目的性的生命活动,这种目的性体现为人在进行认识和改造世界的具体实践活动时具有目标性和方向性。目的不仅仅是一个纯粹主观的活动,它还是一个客观性的活动,而且客观性是目的性的重要前提。人的目的本身也是个意向性结构,人的意向性目的活动分为三个层次:一是自然合乎目的性的本能活动,二是功利性的生产劳动,三是超功利性目的的艺术审美活动。人的目的产生根源决定人的目的特征,目的具有主观性与客观性、功能性与价值性的统一特征。人的目的性生成过程实际上就是对人的目的价值进行判断、选择的过程。一般而言,技术活动是在第二个层次,属于功利性生产劳动。技术目的性是事物发展过程中其结果对事物生存有利的意向性。但第一个层次是基础,第三个层次是对第二个层次的超越。如果技术没有第三个层次的追求,技术完全作为功利性的手段,技术就会成为人类攫取利益和利润的工具。因此,发展人工智能一定要尽可能以人的生存和发展需要以及现实满足程度为基本出发点和价值尺度。

其三,是对由于资本宰制带来的人工智能风险问题的研究。技术与资本之间向来是一拍即合的,二者共谋并服务于资本增殖的逻辑。因而,人工智能在资本宰制下将面临的各种风险问题,是一个不可忽视的问题。“由于资本权力的过度介入,任凭工具理性泛滥,将人工智能发展引向扭曲的方向,即机器统治人,而不是解放人,把人变得连想要被剥削都成为不可能。”②这显然指出了一个当下非常迫切的问题,那就是还没等到人工智能发展到能够“奴役人”“控制人”的地步,它就被资本家用来进一步剥削人、压榨人。一旦资本家青睐于使用

---

① 林德宏:《人与机器——高技术的本质与人文精神的复兴》,南京:江苏教育出版社,1999年,第172页。

② 董志芯、杨俊:《人工智能发展的资本逻辑及其规制——兼评〈人类简史〉与〈未来简史〉》,《经济学家》2018年第8期。

智能机器人从事生产，那么人类社会就会给大量工人带来失业风险。届时不是人工智能服务于人，而是人工智能服务于有钱人、资本家，而一般人则服务于人工智能，受人工智能的支配。此外，还要注意到，人工智能技术大规模运用的风险很大程度上来自主观认知的心理层面。因此，作为一种特殊的技术形式，人工智能带来的风险会倍增和放大。这些风险主要体现在以下方面。一是加大了工人的失业风险。为了降低成本、获得更大利润空间而使用人工智能，必然意味着有更多工人面临着失业的风险。二是人的隐私被泄露的风险增加。资本宰制下的人工智能很大可能被用于追求利润、追求剩余价值而不惜侵犯个人的隐私，因而在资本宰制下的强人工智能时期个人隐私泄漏风险无疑会更高。三是军事机器人的应用可能带来的安全性问题。各国为提升自身的军事实力自然青睐对军事杀人机器人的研发，但是一些私人军火制造商、利益集团同样热衷于军事杀人机器人的制造，因为这种先进的科技往往会给他们带来巨大的利润。然而，在私人资本宰制下的军事机器人势必会带来严重的安全性问题，至少会让犯罪分子具有更高级的攻击性武器。四是性爱机器人的制造给两性关系、婚姻伦理等带来的风险增强。资本以追求利润为直接目的，倘若强人工智能真能做到与人相似，那么市场无疑对性爱机器人有需求，因而势必也会有资本注入性爱机器人的生产。总之，资本宰制下的人工智能所带来的风险远不止上述几点，笔者在此仅举几例，意在强调问题的可能性。显然，发展人工智能，绝不能让资本、资本逻辑带偏，让本该服务于人、本该用来提升人们生活水平的人工智能变成资本家用来控制人、剥削人的新工具。因此，需要打破人工智能的资本宰制，让人工智能真正服务于“人的解放和自由而全面的发展”。

第十四章　人工智能的风险性

1956年人工智能概念在美国达特茅斯大学的研讨会上被正式提出，标志着人工智能学科的诞生。“顾名思义，人工智能就是人造智能，目前的人工智能是指用电子计算机模拟或实现的智能。同时作为学科，人工智能研究的是如何使机器（计算机）具有智能的科学和技术，特别是人类智能如何在计算机上实现或再现的科学或技术。”①随着人工智能技术的发展，人工智能被进一步划分为“弱人工智能”和“强人工智能”。“就弱人工智能而言，计算机在心灵研究中的主要价值是为我们提供一个强有力的工具；就强人工智能而言，计算机不只是研究心灵的工具，更确切地说，带有正确程序的计算机其实就是一个心灵。”②就目前而言，弱人工智能技术已经基本实现，以计算机为载体的人工智能技术在自动化工业中发挥了巨大作用，“我们可以通过各种自动化装置取代人的躯体活动”③，人类的生产效率因此得到极大的提升。人类一直朝强人工智能的道路上强劲迈进，如果人工智能广泛应用，未来社会是否有更多的风险？风险何在？如果有风险，产生风险的机制是什么？人工智能与人之间的边界或者禁区在哪里？本文尝试从哲学的角度进行初步的探讨。

---

① [英]凯文·渥维克：《机器的征途——为什么机器人将统治世界》，李碧、傅天英、李素等译，呼和浩特：内蒙古人民出版社，1998年，第1—2页。

② 廉师友：《人工智能技术导论》，西安：西安电子科技大学出版社，2000年，第1页。

③ 杜文静：《人工智能的发展及其极限》，《重庆工学院学报（社会科学版）》2007年第1期。

一、风险因子分析

乌尔里希·贝克与安东尼·吉登斯的风险理论开启了对技术风险问题的关注。

乌尔里希·贝克在20世纪90年代提出“风险社会”概念,认为科技发展在促进社会进步的同时,也对生态环境甚至人自身造成威胁。“在风险社会中,风险已经代替物质匮乏,成为社会和政治议题关注的中心。”①贝克认为,当前社会是一个充满各种风险的社会,政治、经济、文化、科技、生产、贸易等各个领域都存在诸多风险,而技术风险无疑是其中影响最为深远的风险类型。吉登斯从现代性的视角出发,提出现代社会的风险形式是一种人类制造出来的风险,“‘人造风险’于人类而言是最大的威胁,它起因于人类对科学、技术不加限制地推进”②。

(一)人工智能与一般技术风险的区别

风险意味着危险的可能性,也是目的与结果之间的不确定性,是危险的概率指标。技术的风险性首先表现为技术的不确定性。技术的不确定性有多种表现形式,技术使用后果的不确定性是技术不确定性的主要方面。技术风险也主要来源于此。国内学者对技术风险问题的认识已经比较成体系,代表性的观点如下:从技术风险的属性来看,技术风险既具有客观实在性,也具有主观建构性;从技术风险的生成来源来看,技术风险既是技术自身的内在属性,也是人的行为结果;从风险性后果来看,风险事件逐年增多、破坏性不断增强、不可预测性日趋复杂、风险控制愈加困难等。

技术风险的另一个说法是墨菲法则,那就是,如果事情有变坏的可能性,不管这种可能性有多小,它迟早都会发生。人工智能技术也是如此,如果人们担

---

① [德]乌尔里希·贝克:《风险社会》,何博闻译,南京:译林出版社,2004年,第15—19页。
② [英]安东尼·吉登斯:《现代性的后果》,田禾译,南京:译林出版社,2000年,第115页。

心某种情况发生，那么它就有发生的可能性，因为风险是一种可能性的存在。人工智能技术风险问题既与一般技术风险具有同源性和同构性，但也有很大的区别性。

技术在很大程度上都是作为它者存在，一般性技术在很大程度上都是外在化的风险，如环境风险、生态风险、经济风险等。"由于技术与社会因素的相互作用，因此，在风险社会中，风险都会从技术风险自我转换为经济风险、市场风险、健康风险、政治风险等。"①

但人工智能技术却不能简单地作为它者存在，除了外在的风险之外，人工智能技术很大程度上是内在化的风险，那就是人的存在性地位的挑战风险以及人与物边界复杂性的风险。内在化风险不是物质层面的风险，而是一种精神上的冲击风险，是基于人的自我认识和认同的风险。因此人工智能技术的风险因子不仅仅在经济维度、环境维度，而且在于人机边界的厘定，以及人机之间竞争关系的形成方面。

在此方面，很多人工智能事件都引起人工智能取代人的担忧。自 1997 年电脑"深蓝"战胜国际象棋冠军加里·凯斯帕罗夫 19 年之后，在 2016 年 3 月 9—15 日，由谷歌 DeepMind 研发的神经网络围棋智能程序 AlphaGo 以 4∶1 的比分击败前世界围棋第一人李世石。2017 年 1 月 6 日江苏卫视《最强大脑》上演了一场精彩的人机对决，这次的战场不再是围棋，而是人脸识别。据悉，"'百度大脑'已建成超大规模的神经网络，拥有万亿级的参数、千亿样本、千亿特征训练，能模拟人脑的工作机制。百度大脑智商如今已经有了超前的发展，在一些能力上甚至超越了人类"②。"小度"对战人类大脑名人堂选手，上演人机大战，在图像和语音识别三场比赛中，以 2 胜 1 平的战绩胜出。2016 年 11 月百度无人车已经能够在全开放的道路上实现无人驾驶。当前快递拣货机器人已经大规模投入快递行业。2016 年富士康公司在昆山基地裁员 6 万人，用 4 万台机

---

① [英]芭芭拉·亚当、乌尔里希·贝克、约斯特·房·龙编著：《风险社会及其超越》，赵延东、马缨等译，北京：北京出版社，2005 年，第 334 页。

②《小度上演人机大战，醉翁之意剑指阿尔法狗?》，2017 年 1 月 8 日，搜狐网，https://www.sohu.com/a/123941983_108060，最后浏览日期：2024 年 9 月 24 日。

器人取代人力。基于以上事实,很多人认为:人工智能取代人类的时代已经到来,敌托邦式构想即将成为现实。并且通过几场"人机大战",普通大众开始表现出对人工智能风险性问题的强烈关注。强人工智能技术尽管还没能实现,但从这场 AlphaGo 围棋大战中,让人似乎看到未来人工智能超越人类的可能,因为人工智能的三大基础——算法、计算平台、大数据——已经日渐成熟。南京大学林德宏教授曾指出:"电脑不仅能模拟人的逻辑思维,还可以模拟形象思维、模糊思维、辩证思维,人工智能将来可能全面超过人脑智能。"①人工智能风险性考虑,主要是基于人工智能对人类的可能性超越。这是一种内在性的风险,是人工智能之于人的关系性的风险。

(二)人工智能风险的表现形式

"工程师和技术专家倾向于把技术风险界定为可能的物理伤害或者厄运的年平均律,哲学家和其他人文主义者认为技术风险无法定量,它包含了较之物理伤害更为广泛的道德内容。"②有学者直接认为:"'风险'包括两部分,一部分是物理性的,更为实际有形的、可被量化的危险,即技术性的风险;而另一部分是由心理认知建构的危险,即感知的风险(perception of risk)。"③人工智能风险同样包含这两个层面:一个是客观现实性的物理层面,另一个是主观认知性的心理层面。在人工智能技术大规模运用之前,很大程度上风险的认识来自主观认知的心理层面。在人工智能发展过程中,人工智能(类人)与人(人类)之间的关系一般经历三个阶段:一是模仿关系阶段,人工智能首先基于对人的模仿,使机器初步具有人的智能;二是合作关系阶段,人工智能协助人类完成大量的工作,体现出人工智能强大的利人性;三是竞争关系(取代关系)甚至是僭越关系阶段,是人工智能大规模广泛应用情况下出现人工智能与人之间的依赖、竞争、

① 林德宏:《"技术化生存"与人的"非人化"》,《江苏社会科学》2000 年第 4 期。

② 李三虎:《职业责任还是共同价值——工程伦理问题的整体辨释》,《工程研究》2004 年第 1 期。

③ 转引自曾繁旭、戴佳、王宇琦:《技术风险 VS 感知风险:传播过程与风险社会放大》,《现代传播(中国传媒大学学报)》2015 年第 3 期。

控制等复杂的关系情况。

人工智能在大规模应用后，潜在的风险性主要有以下几种表现形式。一是人工智能技术的发展将（至少暂时性地）导致未来失业率的大幅度提升。现代工业中，弱人工智能技术已经能够替代人类，从事一般性的体力劳动生产，未来人类的部分脑力劳动也必将被人工智能技术所取代。因此，对未来人类可能面临巨大失业风险的担忧不无道理。二是人工智能的发展使人类遗忘人工智能技术。也就是说，人类将越来越依赖机器的“智能性”，而忽视其“人工性”，这将导致人类与机器的关系转换成人类与“类人”的关系，人类很可能对机器产生类人情感，甚至产生类人的依赖感。一旦人类将机器视为同类，必然带来相应的伦理问题。如性爱机器人如果大规模应用，将使婚姻生育等问题变得复杂，人的两性关系以及很多伦理问题都会相应而来。三是未来机器人不仅具备类人思想，还可能具备类人的形态，人类在与机器人的日常交互中，如果将机器人视作同类，机器人能否获得与人类等同的合法地位，人与机器人之间的关系如何界定，这也是复杂的问题。以人工智能技术为核心的机器（至少部分性地）超越人脑，存在威胁人类主体性地位的可能。依托强人工智能技术的机器一旦具备甚至超越人类智慧，机器很可能反过来支配人类，这将对人类存在性（主体性）造成巨大的威胁。

当然，上面都是人工智能作为它者的存在与人之间的关系的风险。但还有更复杂的情况，2017 年 3 月 28 日，特斯拉创始人马斯克成立公司致力于研究“神经织网”技术，将微小脑电极植入人脑，直接上传和下载想法。在此之前，后现代哲学家哈拉维提出赛博格的概念，是人与机器的杂合。如此一来，以智能植入方式将人与机器联机，人与机器的边界何在？对人类未来的影响是积极的还是消极的？人对未来终极问题的思考对人类的心灵造成巨大的困扰，这种主观认知性的心理层面的风险并不弱于客观现实性的物理层面。

二、风险形成机制分析

人工智能风险目前更多地体现在主观认知性的心理层面，是人们对人工智能发展的一种担忧，哲学的思考大有用武之地，其中现象学更具解释力。

（一）从外在模仿到内在超越：人工智能技术的放大效应

人工智能多是以独立的形式对人的模仿甚至超越。“行为的自动化（自主化），是人工智能与人类其他早期科技最大的不同。人工智能系统已经可以在不需要人类控制或者监督的情况下，自动驾驶汽车或者起草一份投资组合协议。”①与一般技术一样，人工智能技术之于人有两个层面：一是机器操作代替人的劳动，使人从繁重而复杂的劳动生产中解放出来，让人获得更多的自由空间；二是人工智能取代人类智能，人类受控于机器，人类主体的存在性地位丧失。技术发展呈现完全相反的两种进路，这是由技术二律背反的特性决定的，技术具有“物质性与非物质性、自然性与反自然性、目的性与反目的性、确定性与非确定性、连续性与非连续性、自组织与他组织”②等特性。

技术还有一个内在属性就是具有放大性功能。技术放大功能是技术内在结构的属性，是技术模仿人类功能并对人类能力的放大，它完全内置于技术结构中。“人-技术-世界”的结构模型是现象学的基本模型，表达了人是通过技术来感知世界的，人与世界的关系具有了技术的中介性。例如，在梅洛-庞蒂所举的盲人与手杖的例子中，盲人对方位的感知是通过手杖获得的，手杖成为连接盲人与空间方位的转换中介，扩展了盲人的空间感。在这里，技术通过转化人类的知觉，扩展了人类的身体能力。“只有通过使用技术，我的身体能力才能得到提升和放大。这种提升和放大是通过距离、速度，或者其他任何借助技术改变我的能力的方式实现的。”③人类对技术无限放大性的追求也是现代技术发展潜在的动力，也是技术风险生成的根源。而技术的放大效应既是内置于技术内核的结构性特征，也是人类目的性的现实要求。在目的性结构中，技术是表

---

① [美]马修·U. 谢勒：《监管人工智能系统：风险、挑战、能力和策略》，曹建峰、李金磊译，《信息安全与信息保密》2017 年第 3 期。

② 王治东：《相反与相成：从二律背反看技术特性》，《科学技术与辩证法》2007 年第 5 期。

③ [美]唐·伊德：《技术与生活世界——从伊甸园到尘世》，韩连庆译，北京：北京大学出版社，2012 年，第 75 页。

达人的意愿的载体,人工智能技术就是放大人类的意愿,在某种程度上可以代替人的意愿。当一个中介完全把人的意愿变成中介的意愿时,人工智能的本质得以实现,技术的放大效应达到最大化。但人的意愿可以被机器表达时,人的可替代性也逐步完成,人也失去了自我。技术便有可能朝向背离人类预期的方向发展,技术风险由此生成。

在前人工智能技术时代,技术只是对人类“外在能力”的模仿与扩展,即使像计算机、通信网络等复杂技术也是以一种复合的方式扩展人类的各项技能。但人工智能技术却内嵌了对人类“内在能力”的模仿,对人脑智慧的模拟。这一技术特性使人工智能技术具备了挑战人类智慧的能力。千百年来,人类自诩因具备“非凡的”智慧而凌驾于世间万物,人的存在地位被认为具有优先性。康德“人为自然界立法”的论断,更是把人的主体性地位推到了极致。一旦人工智能技术被无限发展、放大,具备甚至超越人脑机能,人类对技术的“统治权”将丧失,人类的存在性地位也将被推翻。尽管就目前而言,人类对人工智能技术的研发仍处于较低水平,但人工智能表现出的“类人性”特征,已经不似过去技术对人脑机制的单向度模拟。特别是,AlphaGo在面对突发状况时表现出的“随机应对”能力,远远超出开赛前人类的预估。我们似乎看到人工智能正在从对人类“智”的超越,转向对“慧”的模拟,这种风险越来越大。

(二)从它者性到自主性的循环:人工智能技术矛盾性的存在

早期技术就是作为一种工具性的存在,也是一种它者的存在。但发展技术的潜在动力就是不断让技术自动化程度越来越高,越来越自主。技术的自主性发展表现为“技术追求自身的轨道,越来越独立于人类,这意味着人类参与技术性生产活动越来越少”①。人工智能技术的自主化程度取决于人工智能的“类人性”。也就是说,人工智能越趋近于人类智能,技术的自主性也就越可能实现。就人类预期而言,人工智能技术的发展是自主性不断提升的过程,也是使更多的人从日常劳作中解脱出来,获得更多自由的过程。但当技术发展到具有

① Jacques Ellul, *The Technological Society*, New York: Alfred A. Knopf, 1964, p.134.

同人一样的智能时，技术在新的起点上成为一个它者。因为技术发展的不确定性使技术既有“利人性”也有“反人性”。这两种看似相反的特性是一个问题的两个方面，智能技术将这两种特性又进一步放大。人工智能技术的“利人性”是技术自主性的彰显。但也正是基于人工智能的“类人性”特点，使达到自主化奇点的技术可能出现“反人性”倾向。

技术的“反人性”表现为它者性的生成，技术它者性是技术发展违背人类预期的结果。理论上，当技术成为一个完全自主、独立的个体时，它将不依附于人且存在于人类世界之外，技术相对地成为它者。在伊德看来，“我们与技术的关系并不都是指示性的；我们也可以（同样是主动的）将技术作为准对象，甚至是准它者”①。技术的（准）它者性可以表示为：人类→技术（世界）。“它者”一词本身暗含着人类对技术完全对象化的担忧，这种担忧在海德格尔看来由技术的“集置”特性决定：“集置（Ge-stell）意味着那种摆置（Stellen）的聚集者，这种摆置摆置着人，也即促逼着人，使人以订造方式把现实当作持存物来解蔽。”②事实上，人工智能技术的发展趋势，就是在不断提高技术较之于人的它者地位。

在实际应用中，人工智能技术的“反人性”倾向会以它者的形式呈现。“技术还是使事物呈现的手段。在故障情形中发生的负面特性又恢复了。当具身处境中的技术出现故障了，或者当诠释学处境中的仪器失效了，留下来的就是一个强迫接受的、并因此是负面派生的对象。”③在伊德的技术体系中，尤其在具身关系和诠释学关系中，技术（科学仪器）通过故障或失效导致技术它者的呈现。技术在承载人与世界的关联中，本应该抽身隐去，但却以故障或失效的方式显现自身，重新回到人类知觉当中，必然阻断人与世界的顺畅联系。本来通过技术实现的人对世界切近的感知，转换成人对（失效了的）技术的感知。这时，（失效了的）技术的它者性仅仅表现为感知的对象性。同样，人工智能技术

---

① [美]唐·伊德：《让事物“说话”：后现象学与技术科学》，韩连庆译，北京：北京大学出版社，2008年，第57页。

② 李霞玲：《海德格尔存在论科学技术思想研究》，武汉：武汉大学出版社，2012年，第82页。

③ [美]唐·伊德：《技术与生活世界——从伊甸园到尘世》，韩连庆译，北京：北京大学出版社，2012年，第99页。

同样也存在技术失效的可能,但这种失效不是以故障而是以一种脱离人类掌控的方式成为它者。人工智能技术的失效不仅会转换人类知觉,更为严重的是,一旦技术在现实中摆脱人类控制,自主化进程将以故障的方式偏离预定轨道继续运行,技术的“反人性”开始显现,技术它者由此形成,技术的自主性成为它者的“帮凶”。人工智能技术的风险在于经历了“它者性—自主性—它者性”过程之后,这种风险结构被进一步放大。

现实中需要不断通过技术发明和技术改造提高人工智能技术的自主性,但又不得不防范人工智能技术的它者性。由此,人工智能技术自主性和它者性便成为技术发展过程中的一种冲突。

三、“人类”与“类人”的界限

从概念可以看出“人工智能”由两部分组成:一是人工,二是智能。相对于人工智能,人在某种程度上就是一种天然智能。“准确定义人工智能,困难不在于定义‘人工’(artifiality),而在于‘智能’(intelligence)一词在概念上的模糊性。因为人类是得到广泛承认的拥有智能的唯一实体,所以任何关于智能的定义都毫无疑问要跟人类的特征相关。”①人与人工智能之间的界限有两个维度的比较很重要:第一个维度是知、情、意、行四个基本特征;第二个维度是人的自然属性和社会属性两个方面。

(一) 关于知、情、意、行的边界问题

人是知、情、意、行的统一。随着人工智能技术的不断发展,人工智能将趋近于人类智能,承载人工智能技术的机器也将具有更多“类人性”。这种“类人性”不仅表现为机器对人类外在形态的模仿,更表现在机器对人类“知、情、意、行”的内在模拟。智能首先要学会语义分析,能够读懂指令,如 2016 年 4 月刷

① [美]马修·U. 谢勒:《监管人工智能系统:风险、挑战、能力和策略》,曹建峰、李金磊译,《信息安全与信息保密》2017 年第 3 期。

屏爆红的“贤二机器僧”由北京龙泉寺会同人工智能专家共同打造，在最初阶段有效回答问题率20%—30%，但人工智能强大的学习能力是一般计算机系统无法相比的。人工智能具有学习能力，可以将逐渐增加的信息转变成知识，继而形成知识库，通过知识库形成机器人大脑，进而形成能够与人进行有效交流的智能系统。随着访问量的增加，贤二机器僧的数据库相应增加，有效回答率达到80%左右。这样与人交流的人工智能，让人感觉不到是与一台机器在交流。

当然，人工智能也是有禁区的，这种禁区，首先来自技术不能逾越的禁区。当前，可计算性是人的逻辑判断部分，而情感支配的思维是无法被计算的，因此人工智能对个体人的超越还是存在困难的。但如果像马斯克公司一样，通过人工智能去解读人脑的思维，上传和下载功能能够实现，人工智能能够读懂人，这样的冲击风险对人而言，其风险具有更大的加强性。当然能够解读人类思维也仅仅是一种识别和解读，人与人工智能之间还有一道重要的区别，就是自我意识的区别。“一个种的全部特征，种的类特征就在于生命活动的性质，而人的类特征就是自由有意识的活动。”①人是有意识的存在，意识总是关于某物的意识，同时也是作为承载者关于“我”的意识，意向性不仅指向作为对象的某物，同时也自反式地指向自身。只有在行动之前首先意识到处境中的对象与“我”不同，人类活动才具有目的性，人类才能“有目的”地进行物质创造和生产劳动。而人的目的性或者说人类需求是社会进步发展的最大动力。人工智能如果有了“我”的概念和意识，不仅是对人的模拟，而且具有了人的核心内核。在这个层面而言，人工智能就在个体上可以成为另一个物种的“人”。

当然，如果人工智能技术一旦具备类人意识，它将首先关注到自身的价值意义，即存在的合法性。而作为对象的人类，将沦落为技术“眼中”的它者。具备类人意识的人工智能对人类智能的超越，将对人类生存构成实质性威胁，到那时，人类生存与技术生存真的会互相威胁，彼此竞争。

（二）关于自然属性和社会属性问题

任何技术都是“自然性和反自然性”的统一。“技术作为人本质力量的对象

---

①《马克思恩格斯选集》第1卷，北京：人民出版社，1995年，第46页。

化有两重属性:一是技术的自然属性,二是技术的社会属性。自然属性是技术能够产生和存在的内在基础,即技术要符合自然规律;技术的社会属性是指技术的人性方面,即技术要符合社会规律。"①人工智能技术也是如此,"人工"是一个前置性概念。"智能"是对人的模仿,在人工智能设定的模仿程序中很大程度上也有社会属性,如军用机器人的战争属性,性爱机器人的性别属性,但这种社会性是单一的属性。恰恰社会属性是人区别于人工智能的核心所在。按照马克思对人本质是类本质和社会本质的论述,起码目前人工智能还不能叫板人本身。"人的本质并不是单个个人所固有的抽象物,在其现实性上,他是一切社会关系的总和。"②人工智能目前是以个体性或者是整体功能性而存在的,不可能具有社会性存在,也就意味着人工智能不能作为一个物种整体具有社会性,而人恰恰具有社会关系性,而这种社会关系是人之为人的根本性存在。"人的本质是人的真正社会关系,人在积极实现自己的本质的过程中创造、生产人的社会关系、社会本质。"③无论人工智能怎么在智能上超越人类,但根植于物种的社会性不是通过可计算获得的。因此这也是人工智能的禁区。如果人类赋予人工智能以社会关系构架,人工智能之间能够做联合,能够选择意识形态,那人类危机也真的不远了。但个人认为,作为人的整体社会建构的文化以及关系,任何人工智能都是无法取代的。

科学技术的进步与发展是历史必然,我们终究无法预测人工智能技术究竟能够取得多大的突破,但只要人工智能无法意识到"自我"的存在,它就只能作为工具为人所用,被人控制。关乎人类问题的关键从来也必须从人类自身出发才可能找到解答,无论人工智能技术如何发展,只要人类保持足够的理性,为人工智能技术划定禁区,人类的存在性地位就不可能被超越。尽管人工智能大规模发展会在某种程度上代替人类,让某些人失业,让社会结构发生改变,但人工智能也能创造出新的工作平台和领域,让人在更高的平台上实现人的创造性本质。当然,有一点需要特别引起注意,对人工智能的应用的限制和立法要提前

---

① 王治东:《相反与相成:从二律背反看技术特性》,《科学技术与辩证法》2007 年第 5 期。

②《马克思恩格斯选集》第 1 卷,北京:人民出版社,1995 年,第 56 页。

③《马克思恩格斯全集》第 42 卷,北京:人民出版社,1979 年,第 24 页。

进入考量范畴，否则如同其他技术一样，如果人工智能技术被别有用心的人滥用，产生的社会问题肯定会超过一般技术的滥用，这一点法学和社会学会大有用武之地。

第十五章　人工智能的存在性地位

继2016年3月人工智能AlphaGo战胜韩国棋手李世石，人工智能技术发展一往无前。2017年10月26日，“女性”人工智能索菲娅更是被授予沙特国籍，成为史上第一个获得合法公民身份的人工智能。人工智能成为“公民”、获得公民性，无疑加深了人类对人工智能的担忧，人工智能取代人一说甚嚣尘上。自1956年“人工智能”一词被提出以来，人工智能技术不断取得突破。不同于最初技术对人类外在能力的模仿与拓展，人工智能技术更是内嵌了对人类内在能力的模仿，例如对人类智能、思维、情感陪伴等方面的模拟，人工智能越来越像“人”。人工智能索菲娅不单外形上像现实存在的人类女性，拥有仿生橡胶皮肤，她还可以模拟人类的62种面部表情、识别人脸、理解人类语言等。无疑，人工智能早已能够充当家人、伴侣等现实角色与人进行基本的沟通交流，逐步融入人类的生活。乍一看，人工智能貌似已经褪去人工属性，俨然变成了一个“人”，拥有合法的公民身份。那么，事实的确如此吗？人的本质到底是什么？人工智能能否具有存在者的地位？换句话说，人工智能能否作为人而存在？在《人工智能风险性刍议》一文中，笔者曾就“人类”与“类人”界限，也就是人工智能技术的禁区问题作过初步探讨，指出“人与人工智能之间的界限有两个维度的比较很重要：第一个维度是知、情、意、行四个基本特征；第二个维度是人的自然属性和社会属性两个方面”①。下面将借助马克思人学的分析视角在此基础上展开更加系统的探讨。

---

① 王治东：《人工智能风险性刍议》，《哲学分析》2017年第5期。

一、人的存在性地位的前提

人在古希腊哲学体系中是重要命题，但一度被自然哲学的强大光芒遮蔽。纵观哲学史，人在康德那里仅是火光一闪，而没有被完整书写。康德将人的主体性前置，人被置于实践理性思考的范畴，虽然他曾多次提到人的思想和人性，但是没能够把人的思想及人性的概念作透彻的解释。康德仅仅是从微观上分析人的思想和理解人性的概念，进一步说是功能性的分析。在康德那里，理性统一的危机实质上是理性与存在统一的危机，是哲学的危机，也是人的危机。直至后来由马克思改变这种状态，马克思指出“关于人的科学本身是人在实践上的自我实现的产物”①。在马克思那里，人不是一个抽象的形而上学概念，而是作为有血有肉的“现实的人”而具有在世地位的。马克思在《德意志意识形态》中就是通过批判传统形而上学进而完成唯物史观的巨大转变的。

马克思在《1844 年经济学哲学手稿》中指出：“如果把工业看成人的本质力量的公开展示，那么自然界的人的本质，或者人的自然本质，也就可以理解了；……说生活还有什么别的基础，科学还有什么别的基础——这根本就是谎言。”②马克思反对将人只当作自然人来看待，人的行为和社会现象是不能简单地用生物学规律来解释的。“人的本质不是单个人所固有的抽象物，在其现实性上，它是一切社会关系的总和。”③人并不是生下来就是真正的人，而是通过置身于一定的社会关系中才成为真正意义上的人，例如教育、学习以及各种各样的人际交往和社会作用。人不是单向度的，人是作为“现实的个人”而具有存在地位的，自然关系和社会关系缺一不可。而其中，社会关系是人成其为人的基本前提和构架。

毋庸置疑，通过沟通联结、现实应用，人工智能彼此之间、与人类之间早已建立一定的联系，人工智能可以通过信息的“输入—输出—反馈”机制执行人类

---

① 《马克思恩格斯全集》第 42 卷，北京：人民出版社，1979 年，第 237—239 页。
② 《马克思恩格斯文集》第 1 卷，北京：人民出版社，2009 年，第 193 页。
③ 《马克思恩格斯选集》第 1 卷，北京：人民出版社，1995 年，第 60 页。

预先置入的代码程序，从而完成相互之间的信息交流。早在2016年，Google Brain团队就已向记者证实，他们的人工智能技术取得重大进展，两个独立的人工智能系统彼此之间不仅可以互相交流，还能够对其交流信息进行加密处理。人工智能与人类之间的联系则更为常见，继苹果公司几年前推出Siri人工智能助理，类似的主打人机交互的人工智能层出不穷，如小冰、GoogleNow、阿尔法狗等。微软公司打造的小冰是一款模拟16岁二次元少女形象的人工智能，相较于机械生硬的Siri更受宅男欢迎。为应对当代人情感缺场的境况，人工智能独特的看护技能、情感陪伴技能也应运而生。2016年12月，新加坡大学便推出了全球与真人最为相像的机器人Nadine，能够提供儿童看护服务，并陪伴孤独老人，与老人进行推心置腹的聊天。不得不说，人工智能可能成为比人更诚恳的倾听者。人对人工智能的情感依赖、彼此之间建立的社会关系已经部分取代甚至超越人与人之间的社会关系。

然而，我们必须明确，究其本质，人工智能所具备的社会关系与人的社会关系相差甚远。人工智能所表现出来的社会关系表面上是一种“关系”，实质上不过是科学家根据人类实际存在的社会互动进行的一个简单整合，这种社会联结类似于宠物与人类之间的关系。人类驯化动物在于以食物反复进行引诱，或者以疼痛刺激动物让其意识到某些事情不被允许。反观人工智能与人类之间，科学家预先将大数据整合进人工智能系统，再结合人工智能技术所提供的深度学习技能，人工智能与人之间的简单交流便不成问题。然而，在马克思看来，人的社会属性远非如此简单、机械。人所具有的社会关系并不只是某一种关系，而是指“一切社会关系”，包括各个方面，物质的和精神的、政治的和文化的……，而且这一切社会关系远不是简单拼凑堆积在一起，它们是以“总和”的形式存在并发挥作用。必须明确，正是在与自然、社会等关系的互相作用之下，人性的系统结构才得以形成，人才能够作为一个整体而存在。

二、人的存在性地位的核心要素

一直以来，人类是唯一被公认的具备智能的现实实体。因此，发展人工智能必然要以人类智能作为研究对象，仿照人类智能所具备的各种特征。很多人认为人工智能可以挑战人类，而其中对人类的威胁就在于人工智能的意识性。在他们看来，人工智能不再是一种机械性动物，而是和人类一样具有意识。人工智能可以“画猫识虎”，能够一边处理数据一边进行自主学习，“有意识”地区别外在事物。2015年，谷歌公司就开始致力于研发自动驾驶技术，无人驾驶汽车已经在加利福尼亚州的城市中行驶了数百万公里，并且从目前的监测结果来看，使用人工智能技术的自动驾驶汽车更为安全，能够有效减少交通事故。然而，人工智能所表现出来的这些“意识”不过是一种伪意识。

法国哲学家德里达认为，“假设一台机器在一切方面都具备和人智类似的智能，则它将不再仅仅是人智的‘模拟物’，而将成为一种‘智能’”①。当然，这一说法在理论上和逻辑上都是对的，只是目前人工智能仅是对人智的一种功能性模仿，人工智能还不能在整体上实现作为现实人的自然性、社会性和实践性。不可否认，人工智能“棋手”的确曾在围棋比赛中战胜人类高手，而围棋是一项极具挑战性的活动，与智力竞猜、诗歌背诵等紧密依靠数据库的活动不同，围棋注重逻辑思维，围棋比赛需要时刻依据棋局来定下一步棋，这无疑彰显人工智能具有“意识”。但对于人工智能而言，它根本没有意识到棋局所展现的各种谋略，在它看来，这不过是对数据的各种巧妙组合。背后的“科学智囊团”本身属人类，因此这也不能说是对人类的胜利。人工智能不过是将人的行为带入进了“意识”层面，这种意识是一种伪意识。事实上，人类思维不是说通过计算就能完全进行再现的。

马克思强调：“一个种的全部特征，种的类特征就在于生命活动的性质，而人的类特征恰恰就是自由的自觉的活动。”②实际上，人所具有的意识是指人类在认识世界和改造世界过程中的行为具有目的性、计划性，人的这种意识性是人之为人的重要特征之一。人的这种意识性和主观能动性主要表现在两个方面：一方面是能动地反映客观现实，另一方面是能动地反作用于客观现实。人

① 杨熙龄：《美梦还是噩梦(上)——关于“人工智能”的哲学遐想》，《国外社会科学》1987年第5期。

② 《马克思恩格斯全集》第42卷，北京：人民出版社，1979年，第96页。

的意识不仅反映客观世界，而且能指导人们有目的地去改造世界，人在行动之前能够首先意识到自我的存在。

人工智能的活动是一种自然活动，同它预先设置的代码程序是直接同一的，没有自我目的性。倘若人类没有事先给人工智能设计好程序、编码好算法，它就无法自我主动地对客观世界作任何适当的反馈，如对话、提问、行动等，更不用提让它像人类一样去有计划地改造客观世界。需要明确，人工智能是机械地按照算法程序开展工作的，它们的确可以辨认和处理这些枯燥无味的符号，但它们并不理解这些符号。人工智能可以模拟人脑的一些简单思维，模仿人类的一些简单操作，但它们缺乏人类特有的发散性的联想和归纳性的语言，而这些恰恰是人脑中形成意识的元素，由此便能证明人工智能同样无法产生想达到某种目的的意志和情感。人工智能虽然和人一样能听、能看、能动，但其本身并没有意识到它在听、在看、在动。然而，意识在任何时候都只能是被意识到了的存在。人工智能没有“我”的概念，无法意识到“我”的存在。

约翰·瑟尔的“中文屋”测验就已经很好地论证了人工智能的无意识性：将一个母语为英语、不懂汉语的人锁在房间里，在房间里放置一本关于中文字符操作的指导手册(程序)。此时，让房间外面的人往房间里送进一些中文字符(输入)，那么房间里的人对照指导手册就能够识别这些中文字符(输出)，尽管实际上此人对中文一无所知①。这一测验的关键点在于，如果房间中不懂中文的人可以通过操作适当的程序来伪装成懂得中文，那么基于同样程序的数字计算机也可以如此。与此类似，人工智能也可以只能理解信息的形式，而人却能理解信息的内容。所以说，人工智能所具有的“思维”能力，其实是人类思维在机器上的单向呈现。这个程度，现实的人工智能技术还是能够达到的。相对人来说，人工智能只能是被动的、机械的。某种程度上说，认为人工智能将会发展成为意识，人工智能终将作为人而存在，这实际上是一种机械唯物主义，将人看成受力学规律支配的机器，没有认识到人类认识的本质或者是从根本上否定了

---

① L. Hauserl, “Searle's Chinese Box: Debunking the Chinese Room Argument”, *Minds&Machines*, 1997, Vol.7, No.2.

人类认识的本质。

三、人的存在性地位的价值准则

马克思主义人学是探讨人类解放的学说，作为改变世界的实践哲学，始终关心人的解放和人的现实生存。马克思指出，一个物种的存在方式就在于其生命活动的形式，也就是说，“人是在利用工具积极改造自然的过程中维持自己的生存的，因此，实践构成了人类的特殊的生命活动的性质，即构成了人的存在方式”①。社会历史规律是规律性与目的性的统一，社会历史规律伴随人类社会的产生而生成，并且依赖其存在而存在。

人的社会生活及其历史的本质，是人类在社会历史客观规律性和人的主体活动自觉性双重尺度引导下的实践活动，这种实践是双向运动过程。活动主体通过实践揭示社会历史规律，然后社会历史规律再规约实践主体的实践活动。人通过实践活动不仅能够认识社会历史规律，而且能够利用社会历史规律，从而创造出一个属人的对象世界。然而，目前人工智能仅仅以个体性或整体功能性存在，彼此之间无法进行主观能动性的联结，不能作为一个类存在，因而也就不具有现实的社会关系。这也就意味着人工智能不能作为一个物种整体具有社会性，人工智能只能模拟人的部分自然属性，却无法全面模拟人的社会属性。人工智能始终是一个物质机体，是纯粹的人工存在物，它所固有的特性都是人事先编辑、输入好的，它的全部行为都不过是某种程序的实现与运行。

尽管人工智能彼此之间可以通过对数据的整合进行逻辑推理与深度学习，但它们是以一种“自然状态”独立存在，它们的生存就是自身，没有自我意识的对象化，而单个的个体简单机械地拼凑在一起并不能构成社会。一个不能构成社会的存在物，根本认识不到社会的结构，更谈不上对社会发展规律的认识。一个不能认识自己的行为的存在不可能成为真正的意识性的存在，人工智能的

---

① 袁贵仁:《马克思主义人学理论研究》，北京:北京师范大学出版社，2012 年，第 72 页。

行为更谈不上在社会历史客观规律性和主体活动自觉性双重尺度引导下的实践活动,不是实践活动也就不可能认识社会发展规律,不能认识社会发展规律也就不可能按照社会发展规律推动历史的创造。人工智能在认识社会发展规律推动历史创造上是完全缺场的,甚至是根本没机会入场的。

四、人工智能的僭越

发展人工智能的目的就在于取代以往需要人类智能才能完成的复杂工作,帮助人类从繁杂、忙碌的各项事务中解脱出来。"人需要用物来取代自身,因为人的体力有限,智力需要物化和优化,人的肉体也容易被损伤。这种取代是可能的……通过取代,达到优化、进化的目的。"①那么,人工智能又将在何种程度上实现对人的取代?尽管,人工智能暂时还无法实现对人类的全面取代,但通过人工智能技术与人类智能相嫁接,创造出不同于人工智能和人类的第三类物种,这种取代就可能成为现实风险。

2017年3月28日,特斯拉创始人马斯克宣布将致力于研究"神经织网"技术,将人工智能技术接入人脑,就是将微小脑电极植入人脑,力求直接上传和下载想法。在此之前,后现代哲学家哈拉维提出赛博格的概念,是人与机器的杂合。后现代主义技术哲学家唐娜·哈拉维用她特有的女性主义视角形成"技科学"思想,她认为自然与文化应该是一种动态的、异质的实践过程,由此她提出一种客观性新主张——情境知识。在她的技术主张中,赛博格技术构想是她对人与技术关系的一种后现代式解读。赛博格是"受控有机体/生控体"的隐喻,旨在通过控制技术来控制有机体,实现人与技术关系的控制,形成人技共生体。唐娜·哈拉维在《赛博格宣言》一文中表示:动物和人类、有机体和机械、物理和非物理之间的分界已然"完全破裂"②。这种"一个受控有机体,一个机器与生物的杂合体,一个社会现实的创造物,同时也是一个虚拟的创

---

① 林德宏:《"技术化生存"与人的"非人化"》,《江苏社会科学》2000年第4期。

② D. Haraway, "A Cyborg Manifesto: Science, Technology, and Socialist-Feminism in the Late Twentieth Century", *Replika Social Science Quarterly*, 2003, Vol.80, No.51/52.

造物”[1]就是赛博格。

在有些学者看来，除了对这个世界产生巨大影响，赛博格技术同时在重新塑造存在于这个世界的现实主体——人。由赛博格技术塑造出来的“新主体”，“无须担忧自己与动物、机器之间有某种‘亲属’关系”[2]，“新主体”彼此之间的界限或许不存在。人制造机器且寄生于机器，机器成为任何一个普通人肢体的延伸，人也成为机器上的一个部件。这样的人即赛博格，“它只是一个‘拼合’的混血杂种，却适应这个世界”[3]。

如果人工智能从完全“它者”的地位转向与人可以兼容并成为“人机”混合体，赛博格式的“后人类”就会横空出世，人类的未来走向何方？人之为人的存在性地位是否发生改变？这方面确实存在很多可以想象的空间。但在人文主义者看来，“理性是价值而不只是知识，是理想品质而不只是现实成就……因为理性最终要反映与体现整体的人性”[4]。但是，人就是通过赛博格被肢解与嫁接，技术使人或者变为天使，或者变为魔鬼。不管是天使还是魔鬼，在这个意义上，人偏离了人自身，人工智能的僭越得以实现。

---

① D. Haraway, “A Cyborg Manifesto: Science, Technology, and Socialist-Feminism in the Late Twentieth Century”, *Replika Social Science Quarterly*, 2003, Vol.80, No.51/52.

② 王宏维:《“赛博格女性主义”》,2006 年 4 月 25 日,新浪网,https://news.sina.com.cn/o/2006-04-25/09568784946s.shtml,最后浏览日期:2024 年 9 月 24 日。

③ 王宏维:《“赛博格女性主义”》,2006 年 4 月 25 日,新浪网,https://news.sina.com.cn/o/2006-04-25/09568784946s.shtml,最后浏览日期:2024 年 9 月 24 日。

④ 成中英:《文化自觉与文明挑战》,《文史哲》2003 年第 3 期。

第十六章 “物联网技术”的哲学释义

物联网(Internet of things)技术目前已经成为信息技术革命中的重要环节。物联网技术是系列技术的组合,但以传感技术为基础。随着通信技术、嵌入式技术和微电子技术的快速发展,微型智能传感器得到了现实应用,这种传感器同时拥有感知、计算和通信能力。传感器节点的网络化就是传感网技术,物联网就是传感网技术在物与物、物与人之间的应用。目前物联网技术已经由理论层面移植到现实经济建设中来。2009 年 9 月 1 日,无锡市政府与北京邮电大学签订战略合作协议,双方联合建设传感网技术研究院,合作范围涉及光通讯、无线通信、计算机控制、自动化等广泛技术领域,尤其注重开展传感网方面的应用技术研究、科研成果转化和产业化推广以及人才培养等工作。2010 年 3 月 5 日,温家宝总理在《政府工作报告》中指出,要积极培育信息等消费热点,积极推进三网融合取得实际性进展,加快物联网研发应用,这标志着物联网技术发展上升到国家战略高度。

物联网技术作为对人类生存具有重大影响的技术形式,必然具有哲学的意蕴。面对物联网技术方兴未艾,风起云涌,对物联网技术的哲学思考,不要做“密涅瓦的猫头鹰”,迟迟起飞。哲学反思功能要与之发展同步,甚至要做到前瞻。本文着眼于哲学视角对物联网技术进行释义与探讨。

一、物联网技术之“物”的层面

物联网概念源头公认是源于美国麻省理工学院在 1999 年建立的自动识别

中心（Auto-ID Labs）提出的网络无线射频识别（radio frequency identification，RFID）系统。对于物联网概念界定，国内学者有明晰的框架：“狭义的物联网是指连接物品到物品的网络，实现物品的智能转化识别和管理；广义的物联网则是可以看作是信息空间与物理空间的融合，将一切事物数字化、网络化，物品之间、物品与人之间，人与现实环境之间实现高效信息交互方式，并通过新的服务模式，使各种信息技术融入社会行为，是信息化在人类社会综合应用达到更高境界。”①物联网通过智能标识、射频识别、红外感应器、全球定位系统、激光扫描器等信息传感设备，可以把任何物品与互联网连接起来，进行信息交换和通讯，以实现智能化识别、定位、跟踪、监控和管理，将世界一网打尽。

物联网事实上就是物物相连的网络，这种物是实物状态而非传统网络的虚拟化状态。“物”就是“与意识相对的一切可感知的客观实在东西。一切主体活动的客观对象”②。“物”与“物质”显然不同，但如何区分却不是简单的问题。林德宏教授认为“物质”是本体论概念，而“物”是生存论、价值论的概念。“物质与物这两个概念各有其内涵，是同一系列的概念，但不是同一层次的概念，二者的关系是抽象与具体、普遍与特殊的关系。”③物质是一个哲学上的本体论概念，泛指除精神之外的宇宙中的一切存在。物质对应的是精神。作为物质有的与人发生联系，有的还在人的意识之外。而“物”是同人发生联系的、进入人类视线的物质，换句话说，物质进入人的生存活动中则成为“物”。因此，物是相对于人的概念，物是人所需要的物质，人的生存是不断把物质变为物的过程。没有人也就不存在物。物联网之“物”一定是人生存过程中与人发生联系的现有之物。“这里的‘物’要满足以下条件才能够被纳入‘物联网’的范围：要有相应信息的接收器；要有数据传输通路；要有一定的存储功能；要有 CPU；要有操作系统；要有专门的应用程序；要有数据发送器；遵循物联网的通信协议；在世界

① 孙其博、刘杰、黎羴等：《物联网：概念、架构与关键技术研究综述》，《北京邮电大学学报》2010 年第 3 期。

② 冯契主编：《哲学大辞典》（修订本・下），上海：上海辞书出版社，2001 年，第 1573 页。

③ 林德宏：《物质精神二象性》，南京：南京大学出版社，2008 年，第 67 页。

网络中有可被识别的唯一编号。"①

"物"既然是与人的生存和需要联系起来的概念,其中必然包括天然自然物,也包括人工物。宋应星在《天工开物》一书中,提出了开物论。他认为物有两个来源:自然形成与人工制造,即"或假人工或由天造"(《天工开物·作咸》)。人造物是对天然自然物的超越和取代,"人造物以自然物为原料,在遵守自然规律的前提下被制造出来,并按照自然规律变化,所以人造物也被称为人工自然物"②。人工自然是人工制造的产物,而不是天然自然的自发转化,因此表现为:既可以是消费品,又可以是生产工具,具有双重功能;既具有自然性又具有人工性——既是自在之物又是为我之物,具有双重性质;既要基于自然规律又要遵循社会发展规律,具有双重规律;既是一种物质实体,又是一种文化形态,具有双重品格。

物联网技术的强大功能可以将一切实体物纳入自己的网络体系,因此,物联网技术之"物"的层面既包括天然自然物,如山川、河流、动物、植物等,也包括人工自然物,即人类创造的诸多物质成果。物联网是自然与人工双重构架下形成的物的集群与组合。

二、物联网技术之"联"的呈现

物联网通过智能标识、射频识别、红外感应器、全球定位系统、激光扫描器等信息传感设备将万物与人相连,使"人与物"之间关系范畴发生了新的改变。

庄子在两千年前就看到了人在物的海洋中是沧海一粟,"夫物,量无穷"(《庄子·秋水》)。"计中国之在海内,不似稊米之在大仓乎?号物之数谓之万,人处一焉;……此其比万物也,不似豪末之在于马体乎?"(《庄子·秋水》)人似乎湮没于物的海洋,庄子的描述在今天物联网时代得到实现和印证。

在物联网的世界里,物物相连、人与物相连。网络本身就是去中心化的,

---

① 参见百度词条"物联网",http://baike.baidu.com/view/1136308.htm。
② 林德宏:《科技哲学十五讲》,北京:北京大学出版社,2004年,第64页。

物联网通过网络的节点把物与人的关系平齐化，人与物之间的主客体关系在物联网中得到彻底的改写。人与物之间通过网络相连，各自成为网上的一个节点。“物联网是互联网向物理世界的延伸和拓展，互联网可以作为传输物联网信息的重要途径之一，而传感器网络基于自组织网络方式。”①物联网实现了任意物与人与计算机之间的传感与互动，物在现实的物理空间与虚拟的网络空间之间实现通信、对话与交互。人与物之间通过自动标识得到了统一，人与物之间在物联网中的界限已经很难两分。物与物之间甚至可以相互协作，创建成组或网络，可以进行初始化的交互，人被边缘化，甚至被对象化。对象化是主客体关系化的重要印证，而人反过来被对象化就颠覆了人与物之间的关系基础。

对象化体现在两个方面：一方面，人类通过实践将人的本质力量对象化，在对对象化及其产物的占有、使用和支配中，肯定、确认、体现自身的内在价值，并且创造、丰富和发展自身内在的本质力量。另一方面，人创造的属人的世界一旦产生，便成为一种独立的力量，成为人不能超越自己的对象化存在，人在不能支配对象化及其产物时，人类对象化创造的文明成果就成为压抑人、统治人的异己力量。“人本身的活动对人来说成为一种异己的、与他对立的力量。这种力量驱使着人，而不是人驾驭着这种力量。我们本身的产物聚合为一种统治我们的、不受我们制约的、与我们愿望背道而驰的、并抹煞我们意愿的物质力量。”②这时人就成为一种被对象化的存在。

物联网技术的实现必须基于物的智能标识，物与物之间可以相互通过信息对接而自组织，人虽然可以做终极的信息掌控，但在过程之中，人只是物的海洋中的一个节点，是一个对象化的存在，也是被对象化的存在，物联网将人与物之间一“联”而改变，在这种连接下，人与物之间的关系存在变量，对于这些变量的思考将在下文进行详述。

---

① 崔莉、鞠海玲、苗勇等：《无线传感器网络研究进展》，《计算机研究与发展》，2005 年第 1 期。
② 《马克思恩格斯全集》第 3 卷，北京：人民出版社出版，1978 年，第 37 页。

三、物联网技术之"网"的构架

物联网的现实技术基础仍然是计算机网络。计算机网络空间是作为一种以计算机技术、通讯网络技术和虚拟现实技术等为基础建立起来的多维信息空间。人们在现实世界中所熟悉的信息接受、处理、传播方式和信息本身的生产和存储方式都将以数字化形式出现,并通过一系列的数字化的过程而反映出来。在形式上,计算机网络是虚拟的。但网络空间又是真实地存在着的一种数字化的现实,与人生活的现实有着密切的联系,为人所用。因此,从应用的意义上看,网络的虚拟空间"不虚拟",是人类为自己拓展的新的空间,它参与了现实生活的构建,对人类的社会生活造成实质性的影响。

物联网超越了传统的计算机网络的"现实的虚拟"或"虚拟的现实"状态,使人类的网络生存去掉了"虚拟"二字,变成为一种技术的现实,物联网实现了人真正的数字化和智能化生存。因为物联网是在计算机互联网的基础上,利用RFID、无线数据通信等技术,构造出包容万事万物的真实的铺天大网。在这个网络中,物品与物品之间能够彼此进行信息共享与相互解读,利用射频自动识别技术,通过计算机互联网实现物品的自动识别和信息的互联与共享。尽管互联网时代产生了许多新颖的应用模式和技术手段,但互联网带来的仍然基本属于传统的"人与人"或"人与机"交互的范畴。而无线传感器网络将带来一种全新的信息获取和处理技术,将成为信息采集、信息传输和信息服务的一场革命。这种革命将网络虚拟空间拓展到现实的物理空间。

物联网塑造的网络空间不同于以往互联网空间的很重要特点,就是从虚拟性走向真正的现实性。这个现实空间就是纯粹的物理空间与数字化技术结合创造出来的,而将无数的人与物置于其中,形成无所不在的天罗地网,成为人生存的现实空间。这个现实的空间带来积极的维度,体现物联网技术的进步意义。

物联网是一种智慧之网,物联网会对社会发展与人类进步带来积极的促进作用,直接的改变就是生产方式和生活方式的改变,以及人与自然的关系的改善,具体表现在以下方面。

一是提高生产力水平。物联网技术如同其他技术形式一样，最大的技术目标在于提高生产力水平。物联网改变了传统管理方式，可以实现所有物品的远程监测和控制，使管理更加精确化与合理化，也会提高了资源的利用率，促进生产力发展。

二是人工智能在生产中得到实现。计算机通过对物品的标码解读，实现自动处理。替代和节约了人力成本，真正向自动化迈出坚实的一步。

三是推动科学探索活动。精确信息掌控与实时的态势监控，对于科学研究会提供精确可信的数据支撑，促进自然科学的实验水平和研究能力。

四是通过安全监测和监控，实现预警与联动。对于火山、地震、火灾、洪水等难以预警的自然灾害，可以提高预测水平，并能够实现联动。对于矿山、核电站等危险环境的监控，可以规避危险。

五是物联网技术的应用可以实现资源合理利用和生态环境的监测与保护。可以实现深层次资源开发，同时对于不可再生资源可以有效合理调配。比如我国正在加强智能矿山建设的物联网技术推进，对于减少次生灾害和减少能源的浪费具有很乐观的前景。资源的合理利用与生态环境的监测与保护对于生态环境的改变也有深远的影响，对于人与自然的关系也是一个福音。

总体而言，物联网技术的推广带来三大效益：一是经济效益，二是社会效益，三是自然效益。这三个维度也是物联网发展的最直接的动因。

四、对物联网技术的考量

物联网技术是具有广阔前景的，但技术的应用会遭遇诸多瓶颈，实现物联网技术的普及化还有待时日。但任何一个新技术的出现都会带来诸多的问题，物联网技术如同其他技术形式一样，双刃剑效应同样不可避免。物联网作为以智能化为基础的、把万物与人囊括其中的强大技术形式，更应引起人的注意。因为人类生存一直面临一个永恒的矛盾，即人们对物质的需求与满足这种需要之间的现实矛盾。人需要的满足靠天然自然有限的供给是难以维系的，人只有通过技术的方式创造性地改变自然以满足人不断的需要。“如果人的本质是人通过技术自己构成的,如果说技术就是人的(无)本质,那么,技术必然存在着两面性。一方面,是它把自由由潜能带向现实,自由只有依靠技术才可能表达出来,因为正是技术展开了人的可能性空间:有什么样的技术,就有什么样的可能性空间,因而也就有什么样的自由。另一方面,技术所展开的每一种可能性空间,都必然会遮蔽和遗忘了更多的可能性,使丰富的可能性扁平化、单一化。当代技术为着合用和效率所展开的工业世界,确实更多地表现了技术的后一方面。技术既是去蔽,又是遮蔽,既成就时间,又遗忘时间,既使记忆成为可能,又导致记忆的丧失。对整个人类而言,技术既是主体彰显自我的力量的象征,也是自我毁灭的力量。这是技术根深蒂固的二元性。"①二元性的另一面,就是哲学谨慎思考的重点。物联网技术作为一种崭新的技术形式,会把人与物之间关系的矛盾推到前台。

技术表现出了人的本质,但技术产品一经离开人的创造阶段成为完全的对象性存在,技术就出现了与人的异己力量,人只有重新占有自己的技术成果,控制技术才能实现人的完全本质。如果技术超越人的控制,人的本质就会分裂——异化开始。因此物联网技术在人与技术关系上存在变量可能。

变量一:主客体关系的变异

物联网的技术形式与后科学知识社会学典型代表拉图尔的"行动者网络理论"(actor-network theory)有极大的契合度。行动者网络在拉图尔这里是一系列的行动者(a string of actions),所有的行动者包括人的(actor)和非人的(object),都是成熟的转义者,他们在行动,也就是在不断地产生运转的效果,它强调工作、互动、流动、变化的过程。从实际过程的角度考虑,是具有行动者效用的对象都纳入研究的视野。在科学实践中,所有行动者共同产生作用,发生联系形成网络。这就是"行动者网络"。这个网络彻底打破了主体与客体的二分,自然与社会之间的界限,对称性地对待自然与社会。在人与物的关系上拉图尔实现了哲学思维对现代性的颠覆。但人的尊严和价值在这个行动之网中被不断地贬损,行动者泛化,理性不再具有对世界的统摄作用,科学与科学家的

---

① 吴国盛:《技术与人文》,《北京社会科学》2001年第2期。

关系变成渔夫、蚌与网等的共谋或博弈过程。

物联网技术同样通过技术连接点，将自然物、人工物、机器以及人都纳入一个网络。每个节点都是网络的一部分，没有主体与客体，没有中心与边缘。在物联网框架下物可以通过信息反射与人对话，人的主体和支配地位被弱化或者消亡。其后果是，在生产中，人们只看到技术的力量，只看到机器的作用，看到了物的作用，忽视了人的作用。没有技术物，没有机器，人类就不能生产，就不能制造工业产品，就不能利用自然资源，就不能满足生存需要。在自动控制的机器面前，人只是个旁观者，只是个被动者。在整个生产过程中，机器决定人的工作，人要去适应物，人没有主动性，人没有自主性。如马克思而言："这些工人本身只表现为机器的有自我意识的器官（而不是机器表现为工人的器官），他们同死器官不同的地方是有自我意识，他们和死器官一起'协调地'和'不间断地'活动，在同样程度上受动力的支配，和死的机器完全一样。"①人在技术面前表现为被动性、适应性和从属性。"通过自然和人类关系的技术化，人性自身也成为一种纯粹的技术对象：人们被缩减、被拉平、被训练、以使他们能够作为巨大的文化机器中的组成部分而发挥作用。"②

从主体与客体关系角度看物联网本质：物联网是人的创造物，是人的客体。但物联网网络使人成为网中的某个节点。按照技术现在的发展逻辑，人的生命、精神、意志、思想越来越成为技术的对象，因此必将成为技术客体。这种主客体之间的转化呈现了物联网技术问题的核心。

变量二：物本主义导向

在人与物之间必须关注的一个词是"物化"。物化是思想观念转化为具有物质形态的对象性存在。马克思在《1844 年经济学哲学手稿》中将"物化"与"对象化"两者通用。在马克思看来，知识形态的科学只有转化为物质形态的东西，才能从潜在的生产力转变为直接的生产力。从人类生存意义上讲，积极的物化是必要的，人就在于这种"物化"过程中把本质力量投射于物，投射于技术之

---

① 《马克思恩格斯全集》第 47 卷，北京：人民出版社，1979 年，第 536 页。

② [荷兰]E. 舒尔曼：《科技时代与人类未来——在哲学深层的挑战》，李小兵、谢京生、张锋等译，北京：东方出版社，1995 年，第 314 页。

中，人通过物的实现而实现自身。在很大的程度上，人的物化就是人发展的一部分，是人的优化和进化过程，人借助于物化实现和推动着社会的进步。但过度的物化就会因太关注和重视物而忽略人本身。西方马克思主义创始人卢卡奇对“物化”的批判就是其历史辩证法的主题，也是他批判当代资本主义社会的主要思想武器。在《历史和阶级意识——马克思主义辩证法研究》一书中，卢卡奇指出，在20世纪，随着资本主义发展，商品关系对人的支配作用加强，物化不仅没有被克服，反而有普遍化和加剧的趋势。由于商品的生产和流通有着固定的法则，人可以认识和利用之，但却不能将其改变，加之大工业生产的高度机械化使工人的劳动被肢解，主体意识在生产中被迫剥离，劳动力作为商品被出售，人从属于物的世界。“物化是生活在资本主义社会中每一个人所面临的必然的、直接的现实性。”①在资本主义时代，商品结构在社会中处于支配地位，生产过程和社会运行被合理化、机械化。从而出现了人的数字化、符号化、抽象化，由此使主体对象化、原子化。包括人的关系在内的一切都被物化了，并形成了物化意识。他所谓物化意识，这是指资本主义社会普遍存在的物化现象在观念上的反映。就是指人自觉地或非批判地与外在的物化现象、物化结构认同的意识状态。物化意识作为物化普遍化的最直接的后果，支配着所有人的精神和心理活动。

物化的极端理论形式是物本主义，物本主义就是以物为本，物的价值超越于人的价值。物成为目的，而人作为了手段。物本主义框架下人与物之间的关系模式是颠倒的，物为本而人是从属，这也是异化的重要表现形式。

两千年前庄子就说过：“物物而不物于物。”（《庄子・山木》）人是物的主宰者和创造者，因此人不能反过来被物主导。在物联网构建的物的海洋中，人不应迷失自我，而是更好地利用物联网技术造福人。荀子也谈到过“君子生非异也，善假于物也”（《荀子・劝学》）和“教万物以利天下”（《荀子・王制》）。“善假于物”是人类生存之道、发展之道，但不要转化为“役于物”。这也是对物联网技术进行哲学之思的重要意义。

---

① ［匈］乔治・卢卡奇：《历史和阶级意识——马克思主义辩证法研究》，张西平译，重庆：重庆出版社，1989年，第224页。

第十七章　数字资本主义的生成逻辑

20世纪90年代末，美国传播政治经济学者丹·席勒在其著作《数字资本主义：全球市场体系的网络化》中最早提出数字资本主义[①]这一概念，但席勒并未对这一概念进行定义。随后，他在新作《数字化衰退：信息技术与经济危机》中简要指出，数字资本主义是资本主义的一个最新的发展阶段，在这一阶段中产生了"一种更倾向于信息通信技术密集型产业的资本主义体系"[②]。回顾以往，自美国政府决定将互联网从军用网络中分离、普及大众的时候起，互联网就以人们无法预料的速度迅速扩大。随着数字技术的进一步发展，即用计算机1与0的逻辑调和电信的手段，使得互联网能够提供更大的通信量，数字化时代也由此拉开帷幕。以亚马逊为代表的网上购物平台日渐成为最主要的交易渠道，一些线上交际软件逐步架构现实的人际交往活动，支付终端日益成为最基本的支付手段。人们看似被互联网带入一个自由、美好的民主世界，殊不知，这却是互联网与资本的一场合谋，是新兴的数字资本主义时代的降临——数字技术成为最先进的生产力，数据构成了资本家争相俘获的资本，数字劳动不断被资本家剥削以获取剩余价值。那么，数字如何形成资本？数字资本主义又是如何生成的？本文将对数字资本主义进行结构化解构，探究其生成逻辑。

---

① ［美］丹·席勒：《数字资本主义：全球市场体系的网络化》，杨立平译，南昌：江西人民出版社，2001年，第6页。

② ［美］丹·席勒：《数字化衰退：信息技术与经济危机》，吴畅畅译，北京：中国传媒大学出版社，2017年，第6页。

一、数字平台

互联网作为一种技术，是冷战和加州反主流文化（Californian counter-culture）的产物。早期的互联网由美国国防部建设和控制，是出于军事用途，最初的使用者只有少数大学和军事承包商。20 世纪 80 年代后，高等教育机构、政府机构、智库等才渐渐开始使用计算机网络。互联网看似给人类社会带来了曙光，但实际上，其性质和功能已在悄然进行转变。随着互联网的建设升级，其建设力量和服务对象开始发生变化，系统维护和升级的巨大费用迫切需要强大的金融资助，银行开始在计算机基础设施建设中占据首要地位，牵制和渗透于计算机网络的发展历程中。同时，随着经济的发展，商业领域日益需要计算机网络来提升效率，由此，计算机网络转向服务于商业集团用户。事实上，互联网从来都不是专门为公众或社区公民提供信息而打造的，而是为公司提供有关服务和消费模式的信息，社会逻辑为市场的逻辑所取代，计算机网络也逐渐走向商业化道路。

随着技术及社会的进一步发展，资本家看到了数字化背后的商业利益，数字化不仅能够使商品的形式在传播领域中得到大范围扩张，不断积聚的数据本身更能成为一种具有巨大交换价值的商品。由此，商业力量开始进一步深化和拓展数字化的进程，资本开始争先恐后地打开并试图占有这一高利润的“魔盒”，逐渐以网络大管家的身份，不断构筑、介入数字平台，并使之集群式上线，种类和数量都在不断增加。

1980 年，基于网络计算机组合技术，新闻组 Usenet 诞生，用户可在新闻服务器上阅读其他人发布的消息并参与自由讨论；2002 年，全球最大的职业社交网站领英（Linkdln）上线；2003 年，主要面向青少年群体的社交网站 MySpace 上线，一个月用户注册量突破 100 万人次，用户黏性极强；2004 年，由马克・扎克伯格创建的社交网站 Facebook 上线，现已发展成为全球最大的社交媒体网站；2008 年，国际最大的团购网站 Groupon 上线……

20 世纪 90 年代，互联网开始普及之时，对于数字化，人们尚有可逃避的空间，而如今，随着数字化的层层渗入，数字带来的再也不仅仅是某一层面、某一方面的改变，它实则成为一种颠覆，一种对生存方式的颠覆。现实社会开始被数字平台架构，独立的生产厂商、实体商户不断以电子商户的形式进驻数字平台。当下，资本秩序披上了数字外衣，人们也被卷入数字秩序当中，数字平台不仅仅是为买家或卖家提供的交易平台，更是架构了一种新的市场秩序①。对于任何一个卖家而言，一旦远离这个秩序，势必意味着被市场淘汰。随着一些支付应用的推出，这种秩序得到进一步强化，从一线城市至不发达的乡村小镇，从大型商场至小街小巷，数字交易无处不在。

由“We Are Social”和“Hootsuite”联合发布的统计数据显示，在全球 76 亿人口中，互联网用户数已突破 40 亿人，用户每日平均在线 6 个小时，占据了人们清醒时间的 1/3，总在线时长已破 10 亿年。全球社交媒体中仅 Facebook 的用户就达 21.7 亿人。

数字平台实则是数字技术与资本的联结、商业化与数字化的联结。数字平台的实际展开过程，其实是一个从资本的投注到新资本接盘的过程，借助最初的资本投入，吸引商家、用户使用，当资本以让利的手段完成了对用户市场的圈定与扩张之后，资本原罪便开始推动数字平台迅速转向盈利模式，实现新一轮的资本增殖。可以说，数字平台就相当于工业资本主义时期的工厂，不仅没有让人们告别资本主义，相反，对劳动者的剥削更为残酷且尖锐，它推动了数字资本主义的资本积累与流通。如今，绝大多数交换和社会关系都被数字平台所中介、架构，数字平台是数字资本主义投资与盘剥的新场域。

二、数字劳动

用户在数字平台上的各种行为，如人际交往、书籍阅读、视频观看等，成了一种普遍存在的新劳动形态——数字劳动。数字劳动以数字技术、数字平台等为劳动工具和生产领域，以人类经验、思想、情感和网上行为为劳动对象。“数

---

① 蓝江：《一般数据、虚体、数字资本：数字资本主义的三重逻辑》，《哲学研究》2018 年第 3 期。

字劳动”一词最早出现在意大利学者蒂奇亚纳·泰拉诺瓦于2000年发表的《免费劳动：为数字经济生产文化》中，英国学者克里斯蒂安·福克斯则在《数字劳动与卡尔·马克思》一书中对数字劳动思想进行了系统阐发。他们分别从两种路径来界定数字劳动：蒂奇亚纳·泰拉诺瓦代表着后结构主义者的文化研究路径，克里斯蒂安·福克斯代表马克思主义者的政治经济学路径。文化研究路径认为数字劳动是与传统物质劳动有着显著区别的“非物质化劳动”模式，对泰拉诺瓦而言，数字劳动是免费劳动的一种表现形式，主要是指知识文化的消费被转化为额外的生产性活动，而这些活动被劳动者欣然接受的同时，劳动者实质上却受到了一定程度的剥削①。基于此，泰拉诺瓦将数字劳动者称为网奴，认为这种数字劳动普遍存在于资本主义的现阶段中。福克斯对数字劳动概念作出了政治经济学范式的具体阐释和解构，他认为数字劳动是生产性劳动，涵盖了工业、信息服务业等领域，包括中国富士康工人的劳动、硅谷硬件装配工的劳动、非洲矿工奴隶般的劳动、谷歌工程师的贵族劳动等②。他指出，数字劳动是异化的劳动：数字劳动与自身异化、与工具异化、与劳动对象异化、与劳动产品异化。这在一定程度上表明，数字资本主义阶段，异化与剥削依旧存在。

当前，学界所谈的数字劳动主要为三种形式：第一种是互联网专业劳动，指由拥有一定技术知识的人员所进行的与技术性相关的工作，包括应用软件开发、程序编制、网站设计等，以及非技术性人员所进行的管理与日常工作。第二种是无酬数字劳动，通常指为数字媒介公司生产利润却得不到任何报酬的在线用户劳动。无酬数字劳动具有五种特性，即固有的自治权、受剥削的本质、存在对抗与斗争的主体力量、协同合作的内在本质、对主体性建构的生命政治影响。第三种是受众劳动与玩劳动，受众劳动侧重用户的消费性，指用户在数字平台上阅读、浏览与收听时所进行的消费活动，这些行为被资本积累所觊觎，成为媒介生产的一部分。玩劳动则主要指用户为了获取乐趣在网络上进行的一系列具有娱乐性质的活动，如社交软件上的交流、网络游戏、听音乐等，这些活动为

---

① Tiziana Terranovat, “Free Labor: Producing Culture for the Digital Economy”, *Social Text*, 2000, Vol.18, No.2.

② Christian Fuchs, *Digital Labour and Karl Marx*, London: Routledge, 2014, pp.1-2.

数字媒介公司生产了大量资源与数据。数字劳动的这些形式消解了传统的玩与劳动之间的对立关系，模糊了娱乐与工作之间的界限。

人们在数字平台上的每一次搜索、购买、娱乐等行为，都被数字平台作为数据保存起来。当这些海量数据与云计算等技术联合形成一个庞大的关联体系时，便形成了具有巨大价值的资源——可伸展、可预测、可共享的社会资源。南京大学哲学系蓝江教授在《数字异化与一般数据：数字资本主义批判序曲》一文中以“一般数据”来对其进行指称，首次从哲学意义上对一般数据进行了界定与分析。他认为，在数字化时代，基于因特网、电脑、智能手机形成的数字技术占据了主导地位，真正起到支配性作用的不再是非物质劳动中形成的一般智力，而是数字平台上由数字劳动者产生的一般数据①。一般数据的生产不仅仅是某个工人或雇员劳动的产品，而是每一个人在数字平台上所产生的任何行为。在无意识之下，人们已免费为数字平台提供了大量数据。这些数据又进一步强化了数字平台的控制地位，如若不想提供这些数据，人们就必须放弃数字平台所提供的服务。然而，数字平台早已成为人们与现实世界联结的中介，日常生活、人际交往都已被其中介化了，一旦远离，似乎就被隔离在世界之外了。

在数字平台隐私条款及用户协议等契约性要求的安排下，用户仅获得了它限定的使用权，而将本属私人范畴的经历、网上足迹和网上活动的控制权转让给了数字资本家，其产生的数据被监控和获取，最终为数字资本家的经济活动所用。数字资本家对数字劳动者的剥削被完全隐藏在劳动者生产满足自身需要的使用价值背后，他们不用为数字劳动支付任何工资，资本控制和占有的是数字劳动者创造的所有价值，数字劳动成为数字资本主义社会一种新的剥削形态，是数字资本形成与积累的根源。

三、数字资本

人的生存、交往，产品的生产与交换、消费甚至货币本身都在数字平台上以

---

① 蓝江：《数字异化与一般数据：数字资本主义批判序曲》，《山东社会科学》2017年第8期。

数据的形式重组。但是,数据本身其实并不具有支配性作用,在数字资本主义中真正起到支配性作用的实则是一种新的资本——数字资本。数字的价值并不来源于它作为一种有用资源的使用价值,而在于其作为一种有用资源被商品化过程中产生的交换价值。将数字当作一种资本从深度和广度上进行开发,特别是与云计算联结,数据的积累与流通得以实现,数字就不再只是具有统计功能,而是成为具有生产性、能够给数字资本家带来巨大利润的数字资本。数字资本主义时代的资本积累从资本圈占据互联网空间开始,资本将本属于公共的互联网空间占有、封闭起来,作为最新积累场域,以此独占和垄断一般数据,实现数字资本的积累。

数字资本是数字资本主义增殖与运作的新形态。曾几何时,数字巨无霸企业如苹果、亚马逊等,它们也只是互联网的初创企业,但在商业化的引诱之下,一改互联网原本开放、平等和共享的面貌,公然占领数据圈,在私有的数据池里肆意收集用户和机构产生的海量数据,作为无节制获取利益的手段。它们口称分享,实则已经背叛分享原则而走向分享的反面,本质在于实现对数字资源的垄断。

数据已经变成当代资本在全球市场体系进行扩张的必要条件,数据即是资本,资本家们在不遗余力地争抢数据资源。他们不再满足于对消费数据的掌控,逐渐将目光转向社交领域。在这些行为的背后,实际是互联网巨头对数据资源的进一步抢夺与圈占,旨在形成一条以数据为核心的完整产业链,获取更大的资本回报。

凯文·凯利曾断言,未来的一切都是数据生意。在如今的数字化社会,怎样强调这句断言都不为过。前期,数字资本获得利润的方式主要有两种:一种是通过为产业资本、金融资本提供市场咨询服务;另一种是为企业提供定向广告推送服务。在数字资本生成之前,由于资金的限制,产业资本家不得不依靠金融资本来解决资金周转问题,但是金融资本却无法引导产业资本精准投资,生产与投资的盲目性最终导致了比产业经济危机更为严重的金融危机。而在数字资本主义阶段,通过对海量数据进行计算分析,数字资本能够预测市场上销售最佳的产品、最值得投资的行业,进而准确指导产业资本生产需求最大的产品，消除金融资本的投资盲目性。因此，产业资本家和金融资本家会斥巨资向数字资本家购买数据分析报告，以便在最大程度上获利。更具商业价值的去向是通过数据挖掘进行数据产品的再生产，然后卖给第三方公司以指导企业推出产品。

数字资本还能够推断出用户的兴趣喜好、购买倾向等，为企业提供定向广告推送服务，诱导用户产生消费，获取利润。网络平台主体拥有用户的交易数据和信用数据，覆盖了用户从浏览、搜索、点击、收藏、购买再到支付的整个行为流程，通过对这些数据的收集和计算分析，即能够实现对用户消费行为的精准预测。在平台购物时，购买页面会推荐性价比更高的同类商品、可同时购买的商品搭配等。这些都是数字资本获利的运作方式，通过分享行为，人们便在无形中促进了数字资本的运作。

2007 年，Facebook 开通品牌商广告主页，标志着基于粉丝的广告投放形式诞生，之后数字平台凭借数据资源逐渐加速商业化变现，市场规模不断得到扩展。

随后，当用户黏性逐渐增强，数字资本积累到一定程度之后，数字资本便开始在从第三方获取利润的经营模式中另寻他路，不再局限于提供基础的咨询服务和广告服务。数字平台开始推出付费服务，基于已有的数字资本，数字资本家们又开始衍生更多的数字平台，自主开发盈利渠道，既实现数字资本的盈利，又进一步拓展数字圈地范围，实现数字资本的增殖。足以预见，在不远的未来，数字资本的触角将不断伸向其他领域，实现对产业资本和金融资本的全面掌控。

为实现资本积累的最大化，数字资本家将剥削的触角不断向人们的日常生活延伸。数字资本利用各种技术工具、制度安排和意识形态等手段，将劳动者的非劳动时间一步步转变为劳动时间，使其工作与生活的界限变得模糊。在工业资本主义中，结束工作时间便意味着结束了劳动时间，但在数字资本主义时代，人们的劳动时间不再受工作时间的限制。随着无线网络和智能终端的普及，人们随时随地都在使用数字平台，就意味着无时无刻不在为数字资本家生产剩余价值，劳动强度在不断增强，却得不到任何酬劳。除劳动时间的延长之外，劳动主体不再具有年龄限制，下到初步获得认知的孩子、上到耄耋之年的老人，都被容纳进数字秩序当中，持续为数字资本家生产剩余价值。

可见，尽管没有工业时代恶劣的工作环境、艰难的生存条件，但资本对劳动的剥削并没有消失，只是以一种更隐蔽的方式存在。数字资本将自由参与、新型民主等服务以资本积累的意识形态内化于用户的观念之中，从而构建符合数字劳动生产的话语体系，趣味性、娱乐性和分享意识等成为了数字劳动的代言词，用以掩盖资本剥削的本质属性。当数字信息技术渗入用户生活的每个角落时，用户对数字平台的依赖不断增强。就像迈克尔·佩雷尔曼所预言的那般：“在扩大我们自由方面拥有巨大潜力的信息技术，将会被用来严重压制我们真正的自由。”①事实上，资本对劳动的剥削在用户为数字资本家创造数据商品的过程中就已经产生，数字劳动根本没有摆脱资本的控制，依旧是剩余价值产生的来源，是资本实现价值增值和资本积累的手段，更是资本剥削逻辑在网络领域的延伸与强化。由此，亟须超越数字资本主义的架构，打破这种垄断，充分借助互联网技术所包含的潜在的公平元素来真正实现人的解放。

面对数字资本主义，不代表要隔离互联网、智能手机等一切数字化技术，删除智能手机里的应用软件，彻底回到远古时代，而在于培育具有批判性思维的媒介素养，加强个人对数字化技术的审视。1992 年，美国媒介素养研究中心给予媒介素养的定义：是人们面对各种媒介信息时的选择能力、质疑能力、评估能力、创造和生产能力及思辨的反应能力②。该定义的核心在于让受众超脱于媒介之外，以审视的眼光打量媒介。在各种应用软件充斥市场的当下，更应以审视的眼光看待，始终清醒地认识并合理使用技术工具，而不是沉迷于技术伪造的世界，继续成为技术的附庸，成为资本售卖的虚拟货品。

数据为用户共同所有，与其分割，不如将其共享，开辟互联网的非商业化模式，按照民众的逻辑而非资本的逻辑建设互联网，使劳动摆脱资本。通过构建

---

① Michael Perelman, “Class Warfare in the Information Age”, *Capital&Class*, 1998, Vol. 23, No. 3.

② D.M. Considin, “An Introduction to Media Literacy: The What, Why and How to”, *The Journal of Media Literacy*, 2005, Vol. 42, No. 2.

一个共享、共建、共治的互联网空间，让每个人参与其中。通过共享数据，每个个体的智能就有可能虚拟地联结起来，进而突破个体智能行为的局限，形成一种集体智慧，共同去解决现实问题。马克思指出，实现人的自由全面发展必须以集体的发展互为前提，“只有在共同体中，个人才能获得全面发展其才能的手段，也就是说，只有在共同体中才可能有个人自由”①。因此，必须正确解决网络的公有属性与私人利益之间的矛盾，进一步构建共享、共建、共治的互联网空间，建立健全一般数据的共享机制，使每个个体充分享有劳动成果，最大限度地体现最广大人民群众的根本利益。

① 《马克思恩格斯文集》第 1 卷，北京：人民出版社，2009 年，第 571 页。

第十八章　数字化时代的“普遍交往”关系

随着数字信息技术的高速发展，人类社会进入数字化时代。数字化社会背景下的交往关系演化成为一个值得关注和研究的重要问题。本文将试图厘清马克思“普遍交往”理论的内涵，并结合时代特点分析数字化社会背景下交往关系的变革逻辑，对数字化时代交往关系普遍化进行可能性分析，在此基础上探讨数字化时代通向“普遍交往”的具体现实路径。

一、马克思普遍交往理论

交往范畴贯穿马克思思想发展全过程，在思想发展的不同时期，马克思对交往概念的界定有不同的侧重。总体来说，在马克思那里，“交往”指向一种在特定历史条件下形成的人与人之间的社会联系。在《〈黑格尔法哲学批判〉导言》中，马克思运用唯物史观考察了人类历史上交往形态的演进过程，认为交往关系的最终归宿在于“必须推翻使人成为被侮辱、被奴役、被遗弃和被蔑视的东西的一切关系”①，进而实现“普遍交往”。“普遍交往”作为交往关系的未来图景，意味着“可以发现在一切民族中同时都存在着‘没有财产的’群众这一事实（普遍竞争），而其中每一民族同其他民族的变革都有依存关系；最后，狭隘地域性的个人为世界历史性的、真正普遍的个人所代替”②。可见，马克思认为，“普

① 《马克思恩格斯文集》第1卷，北京：人民出版社，2009年，第11页。
② 《马克思恩格斯全集》第3卷，北京：人民出版社，1956年，第39页。

遍交往”实现的第一个前提是物质生产力高度发展，第二个前提是狭隘地域性转变为地域整体性，第三个前提是无产阶级的普遍化。“普遍交往”是共产主义实现的重要参考维度，它立足世界整体性的全球视野，力图实现人类的解放，着眼类群共生共存的理想交往状态。

（一）在交往关系历史变迁中定位“普遍交往”

在交往关系的历史变迁历程中，普遍交往是交往关系的未来图景。从唯物史观来看，一定的交往关系始终同一定的生产力发展水平相对应。交往关系的演化从根本上说需要由物质生产力的发展来推动。马克思认为，在社会历史发展过程中，人的交往关系演化整体上可划分为三个阶段。

一是前资本主义时期的自然交往。自然交往是人类最初的交往阶段，人与人的交往关系在以人的依赖性为基础的狭窄范围内展开。在此阶段，交往的目的在于维持社会成员生产生活所需要的使用价值的生产，社会交往关系以血缘、宗法关系为纽带。

二是资本主义时期的异化交往。异化交往是人类社会进入资本主义社会后交往关系演化的必然趋向。随着社会生产力的发展，交换价值和使用价值相分离，人的交往关系开始摆脱自然形式，演化为以物的依赖为基础的交往。此时，人的独立性看似完成，然而人与人的关系被异化、物化，形成了一种“虚幻的共同体”。此时，“个人所追求的仅仅是自己的特殊的、对他们说来是同他们的共同利益不相符合的利益”①。

三是后资本主义时代，即朝向共产主义社会的普遍交往。普遍交往是全面交往的最终实现。考察资本主义的发展和扩张过程可以发现，资本主义生产方式不论在多大程度上解放和发展生产力，生产资料的私人占有仍然会导致劳动力同生产资料的分离，其实质是人类交往关系的异化。要摆脱资本主义生产方式下交往关系的异化，“就必须让它把人类的大多数变成完全‘没有财产的’

---

①《马克思恩格斯全集》第3卷，北京：人民出版社，1956年，第38页。

人"①。可见,普遍交往作为对异化交往关系的全面否定,是在社会生产力高度发达的基础上变革社会生产关系,以达到社会成员共同享有生产资料的过程,这是人类社会交往关系发展的最高阶段。

(二)在人的本质构架中考察"普遍交往"

从主体的维度看,"普遍交往"同时意味着社会交往关系向属人本质的复归。马克思在《巴黎手稿》中,将"自由的有意识的活动"认定为人的类本质②。在资本主义社会中,交往主体已然背离其属人的类本质。一方面,人"变成维持人的肉体生存的手段"③。人区别于动物的关键就在于他是有自我意识的存在物。然而,在资产阶级社会劳动分工的生产条件下,满足肉体的基本需要成为人从事生产劳动的唯一目的。另一方面,工人生产的劳动产品,反过来奴役、压迫工人,使主客关系发生颠倒。这种背离了人的本质的社会关系显然不符合普遍交往的要求,因为普遍交往意味着交往主体的自由全面发展。

普遍交往关系下人的本质的复归是交往关系从作为手段的存在向作为目的本身而存在的复归。资本主义社会中,资本片面地将交往关系作为其增殖的手段。在此基础上形成的交往关系是一种被迫交往形式。马克思认为,普遍化的交往关系是以交往形式本身为目的的。此时,交往本身成为人的一种新的需要,交往关系由此摆脱资本、货币、商品的统治和束缚,原本"人"与"物"颠倒的异化的交往关系遭到扬弃。此外,这个过程是个人本位交往关系向集体本位交往关系的复归。"普遍交往"是一种"在共同占有和共同控制生产资料的基础上联合起来的个人所进行的自由交换"④。人的本质是在"共在"中实现的,它意味着人们在交往过程中存在普遍利益与共同性。马克思并不否认"现实的人"对个体利益的追求,但他强调个体利益是在人的社会性交往中实现的,个人自由发展恰恰在强调公共性的普遍交往过程中完成。在集体本位的交往关系中,

---

①《马克思恩格斯全集》第3卷,北京:人民出版社,1956年,第39页。
②《马克思恩格斯文集》第1卷,北京:人民出版社,2009年,第162页。
③《马克思恩格斯文集》第1卷,北京:人民出版社,2009年,第163页。
④《马克思恩格斯全集》第46卷上,北京:人民出版社,1979年,第105页。

交往个体摆脱了利己主义驱使下的竞争关系，代之以人与人之间集体协作的自我联合关系。

（三）从世界历史角度把握“普遍交往”

在全球化视域下，“普遍交往”是马克思世界历史理论的旨归。马克思从唯物史观出发，在批判资本主义世界市场异化交往的基础上，认为世界历史以人类“普遍交往”，并在此基础上实现人类解放为最终目标。

“普遍交往”指向地理意义上的交往整体性，但这并不意味着资本主义世界的交往关系就是“普遍交往”的最终实现。一方面，资本主义主导下的生产力发展和世界市场的全球扩张是“普遍交往”形成过程中的重要环节。马克思认为，历史是“各民族的原始闭关自守状态”在“日益完善的生产方式、交往以及因此自发地发展起来的各民族之间的分工而消灭得愈来愈彻底”①的过程中发展成为世界历史的。另一方面，普遍交往的最终形态并不仅仅表现为全球范围内交换关系的实现。马克思指出：“每一个单独的个人的解放的程度是与历史完全转变为世界历史的程度一致的。”②因而，在马克思看来，世界历史是由资本主义所开创的，但并不是由资本主义终结的。资本主义的全球性扩张为交往关系普遍化提供了深厚的物质基础，但资本主义并不能使普遍交往得到实现。首先，资本主义历史条件下形成的世界交往存在局限性。在资本逻辑驱使下，各民族、国家间的交往一般表现为以某一国家为主导的世界交往，这显然不符合普遍交往平等、自由的价值追求。其次，资本主义世界交往的发展动力在于资本主义生产的空间张力，资本的无限积累意味着其对地理空间扩张的无限要求，这同人类生存空间的有限性之间产生矛盾。可见，资本主义生产方式本身会在世界交往有限扩张中走向灭亡。世界历史的最终形成必然对人类的自由而全面发展提出要求，这也是“普遍交往”关系在世界历史维度下形成的内在逻辑。

---

①《马克思恩格斯全集》第3卷，北京：人民出版社，1979年，第51页。
②《马克思恩格斯全集》第3卷，北京：人民出版社，1979年，第42页。

普遍交往只有在历史最终转变为世界历史,即实现社会主义主导下的交往关系普遍化之后才能实现。不能将"普遍交往"简单等同于世界交往,"普遍交往"要求在物质生产高度发展的前提下、在打通民族国家间地域限制的基础上,摆脱资本逻辑主导的世界交往形式,力图实现全球范围内交往关系的平等化、自由化。

二、"普遍交往"的变革性要素

马克思认为,"普遍交往"是交往关系的理想状态。数字化时代背景下,交往关系的数字化变革蕴藏着通向"普遍交往"的变革性要素。

(一)数字化时代生产力迅猛发展成为"普遍交往"的物质起点

交往关系的生产特性决定了生产和交往之间不可分割的重要关联。一方面,任何交往关系从实质上说都是由物质生产实践决定的,交往关系随着生产力发展水平的变化而变化。当某一社会发展阶段的交往关系无法容纳生产力发展时,这种交往关系就必然走向反面。另一方面,主体间的交往构成了生产力发展的重要动力,生产力的发展离不开人的社会性交往活动。生产力的"巨大增长和高度发展"①是普遍交往的物质起点,"只有随着生产力的这种普遍发展,人们之间的普遍交往才能建立起来"②。

数字交往对生产力发展的促进作用,成为实现"普遍交往"的起点。数字化生产作为数字交往关系变革的核心,是生产力发展的重要动力。对生产主体即劳动者来说,他们不再是仅仅从事机械劳动的体力劳动者,而是具备一定数字信息技能的体脑劳动相结合的劳动主体;对生产资料来说,机器生产的自动化程度不断提高,使生产效率大幅提升;对生产对象来说,作为用于社会生产的自然资源,其使用范围进一步扩大。近年来,数字化生产规模扩张、增速迅猛、结

---

① 《马克思恩格斯全集》第 3 卷,北京:人民出版社,1979 年,第 39 页。
② 《马克思恩格斯全集》第 3 卷,北京:人民出版社,1979 年,第 39 页。

构优化，成为国民经济的核心增长点。具体来说，其一，数字化生产关系成为三大产业发展的新动能。通过将数字经济同传统实体经济发展相结合，将制造业与服务业相融通，产业数字化转型将成为生产力发展的新增长点。其二，数字经济激发市场经济活力、创造力。依托线上平台，个体自主创业门槛降低，为创新型小微企业提供了更多的发展机遇。可见，数字化时代，“普遍交往”的实现在物质生产层面上具备了一定的可能性。

（二）数字化时代私有制瓦解趋势成为“普遍交往”的逻辑前提

“普遍交往”要求对资本主义社会条件下生产资料私有制给予彻底改造。一方面，“普遍交往”指向的高社会化程度同生产资料私有制的私有化力量之间存在巨大冲突，要化解这种冲突，就必须消灭资本主义生产资料私有制；另一方面，消灭私有制是消除异化交往关系的根本要求。现代资本主义私有制建立在两个对立阶级之上，这是人与人之间产生剥削、压迫、异化交往关系的根源。

数字化时代，生产资料私有制有瓦解的趋势。这一趋势不是对简单占有生产资料的私有财产关系本身的否定，而是针对建立在不平等剥削关系基础上的私有制关系的扬弃。物质生产快速发展的同时，也产生了新的资源配置方式，为瓦解私有制提供了一定的物质保证①。首先，数字技术革命从要素变革、行业变革两个方面推动了生产力的发展。其一，要素变革体现为数字信息这一新生产要素在各个生产环节的广泛渗透。数字化时代，数据成为一种重要的资源，参与到价值生产过程中。谁能占有更多的数据资源，谁就会获得更多的话语权。在以数字信息为核心的新的发展模式下，数字经济成为一种全新的经济形态得以产生。其二，行业变革体现为数字信息技术在各个行业发展进程中的广泛渗透。将数字技术与实体经济的发展相融合，是推动经济高速发展的驱动力量。其次，数字化技术推动了资源配置方式的变革与重构。数字化提升了资

---

① 任红梅：《马克思经济学与西方经济学供给需求理论的比较研究》，《西安财经大学学报》2016 年第 6 期。

源配置的准确度。通过数据的高速传播,传统资源配置过程中信息不对称的问题得到有效解决。数字化还提升了资源配置的广泛性。数字技术支撑下的资源配置结构是网络状、多节点的。人人都是数据资源的生产者和使用者,避免了资源过分集中到某一生产企业手中。

数字化时代隐含瓦解私有制的阶级力量。数字鸿沟下,同资本相对立的社会群体愈发“无产阶级化”①。表面上看来,主体阶层多元、异质,一致的革命动机难以形成,无产阶级难以凝聚。不过,从本质上看,碎片化的身份背后,在数字资本主义的压迫下,多样化的无产阶级群体正走向新的“联合”。数字资本主义体系之下,广泛、彻底的数据监视,使多样性的社会群体无一幸免地遭遇更残酷的剥削。多元的群体由此形成了共同的政治诉求。对此,奈格里和哈特提出了“诸众”的概念,重塑了无产阶级的联合性。与统一从事体力劳动的工人无产阶级概念不同,“诸众”更强调无产阶级的包容性。尽管数字化时代生成了多样性的社会群体,这些群体仍然能够找到连通性、共同性的革命诉求,形成对抗资产阶级的新的革命力量。而这种不同社会群体的联合,无疑成为助力无产阶级革命的强大动力。

资本家与无产阶级之间的数字鸿沟难以逾越。根据经济合作与发展组织(OCED)的定义,数字鸿沟指不同社会经济层面的个人、家庭、企业和地理区域,在获取信息和通信技术以及在各种活动中利用互联网的机会及其使用方面的差距。这种数字鸿沟既存在于不同发展水平的民族国家之间,同时也存在于资产阶级与无产阶级当中。一方面,当今世界依然存在没有条件接入互联网、参与到数字化交往当中的人群,因而这些人几乎被隔离在网络世界之外;另一方面,即便是有条件参与“数字交往”,不同社会群体、阶层在交往过程中,由于交往圈层、交往目的和行为的差异,也会形成纵向的隔阂,导致社会交往圈层化、封闭化现象加剧。如此,强者愈强,弱者愈弱的“马太效应”导致数字鸿沟难以弥合。

① 蓝江:《从物化批判到数字资本:西方马克思主义的演变历程》,《学术界》2021年第4期。

（三）数字化时代人的本质复归成为“普遍交往”的价值旨归

“普遍交往”是交往关系达到全面丰富、全面自由的状态。马克思在《巴黎手稿》中指出：“已经生成的社会创造着具有人的本质的这种全部丰富性的人，创造着具有丰富的、全面而深刻的感觉的人作为这个社会的恒久的现实。”①从交往的维度看，理想的社会创造着具有人的本质的全面丰富的交往关系，在此情况下，每个人自由全面的交往关系是一切人自由全面交往的前提。交往关系向人的本质复归要求作为交往主体的人摆脱主体异化，并在此基础上扬弃交往关系的异化状态，这是“普遍交往”的实现条件。

数字化时代的交往关系作为新一轮技术革命创造出的交往关系新形式，为人类个体个性化实现、人的本质复归提供条件。其一，数字化技术的发展使人们参与物质生产的劳动时间有所缩减、劳动强度有所缓和，有助于交往主体摆脱资本主义社会背景下的自我异化状态。数字技术能在极大程度上承担目前人类从事的职业，由此将人的身心从被动的高强度劳动中解放出来，为人类的自由、全面发展创造充足的闲暇时间。马克思曾肯定了机器对于扬弃异化劳动所具有的积极作用，认为一旦直接形式的劳动被机器所代替，那么直接生产过程中的人的异化劳动也将被机器生产所代替，由此使“直接的物质生产过程本身也就摆脱了贫困和对抗性的形式。个性得到自由发展……那时……由于给所有的人腾出了时间和创造了手段，个人会在艺术、科学等方面得到发展”②。数字化时代，交往主体摆脱异化的愿景更为清晰。数字化人工智能的广泛使用能够替代绝大多数职业，这不仅仅局限于低技术含量的体力劳动、机械劳动，更包括翻译、律师、医生等具有复杂性、高专业化的脑力劳动，从而大大减轻了交往主体自身的职业负担。

其二，由数字技术变革带来的社会转型不仅仅停留在技术层面，还深刻地影响着生产关系的变革，是生产关系向人的本质复归的重要环节。生产关系

---

① 《马克思恩格斯文集》第1卷，北京：人民出版社，2009年，第192页。

② 《马克思恩格斯全集》第46卷上，北京：人民出版社，1979年，第218—219页。

作为交往关系中最具基础性的存在，决定着社会整体交往关系。资本主义社会背景下异化的交往关系以交换价值为交往目的，以交往本身为手段，颠倒了人与物的关系，使人受制于物，构建起原子化的虚假关系。数字化时代，随着人工智能机器对直接劳动过程的替代，交换价值将不再是交往行为的唯一目的，马克思认为，“一旦直接形式的劳动不再是财富的巨大源泉，劳动时间就不再是，而且必然不再是财富的尺度，因而交换价值也不再是使用价值的尺度。”[①]同时，“互联网”“物联网”等交往形式将成为一种全新的生产方式，以进行“交往形式本身的生产”[②]。由此，交往行为从作为手段、工具的存在变成了目的本身。

其三，个人自由而全面发展的类本质是在集体中实现的。数字化时代为自由、平等的交往关系提供技术支撑，有助于形成个体成员相互信任、相互协作、相互依赖的集体联系。这种集体联系不是基于某一特定外在权力中心的束缚而形成的强制性的集体意识，而是产生于数字化交往过程中形成的共同关注、共同兴趣的焦点。这种交往模式既“鼓励每一个个体平等参与……吸引每一个个体参与到社会交往中来……包容和鼓励个人的全面和个性化的发展”[③]，又“不忘培养人们之间一种基于相互理解的共同意识”[④]。同时，“去中心化”“去权威化”的交往方式，使人与人的社会关系摆脱“个人主义”“中心主义”的模式。例如，区块链技术利用点对点网络模型，使每个节点之间平等、有序地获取或共享资源。由于区块链能够公开、透明地记录各个节点所产生的任何数据，一旦数据信息写入区块链，单个节点无权篡改此数据，这就在技术层面上保证了数字化交往的平等、公正，在使用者间建立起彼此信任、依赖且相互协作的交往关系。

---

① 《马克思恩格斯全集》第46卷上，北京：人民出版社，1979年，第218页。

② 《马克思恩格斯文集》第1卷，北京：人民出版社，2009年，第575页。

③ 马向阳：《纯粹关系：网络分享时代的社会交往》，北京：清华大学出版社，2015年，第85页。

④ 马向阳：《纯粹关系：网络分享时代的社会交往》，北京：清华大学出版社，2015年，第241页。

（四）数字化不断创造和延展“普遍交往”的社会空间

“普遍交往”以世界范围内交往关系的实现为空间前提，数字全球化构成“普遍交往”的空间起点。长期以来，众多发展中国家处于不平衡的国际经济秩序当中，这是以往全球化发展过程中存在的巨大挑战。随着人类社会进入数字化时代，全球化趋势呈现出全新的态势。

一方面，在以数字为主导的全球化阶段，参与全球化将不再仅仅是发达国家和大型跨国公司独有的权利。在第二届“一带一路”国际合作高峰论坛开幕式上的主旨演讲中，习近平总书记倡议各国“顺应第四次工业革命发展趋势，共同把握数字化、网络化、智能化发展机遇，共同探索新技术、新业态、新模式，探寻新的增长动能和发展路径，建设数字丝绸之路、创新丝绸之路”①。依托数字平台进行跨境交流贸易的成本远远低于传统跨境贸易，在此情况下，新兴经济体参与全球化的程度骤然上升，很大程度上缓解了以往全球化所造成的世界经济发展不平衡的问题。数字全球化进程中，发展中国家、小企业甚至个人将发挥越来越大的作用。以往的全球流动主要集中在少数发达国家，而数字化将更多、更广泛的国家连接起来，使全球化更加充分地得以实现。另一方面，在数字化驱动下，各国各地区的交往不再仅仅局限于经济贸易领域。依托数字化平台，人们可以进行学习、合作并获得新技能，同时也能进行线上娱乐互动，除了物质交往以外，精神交往也将更加丰富。

三、通向“普遍交往”的可能性

数字化时代为普遍交往创造了新的可拓展的空间形式，也架构了更多的交往平台，为普遍交往的实现带来技术的可能性。数字经济和数字政府作为数字化时代交往关系发生变革的生产性和治理性维度，彰显着数字交往的诸多可

① 习近平：《齐心开创共建“一带一路”美好未来——在第二届“一带一路”国际合作高峰论坛开幕式上的主旨演讲》，《人民日报》2019年4月26日。

能。数字化时代通向“普遍交往”的前途很美好，但道路很曲折，需要面对诸多问题，其可能性程度取决于克服问题的有效程度。

（一）交往形式再生产是实现“普遍交往”不可忽视的核心要素

数字化时代的交往形式从主体、媒介、空间三个层面进行再生产。首先，交往主体的再生产体现为去中心化平等主体的生成。有学者认为，以网络空间为媒介有利于实现去权威化的交往关系，从而让个体在社会关系中得到个性的实现。数字化交往关系“意味着传统神圣物的退场，自我崇拜成为每个个体内心的新神圣物”①。数字世界的核心是以信息为基础的智能化，计算机要完成的不只是处理信息，更重要的是实现智能，它需要围绕某个人或群体，形成一套以用户为中心的数字交往网络。从这个意义上说，数字时代中的个体都能成为中心。在多维交叉和去中心化的交往网络中，人与人之间的交往关系是一种具有普遍性和开放性的关系，人的社会联系更加多样，人的主体性和自我意识将得到培养。

其次，交往媒介演化成为比特化的新型中介。数字交往区别于现实交往的另一个重要因素是交往中介的差异。人的交往活动是沿着“主体—客体—主体”的模式展开的，其中的“客体”即交往的中介。在传统交往关系中，交往中介经历了从行为中介向语言、文字中介的发展。而到了数字交往关系中，行为交往和语言文字交往开始被以比特为中介的交往所替代。比特将所有的存在物简化为“1”和“0”进行存储、计算和传输，建构一个虚拟的数字世界。以比特为中介的交往是交往中介的又一次历史性变革。传统交往方式中，语言、文字作为交往中介往往依附于厚重的纸质媒介，这并不易于保存和携带，而比特能以光速传输大量信息，很大程度上打破了物理世界的时空限制。

最后，交往空间发展成为无界化的云端虚拟平台。数字交往是在数字世界这一虚拟空间中展开的，人在数字交往状态下“在场”的真实性能通过“社会在

---

① 马向阳：《纯粹关系：网络分享时代的社会交往》，北京：清华大学出版社，2015 年，第 320 页。

场感”得到充分反映。而人们的“在场感”往往受到交往过程中反馈速度、语言沟通能力，以及交往对象的面部表情、神态、肢体动作等非语言线索的影响。在这些社交线索足够充分的情况下，“在场感”将摆脱地域空间的限制从而得以实现。随着互联网技术的发展，从仅仅依托文字交流的网络社交，到图片、表情包介入的图文结合式交流，到如今5G技术支撑下得以实现的实时视频对话，再到未来有望通过VR技术，使交往主体的虚拟交往过程有更为逼真的触觉、视觉、嗅觉体验，交往关系正逐渐向“无界化”发展。总之，交往的空间边界将逐渐消失，形成全球化的虚拟关系网。

（二）生产性变革是数字化时代实现“普遍交往”的根本动因

数字化时代生产性关系的变革是交往关系发展过程中的基础性环节。近年来，许多传统产业利用数字信息技术进行了全方位、全链条升级，实现了生产效率的全面提升。在产业互联网中，随着新一代通信技术同产业经济的深度融合，产业关系逐渐走向融合发展。其一，就构成产业链的各环节关系来看，数字技术支撑下的产业关系将逐步走向全链式发展。通过智能通信、智能控制、分析等数字化装备，形成了人、机全面互联的自动化网络，有助于实现协同全过程的产业链条，使产品从设计研发到规模化生产，再到销售服务环节这一贯穿全生命周期的产业关系得以形成。其二，就横向产业关系来看，全面融合发展将成为一、二、三产业间关系的新走向。万物互联的时代，是制造业、服务业协同发展的时代。实现产业间的协同发展关系，是数字化时代产业关系的归宿，也是产业关系演进过程的必经之路。

以生产性关系为核心驱动，社会整体交往关系发生重大变革。其一，就支付关系来说，移动支付平台为人们的生活消费提供便利。随着移动支付的普及，人们外出消费无须携带现金、银行卡，只需要一个移动终端，便能实现“扫码支付”。其二，就消费关系看，在移动通信技术的加持下，大量消费新机遇出现。如大量线上消费平台产生，改变了人们传统的消费习惯。而新技术也带来了多样的消费关系。未来，在5G技术的加持下，医疗系统将实现远程诊疗，通过长距离实时控制医疗器械，云端手术成为可能。此外，新型消费关系还存在于娱乐消费领域。体育消费、音乐消费可通过 VR 技术体验完全的在场感,不论消费者身处何地,都能参与各种跨地区的娱乐消费。

(三)治理性变革是数字化时代实现"普遍交往"的必由之路

在数字经济关系新形式的驱动下,数字化、智能化技术运用于社会治理,依托数字化、信息化、智能化治理方法手段,交往关系在治理性维度发生重大变革,社会治理效能实现"从低效到高效、从被动到主动、从粗放到精准、从程序化反馈到快速灵活反应的转变"①。数字化治理是推进国家治理体系和治理能力现代化的重要组成部分。科技支撑在治理现代化过程中起着重要作用:"必须加强和创新社会治理,完善党委领导、政府负责、民主协商、社会协同、公众参与、法治保障、科技支撑的社会治理体系。"②数字化治理是数字化时代交往关系良性发展的重要保障。一方面,交往关系以"智治"为抓手,有助于构建协同化、平台化的社会交往综合体。数字化治理模式下,社会大众、行政机构、企业单位、社会组织以开放的数据平台为共同中介,以合作治理为共同导向,搭建起数据信息来源、数据信息处理和数据信息决策一体化的治理平台,使传统的政府垂直化管理模式向扁平化治理转变。另一方面,数字化治理为抵御新一代数字技术带来的交往风险提供渠道。当前,数字网络安全问题为社会整体安全带来挑战,个人数字信息泄露引发的隐私问题、人的数字存在涉及的信息茧房、网络舆情失控等问题,对数字化治理提出新的要求。

(四)构建数字命运共同体是实现"普遍交往"的重要路径

尽管当今世界还很难实现社会主义主导的交往普遍化,但人类命运共同体理念将普遍交往带入现实。人类命运共同体理念在很大程度上超越了资本主义以个人为本位的交往逻辑,以"共同性"逻辑在利用资本的基础之上驾驭资

---

① 中国信息通信研究院:《中国数字经济发展白皮书(2020年)》,北京:中国信息通信研究院,2020年,第4页。

②《中共中央关于坚持和完善中国特色社会主义制度、推进国家治理体系和治理能力现代化若干重大问题的决定》,北京:人民出版社,2019年,第28页。

本。在处理国家、民族间交往关系的问题上,人类命运共同体理念主张推动建设"相互尊重、公平正义、合作共赢为核心的新型国际关系"①,强调共同体共赢、共生的整体价值。数字化时代,运用数字技术这一新的发展动能探寻"普遍交往"的发展路径,可以看到构建数字人类命运共同体成为"普遍交往"的现实举措。数字命运共同体是在数字信息技术支撑下,开辟以人类社会整体性、共同性为导向的互利互惠、共同发展的新道路。

数字经济已经成为高质量发展的引擎②。在数字化的背景下,在数字人类命运共同体中,各国各地区人民只有倡导共赢共生,才可能实现可持续发展。为此,在经济上要加强各国产业数字化、数字产业化的融合。中国在迈入全面数字化时代的进程中,也要向世界其他国家提供中国方案,让各国共享数字红利,促进国家间交往关系平等互惠发展。此外,承认各民族、地区的意识形态差异应当成为数字人类命运共同体建构的逻辑前提。应当着力攻关网络信息核心技术,抵制个人主义、中心主义的价值渗透,在文化价值上利用数字信息技术宣扬群体意识,强调世界公民的共同利益,使各民族文化在数字化、信息化的浪潮中能够得到自由、平等、充分的发展。

---

① 《习近平新时代中国特色社会主义思想学习纲要》,北京:学习出版社,2019年,第215页。
② 任保平:《数字经济引领高质量发展的逻辑、机制与路径》,《西安财经大学学报》2020年第2期。

第十九章　马克思生产工具理论的逻辑架构

马克思站在人类社会发展规律的高度指明了生产力是推动社会发展、变革的根本动力。因此,要了解一个时代,就必须要了解这个时代的生产力水平。然而,生产工具在一定程度上又反映着一个时代生产力的发展水平。正如马克思所指出:“手推磨产生的是封建主的社会,蒸汽磨产生的是工业资本家的社会。”①这也说明,脱离生产工具谈时代根本无法达到对这个时代的深入理解。探讨马克工具理论,需要探讨马克思物化理论,而探讨马克思物化理论,需要厘清物化与对象化、异化、事物化之间的关系。它们之间有联系,但也有很大的差别。

一、马克思物化理论

物化与对象化、异化和事物化的关系。

首先,关于物化与对象化之间的关系。有人认为两者相同,都是指人把自己的观念、想法、劳动等对象化出来。这一理解源自马克思的重要论述:一是在《1844年经济学哲学手稿》中,马克思指出“劳动的产品是固定在某个对象中的、物化的劳动,这就是劳动的对象化”②;二是在《资本论》中,马克思写道:“使用价值或财物具有价值,只是因为有抽象人类劳动对象化或物化在里面。”③在

① 《马克思恩格斯文集》第1卷,北京:人民出版社,2009年,第602页。

② [德]马克思:《1844年经济学哲学手稿》,中共中央马克思恩格斯列宁斯大林著作编译局译,北京:人民出版社,2014年,第47页。

③ [德]卡尔·马克思:《资本论》第1卷,中共中央马克思恩格斯列宁斯大林著作编译局译,北京:人民出版社,2004年,第51页。

这两处，物化与对象化同时出场，并且“物化的劳动”与“劳动的对象化”意思非常相近，都是指人的劳动转化到对象上，表示劳动从主体转移到客体的过程，即主体输出劳动，客体凝结劳动。再者，用“或”来连接“对象化”与“物化”，两者含义的等同性已非常明显。在这个意义上推论之，因为观念、想法、思考具有脑力劳动的性质，于是就有了物化与对象化均表示主体把自己的观念、想法、劳动等外化到客体。但是，马克思在《资本论》中更多的，也是更重要的，是在批判意义上使用物化，并赋予了它多重内涵，后文对此将会详细论述。物化是建立在唯物史观基础上对资本主义的深刻批判，相反，对象化则没有取得这样的发展。在马克思看来，对象化始终表示主体的劳动、观念等转化到客体上，描述的是人类发展史上任何时代都会存在的现象，即主体与客体之间的对象化过程。有人往往将对象化与异化混同起来，认为对象化也构成对资本主义的批判。实际上，“劳动的对象化并不一定导致劳动的异化”[1]，只有在资本主义雇佣劳动形式下，劳动的异化才会产生。

其次，关于物化与异化的关系。这两个概念之间关系比较密切，在马克思的理论语境中提及异化概念，也是带有较强的批判色彩的，它的矛头直指资本主义社会，异化概念是马克思用来对资本主义社会当中人的生存状态的批判。马克思在《1844年经济学哲学手稿》当中对异化作了全方位的论述，指出了异化的四重规定，即劳动产品的异化、劳动的异化、人的类本质同人相异化和人同人相异化[2]。除了把握异化的这四重规定，我们还需要认识到，在马克思看来，异化只存在于资本主义社会，因为正是在资本主义生产方式——雇佣劳动形式之中，工人们才与其“自由的有意识的活动”[3]这一特性相异化。同时，我们还要认识到马克思在提出异化概念时，其哲学思想尚带有人本主义色彩。此时，马克思在谈异化问题时，预设了人的类本质，就是说预设了人应该是“自由的有

---

① 周书俊：《正确理解和区分马克思劳动的对象化与劳动的异化》，《东岳论丛》2014年第1期。

② [德]马克思：《1844年经济学哲学手稿》，中共中央马克思恩格斯列宁斯大林著作编译局译，北京：人民出版社，2014年，第54页。

③ [德]马克思：《1844年经济学哲学手稿》，中共中央马克思恩格斯列宁斯大林著作编译局译，北京：人民出版社，2014年，第53页。

意识的”类存在物。物化的出场,则是在马克思对资本主义社会进行“异化”批判后的具有建设性的思考,物化批判背后是对人类解放之路的探寻。

最后,关于物化与事物化的关系。目前学界主要是区分“Verdinglichung”对应的“物化”①和“Versachlichung”对应的“事物化”。探讨事物化,实际上是学者们根据马克思撰写的德文版《资本论》中曾使用“Versachlichung”和“Verdinglichung”两个词,旨在更加充分地研究马克思物化理论。有学者指出,“所谓事物化,是指人与人之间的社会关系颠倒为事物与事物之间的关系,而‘物化’则是指,事物之间的关系进一步颠倒为物的自然属性”②,并认为事物化是最初级的,而“物化”则更高级。还有学者指出,如果“事物化是指社会关系表现为物象和物象之间关系的话,那么‘物化’则是指物象和物象之间的关系进一步表现为纯粹的物的质或者物的属性”③。“物化”的层级在这里看起来也更高。当然,也有与上述研究结论不同的看法,即事物化的程度比“物化”来得更为严重,认为“‘物化’是未经反思的自然状态,而事物化则是意识有所反思甚至奥秘已被看穿的非自然状态”④。

毫无疑问,从区别“物化”和“事物化”两个词的内涵入手来把握马克思物化理论是很有必要的,但仅仅进行简单的区分还不够。这是因为:第一,将马克思的物化理论仅仅理解为“Verdinglichung”一词的内涵,显然削弱了马克思物化理论对资本主义的批判力度,此种理解过于简单,甚至狭隘;第二,仅仅停留于哪个词程度更为高级的分析与理解则过于表面,未能揭示马克思物化理论的多重内涵,因而也就不能进一步厘清其多重内涵之间的逻辑关系;第三,把马克思物化理论仅作概念内涵和外延的区分和理解,过于停留于理论和文本层面,没有关照鲜活的事实,将很难回应当今世界面临的多重物化问题。

因此,笔者通过将两者作为合成的物化来理解和探讨马克思的物化理论,

---

① 本文将“Verdinglichung”对应的翻译用引号内的物化表示,即“物化”。

② 孙乐强:《物象化、物化与拜物教——论〈资本论〉对〈大纲〉的超越与发展》,《学术月刊》2013年第7期。

③ 韩立新:《异化、物象化、拜物教和物化》,《马克思主义与现实》2014年第2期。

④ 刘森林:《物象化与物化:马克思物化理论的再思考》,《哲学研究》2013年第1期。

主张马克思的物化理论是由“Verdinglichung”和“Versachlichung”概念共同构成的、与相关要素形成内在逻辑结构的、具有圈层结构的理论体系。这一理解有如下理由。第一,在中共中央编译局编译的《资本论》中,两词统统被译为“物化”,因而在《资本论》的传播过程中,人们已经习惯了“合成起来”的整体物化概念。第二,马克思虽然在德文版《资本论》中使用了“Versachlichung”和“Verdingli-chung”,但在其亲自翻译校订的法文版《资本论》中却并未对二者进行区分,因此将物化理解为由“Versachlichung”和“Verdinglichung”共同构成,一定程度上是符合马克思原意的。第三,与上述第一种较为主流的观点所理解相似,事物化较为初级,而物化则更高级,两者有其内在的联系,不能简单地分割开来理解马克思的物化理论。第四,根据德文版《资本论》,物化的首次出场,是在事物化两次出场之后:事物化第一次和第二次出现分别是在《资本论》第 1 卷 135 页和《资本论》第 3 卷 442 页;而“物化”的首次出场是在《资本论》第 3 卷 940 页。这种出场的前后关系,某种意义上已经展示出“物化”的层次更高。第五,仔细对比马克思在德文版《资本论》各种使用“Verdinglichung”和“Versachlichung”的地方就会看出,马克思在使用“Versachlichung”一词时,前面的限定词都是“生产关系”;而在使用“Verdinglichung”一词时,前面的限定词都是“社会关系”,显然生产关系的范围小于社会关系,因为按马克思唯物史观来理解,生产关系决定着人的社会关系。因此,笔者所坚持的物化概念实际上是一种广义的物化概念,也就是说,物化的内涵包含事物化的内涵。基于以上概念的区分,本文的重点是关注马克思的物化理论,并将其作为一个具有圈层结构的整体,将物化分成具有逻辑关系的三个层次。

物化的生成是有特定条件的,它必然出现于具备资本主义生产方式的社会形态之中,马克思揭示物化理论,目的是对资本主义社会进行有力的批判。为便于论述,本文将马克思物化理论的三重意蕴符号化,即把“人的劳动力等特质物化为商品”称为“物化Ⅰ”,“人与人的社会关系的物化”称为“物化Ⅱ”,“资本主义社会人性的物化”称作“物化Ⅲ”。

物化Ⅰ:人的劳动力等特质物化为商品

在《资本论》第 1 卷的“货币或商品流通”一章中,马克思指出:“商品内在的使用价值和价值的对立，私人劳动同时必须表现为直接社会劳动的对立，特殊的具体的劳动同时只是当作抽象的一般的劳动的对立，物的人格化和人格的物化的对立，——这种内在的矛盾在商品形态变化的对立中取得了发展了的运动形式。”①这里，物化前面的限定词是“人格”。

仔细分析上述引文我们可以看到，在商品这种形式当中有四种对立，其中一种是“物的人格化和人格的物化的对立”。那么，如何理解“物的人格化”和“人格的物化”呢？有学者指出，“物的人格化，商品生产者对商品的支配关系，表现为商品、货币支配劳动者的矛盾关系”②。商品、货币之所以能够支配人，是因为在商品流通中，“没有人买，也就没有人能卖”③，商品生产者卖不出去商品，商品就可能坏掉，会失去价值；再者，商品能不能卖出去取决于别人，即有没有人买。这样，人就被商品、货币等事物及其规律给支配了。

马克思还指出，“有些东西本身并不是商品，例如良心、名誉等等，但是也可以被它们的占有者出卖以换取金钱，并通过它们的价格，取得商品形式”④。因此，物化的一个含义可以理解为属于人的特质⑤的东西，如劳动力、人格、良心、名誉、身体等，在商品关系当中物化为商品，这就是物化Ⅰ。值得注意的是，物化Ⅰ会带来两种比较严重的后果：其一是人的劳动力等特质的物化会加重人的片面化；其二是人会更加受制于外部的客观的商品世界，即受制于价值规律。前者是因为人的劳动力等特质物化为商品，就意味着人们需要提高自己作为

---

① [德]卡尔·马克思：《资本论》第1卷，中共中央马克思恩格斯列宁斯大林著作编译局译，北京：人民出版社，2004年，第135页。

② 吴凤林：《论物的人格化和人格物化的矛盾——三论商品矛盾关系》，《沈阳师范学院学报(社会科学版)》1987年第1期。

③ [德]卡尔·马克思：《资本论》第1卷，中共中央马克思恩格斯列宁斯大林著作编译局译，北京：人民出版社，2004年，第135页。

④ [德]卡尔·马克思：《资本论》第1卷，中共中央马克思恩格斯列宁斯大林著作编译局译，北京：人民出版社，2004年，第123页。

⑤ 这里指人与动物相区别而言，马克思曾指出人的本质在其现实性上“是一切社会关系的总和”，也曾指出“自由的有意识的活动恰恰就是人的类特性”，因而人和动物有别。在这一比较的层面上人的劳动力与动物的劳动力不同，人的器官也与动物的器官不同，等等。一句话，人和动物在商品化过程中，反思批判程度是不等同的。人在商品化过程中，其身上任何一点“东西”商品化，都要进行深刻反思和批判。

"商品"的竞争力,从而被资本家购买。要提高这种竞争力,人们就不得不片面地发展某一特殊的技能,从而愈加片面化。后者是因为,商品本身需要服从价值规律,而人的特质物化为商品则意味着人在某种程度上也是一种商品。既然是商品,那就得受价值规律的制约。由此,物化Ⅰ的提出构成了对资本主义社会中人的生存状态的深刻批判。

物化Ⅱ:人与人的社会关系的物化

马克思在《资本论》中指出:"在 G—G′上,我们看到了资本的没有概念的形式,看到了生产关系的最高度的颠倒和物化:资本的生息形态,资本的这样一种简单形态,在这种形态中资本是它本身再生产过程的前提;货币或商品具有独立于再生产之外而增殖本身价值的能力,——资本的神秘化取得了最显眼的形式。"①在这里,马克思指出了物化的又一内涵,即资本主义社会中生产关系物化了,也就是马克思提到的"货币或商品具有独立于再生产之外而增殖本身价值的能力"。

物化的这一内涵可以通过马克思在《资本论》中的其他论述加以论证:"因此,在生产者面前,他们的私人劳动的社会关系就表现为现在这个样子,就是说,不是表现为人们在自己劳动中的直接的社会关系,而是表现为人们之间的物的关系和物之间的社会关系。"②值得注意的是,"私人劳动者的社会关系"表现为"人们之间的物的关系和物之间的社会关系",而私人劳动者即生产者,他们形成的社会关系也就是生产关系。这与前面提到的物化内容"生产关系最高度的颠倒和物化"完全契合。所以,这里已经基本上可以看到生产关系的物化的内涵。

"但是,正是商品世界的这个完成的形式——货币形式,用物的形式掩盖了私人劳动的社会性质以及私人劳动者的社会关系,而不是把它们揭示出来。"③正是这里,马克思特别清晰地阐明了物化的又一内涵,即"物的形式掩盖

---

① [德]卡尔・马克思:《资本论》第 3 卷,中共中央马克思恩格斯列宁斯大林著作编译局译,北京:人民出版社,2004 年,第 442 页。
② [德]卡尔・马克思:《资本论》第 1 卷,中共中央马克思恩格斯列宁斯大林著作编译局译,北京:人民出版社,2004 年,第 90 页。
③ [德]卡尔・马克思:《资本论》第 1 卷,中共中央马克思恩格斯列宁斯大林著作编译局译,北京:人民出版社,2004 年,第 93 页。

了私人劳动的社会性质及私人劳动者的社会关系”，也就是物之间的关系掩盖了劳动者的社会关系。马克思在此处还特意打了一个比方，以此来阐述物的关系是如何掩盖私人劳动同社会总劳动的关系的：“如果我说，上衣、皮靴等等把麻布当作抽象的人类劳动的一般化身而同它发生关系，这种说法的荒谬性是一目了然的。但是当上衣、皮靴等等的生产者使这些商品同作为一般等价物的麻布（或者金银，这丝毫不改变问题的性质）发生关系时，他们的私人劳动同社会总劳动的关系正是通过这种荒谬形式呈现在他们面前。”①所以，上衣、皮靴等商品是不可能自己来同麻衣发生关系，进行交换的，它们之所以能够发生关系，只是人使它们这样的，体现的是人与人的社会关系。但在资本主义生产方式下，人与人的社会关系却被物与物的关系掩盖了。

此外，马克思还通过将中世纪社会与资本主义社会进行对比来进一步阐述这一物化内涵：“无论我们怎样判断中世纪人们在相互关系中所扮演的角色，人们在劳动中的社会关系始终表现为他们本身之间的个人的关系，而没有披上物之间即劳动产品之间的社会关系的外衣。”“劳动中的社会关系”显然是一种生产关系。在中世纪社会，人们生产出来的产品可以直接进入社会机构，表现为人与人之间直接的社会关系；而在资本主义社会，生产者的生产劳动同社会总劳动的关系必须通过商品交换才能实现，并且商品得以交换的因素之一是它凝结了人类的抽象劳动。所以，物化还有一个含义，也就是物化Ⅱ：物之间的关系掩盖了劳动者的社会关系，也就是人与人的社会关系被物化了。需要注意的是，在资本主义社会中，由于人们是按照资本主义生产方式进行生产生活的，“人与人的社会关系的物化”就必然存在。正如马克思所言：“对受商品关系束缚的人来说，无论在上述发现以前或以后，都是永远不变的，正像空气形态在科学家把空气分解为各种元素之后，仍然作为物理的物态继续存在一样。”②

同时我们还要注意物化Ⅱ给人类和社会带来的问题：一方面，“人与人的社

① [德]卡尔·马克思：《资本论》第1卷，中共中央马克思恩格斯列宁斯大林著作编译局译，北京：人民出版社，2004年，第93页。

② [德]卡尔·马克思：《资本论》第1卷，中共中央马克思恩格斯列宁斯大林著作编译局译，北京：人民出版社，2004年，第92页。

会关系的物化"将进一步导致人受制于物及物之间的关系;另一方面,它打通了将资本的社会属性变成自然属性的通道,从而为资本主义宣称其社会形态是最符合人性的"自然产生的社会"提供了支撑。在前一种情况中,因为这一物化让人迷失在物及物的关系之中,自然无法看透商品关系、商品运动的实质,因而"在交换者看来,他们本身的社会运动具有物的运动形式。不是他们控制这一运动,而是他们受这一运动控制"①。在后一种情况中,由于资本主义要维持其自身存在和发展的需要,展现其社会制度的优越性,所以资本主义一直在自我美化。对于资本主义自我美化的观点,不少人表示认同,其原因就在于没有看透"人与人的社会关系的物化"。物化Ⅱ因而具有非常深刻的批判性,在物化理论体系中具有重要地位,承接物化Ⅰ,引出物化Ⅲ。

物化Ⅲ:资本主义社会人性的物化

在《资本论》第3卷中,马克思指出:"在资本—利润(或者,更恰当地说是资本—利息),土地—地租,劳动—工资中,在这个表示价值和财富一般的各个组成部分同其各种源泉的联系的经济三位一体中,资本主义生产方式的神秘化,社会关系的物化,物质的生产关系和它们的历史社会规定性的直接融合已经完成:这是一个着了魔的、颠倒的、倒立着的世界。"②在这里,马克思不仅指出了物化的又一内涵,即资本主义社会关系的物化,还给出了物化形成的原因,即"资本—利润,土地—地租,劳动—工资"形成的三位一体。

资本主义社会关系的物化,是指生活在资本主义社会中的人将资本主义生产关系当作物的固有属性。马克思指出:"资本表现为劳动资料的自然形式,从而表现为纯粹物的性质和由劳动资料在一般劳动过程中的职能所产生的性质……因此,天然就是资本的劳动资料本身也就成了利润的源泉,土地本身则成了地租的源泉。"③由此我们看到,本来属于人类社会关系产物的资本,在资

---

① [德]卡尔·马克思:《资本论》第1卷,中共中央马克思恩格斯列宁斯大林著作编译局译,北京:人民出版社,2004年,第92页。

② [德]卡尔·马克思:《资本论》第3卷,中共中央马克思恩格斯列宁斯大林著作编译局译,北京:人民出版社,2004年,第940页

③ [德]卡尔·马克思:《资本论》第3卷,中共中央马克思恩格斯列宁斯大林著作编译局译,北京:人民出版社,2004年,第934页。

本主义物化状态中,却被视作纯粹物的性质,也就是被错误地视作劳动资料的固有性质,好像劳动资料天生就具有资本性质一样。但是,劳动资料作为资本出现,只是资本主义生产方式使然,一旦资本主义生产方式消失,劳动资料就不会再具有资本这种性质了。马克思进一步指出,这些劳动条件“在资本主义生产过程中具有的一定的历史时代所决定的社会性质,也就成了它们的自然的、可以说一向就有的、作为生产过程的要素天生固有的物质性质了”①。这一论述更加清晰地阐明了资本主义社会关系的物化。在资本主义社会中,以雇佣劳动为基础的生产方式,使得生产资料作为资本同工人对立,使得土地成为地租的源泉,但生产资料取得资本性质、土地成为地租的源泉仅仅是“一定时代所决定的社会性质”,它们归根到底还是在资本主义社会这一阶段性形式下人与人的社会关系的产物。而在这里,这些劳动条件在资本主义社会中所取得的暂时的社会性质,却被视为自然的、固有的、永恒的物的性质。本来,这一层面的物化就很难为人们所揭示出来,再加上资产阶级为了自身利益,又把这种观点和看法进一步巩固,这就让人更加难以识别这一层次的物化。“这个公式也是符合统治阶级的利益的,因为它宣布统治阶级的收入源泉具有自然的必然性和永恒的合理性,并把这个观点推崇为教条。”②资本主义的生产方式、生产关系以及由此展开的人与人的关系取得了“自然的必然性”和“永久的合理性”,被当作像“梨树能结出梨子”一样的所谓永恒真理。由此,可以认为资本主义社会就是一个物化的社会。在这样的社会里,人们把资本能够产生利息像“苹果树能够结出苹果”一样当作资本的纯粹的物的属性,把商品具有交换价值像“白糖是甜的”一样当作商品的纯粹的物的属性,把劳动在货币中获得的社会形式看作物的纯粹属性等。总之,就是把资本主义生产关系当作纯粹的物的固有属性。

因此,既然资本主义社会是“自然的”,资本主义生产方式、生产关系是“自然的”,那么生活于其中的人,其所体现出的人性均是“自然的”“本来面目的”。

---

① [德]卡尔·马克思:《资本论》第3卷,中共中央马克思恩格斯列宁斯大林著作编译局译,北京:人民出版社,2004年,第935页。

② [德]卡尔·马克思:《资本论》第3卷,中共中央马克思恩格斯列宁斯大林著作编译局译,北京:人民出版社,2004年,第941页。

如此,资本主义社会人性的物化也就形成了,此即为物化Ⅲ。它揭示了资本主义社会荒谬的论证逻辑:资本主义社会的人性是“自然的人性”,或者说“本来的人性”,这样资本主义就由于它是最符合人性的“自然的社会”而成为一个“绝对完美的社会”,其他任何社会形态都在它面前黯然失色。在某种程度上说,这也是一些人崇拜西方资本主义国家的重要原因,因为他们在不能透彻把握资本主义社会的物化的情况下,很容易相信资本主义社会乃是“自然的社会”。马克思的物化理论在这一维度上达到了批判资本主义的特有高度,物化产生的根源及内在逻辑。

资本主义生产方式是物化产生的根源,这表现在以下四个层面。其一,马克思指出,“商品形式的奥秘不过在于:商品形式在人们面前把人们本身劳动的社会性质反映成劳动产品本身的物的性质……由于这种转换,劳动产品成了商品,成了可感觉而又超感觉的物或社会的物”①。在马克思看来,使用物品或者说劳动产品作为商品时,同时有三种形态发生了变化。首先是“人类劳动的等同性”,即汗水、肌肉消耗等相同的体力、脑力消耗,用“劳动产品的等同的价值对象性”来表现。这是商品能够交换的第一个基础。任何一个商品都凝结了人的具体劳动,而人类劳动具有等同性。其次是“用劳动的持续时间来计量的人类劳动力的耗费”,用“劳动产品的价值量”来表现了。这是商品交换的第二个基础,决定着类似多少麻布换多少烧酒这样的商品交换的比例。最后是“生产者的劳动的那些社会规定借以实现的生产者关系”,用“劳动产品的社会关系”来表现。也就是说,生产者和社会的接触等生产关系现在得通过商品的流通关系等来表现。前两个变化使得商品交换得以可能,后一变化表示人的生产关系得用“劳动产品的社会关系”,即商品关系来表现。到这里,物化的源头,即商品形式已然浮出水面。

其二,资本主义社会生产方式中的雇佣劳动形式保证了生产资料和劳动者的分离,从而使工人出卖自己的劳动力成为持续性、长期性的过程。这样,在资

---

① [德]卡尔·马克思:《资本论》第1卷,中共中央马克思恩格斯列宁斯大林著作编译局译,北京:人民出版社,2004年,第89页。

本主义雇佣劳动形式的反复实践过程中，人的劳动力等特质逐渐物化为商品，甚至出现工人不出卖自己的劳动力就不能生存的状况。

其三，资本主义生产的直接目的和决定动机——剩余价值的生产，同样是物化产生的关键。这是因为资本主义生产方式对剩余价值的追逐使得资本主义社会的发展拥有了目的和动力，高效地生产物质财富。对剩余价值的追逐使得雇佣劳动进一步强化，因为在资本主义生产方式下，对剩余价值的获取本质上就是对工人的剥削，而剥削工人是通过雇佣劳动来实现的。在这个意义上，剩余价值的生产促进了物化的产生。此外，由于它带来了比其他社会形态更为丰富和庞大的物质财富，这使得不能透过表象看到事情本质的人们轻而易举地就相信了资本主义社会乃是“自然的社会”，“是最符合人性的社会形式”。

其四，马克思指出：“劳动产品分裂为有用物和价值物，实际上只是发生在交换已经十分广泛和十分重要的时候……从那时起，生产者的私人劳动真正取得了二重的社会性质。”①可见，劳动产品分裂为有用物和价值物的前提是“交换已经十分广泛和十分重要的时候”，也就是资本主义生产方式确立的时候。此外，马克思在将中世纪社会和资本主义社会作对比的时候指出，在中世纪社会，也就是在商品关系没有发展或是发展水平很低的社会中，人与人之间的关系没有披上“物之间即劳动产品之间的社会关系的外衣”②。因此，有充足的理由认为物化产生的根源是资本主义生产方式。

二、“生产工具”与“生产主体”

众所周知，生产力与生产关系的辩证关系是历史唯物主义中最为基本的一对关系范畴。“因为只有把社会关系归结于生产关系，并把生产关系归结于生

---

① [德]卡尔·马克思：《资本论》第1卷，中共中央马克思恩格斯列宁斯大林著作编译局译，北京：人民出版社，2004年，第90页。

② [德]卡尔·马克思：《资本论》第1卷，中共中央马克思恩格斯列宁斯大林著作编译局译，北京：人民出版社，2004年，第95页。

产力的高度，才能有可靠的根据把社会形态的发展看作自然历史的过程。"①由此可见，要想合理把握社会发展就必须要以生产力为考察基础进行把握。而对于生产力又该以什么为基础进行整体把握呢？对此，马克思在《资本论》中首先对生产力下了一个定义，指出生产力是一种有用的、具体的劳动生产力，决定一定时间内有目的生产活动的效率。其具体包括："工人的平均熟练程度，科学的发展水平和它在工艺上应用的程度，生产过程的社会结合，生产资料的规模和效能，以及自然条件。"②即从生产力构成的关键要素可见，生产活动中的劳动资料的规模和效能决定了活动产量的提升，生产活动的实际生产力的发展水平由各基础要素共同决定，但主要还是由生产活动的劳动资料以及社会生产活动中的生产主体决定。首先，生产主体通过决定劳动资料的再生产与合理化运用影响生产力；其次，生产活动中的劳动资料的规模和效能决定了活动产量的提升进而影响生产活动的实际效率。因此，马克思对于生产力的这一论述实质上也就指明了生产力结构中的生产工具与生产主体的合理化建构，在马克思的研究视域下也成为生产工具理论研究的逻辑起点。

第一，生产主体工具化。生产劳动不仅给人类的生存和发展提供了物质条件，同时也孕育了人类生活的精神实质，也就是生产劳动创造了人类社会。同时，在马克思的语境里，这里的生产劳动是对象性的活动——实践，而非异化的劳动。根据人类发展史的进程来看，生产主体从事实践劳动必须依靠工具的应用。对于此，中国古人就有所思考。正所谓，"工欲善其事，必先利其器"，这句话就充分证明了"器"对于工匠的重要性，而"器"就代表了工匠从事生产劳动活动中使用的工具，也充分反映了古代人对于生产工具的朴素认知。

然而，这种朴素认知只是基于现实规律所作出的普遍认识，并未到达理性思维的认识程度。首次将生产工具上升到理性思辨认知层面的是黑格尔，他在《小逻辑》中从理性层面给出了生产工具的定义，即作为服务于目的主体的工具

---

① 孙伯鍨、侯惠勤主编：《马克思主义哲学的历史和现状》(上卷)，南京：南京大学出版社，2004年，第173页。

② 《马克思恩格斯文集》第5卷，北京：人民出版社，2009年，第53页。

客体为实现主体预设目的而存在于主体与自然之间,并指出目的完成的过程是目的主体借助工具客体实现自身超越的“理性技巧”过程①。可是,由于自身理论体系的束缚,黑格尔对于工具的理解也仅仅停留在理性思辨层面,最终没能实现对自身的“超越”。马克思对于这一问题的阐述,则从一个崭新的角度去解读。将工具同具体的生产活动与从事生产活动的主体相结合,打破了纯理性思辨的桎梏,从根本上阐明了生产工具的本质。

在马克思的分析中,生产劳动、人类、工具等常常被结合在一起,并着重论述了生产主体工具化在生产劳动中对人类发展进化的重要作用。“劳动首先是人和自然之间的过程,是人以自身的活动来中介、调整和控制人和自然之间的物质变换的过程。”②在这里,马克思将生产劳动视作人与自然界进行物质交换的中介,是生产主体的“对象性活动”,而“人就是一种进行对象性活动的存在物”③是在生产实践中确证其主体本质的一种存在。也正因为是在这样的劳动中,才将“人”与“动物”进行了区分,而这种区分最显著的前提特征就是工具的应用。即工具的制作与运用,按照人类自身目的去从事生产劳动。这一点在马克思对于富兰克林认为人是“制造工具的动物”④观点的认同上可以看出。

“人自身作为一种自然力与自然物质相对立。为了在对自身生活有用的形式上占有自然物质,人就使他身上的自然力——臂和腿、头和手运动起来。当他通过这种运动作用于他身外的自然并改变自然时,也就同时改变他自身的自然。”⑤相对立的“人”与“自然物质”不能直接发生联系,人要想实现对自然物质的占有就必须要依靠中介作用于自然物质本身。而这里所提到的人类自身的自然力(器官)其实就是人类最早与自然沟通的中介工具。自然力服从主体目的作用于外部自然时也就完成了对外部世界的改造,自身自然力也在作为生产主体一部分并成为介于主体与外部自然之间的劳动资料,同时,具体生产劳动

① [德]黑格尔:《小逻辑》,贺麟译,北京:商务印书馆,2003年,第393—394页。
② 《马克思恩格斯文集》第5卷,北京:人民出版社,2009年,第207—208页。
③ 肖宁:《论“对象性活动”在马克思早期思想中的意义》,《理论月刊》2019年第5期。
④ 《马克思恩格斯全集》第23卷,北京:人民出版社,1972年,第204页。
⑤ 《马克思恩格斯文集》第5卷,北京:人民出版社,2009年,第208页。

的完成也使得自身自然力实现进化提升。

正是基于人类早期这种对象性活动的劳动中生产主体工具化这一基本特质，马克思从人及其生命活动（生产劳动）过程对生产主体工具化的论述系统阐发了对于生产工具研究的原始思想，构建了研究生产力发展以及人类社会发展的基本前提。

第二，生产工具主体化。生产主体的工具化为原始人类从事物质生产提供了生产工具的原初模型，那么突破人类自身自然力的发展局限则成为生产工具主体化的必然趋势。生产工具介于生产主体与自然之间，是衔接生产主体与自然客体之间的中间环节，是依据主体自身需求而创造的再生物。因此，“生产工具不是天然之物，而是人造之物，因而其本质不是某种自然属性，如硬度、强度、速度等，而是某种社会属性，即制造生产工具的人与这种物的关系”[①]。正如马克思所指出：“自然界没有制造出任何机器，没有制造出机车、铁路、电报、走锭精纺机等等。它们是人类劳动的产物，是变成了人类意志驾驭自然的器官或人类在自然界活动的器官的自然物质。它们是人类的手创造出来的人类头脑的器官。”[②]因此，在具体的人类生活实践中，不仅存在生产主体的工具化，同时也存在自然物质形式的生产工具主体化。在经过主体意识的人为创造后，自然物俨然成为一种服从于本体创造者驱使以弥补自身器官能力所不及的工具，成为创造主体的一部分，可以视为自然物的人化。

生产工具主体化有其必然原因，那就是生产主体出于维护自身需要而做出的同化自然物的结果。也就是说，在出现主体工具化的同时，就同步存在了工具主体化，这是一个相辅相成、相互存在的过程。在马克思看来，有且仅有人将自然界“作为人的生命活动的对象（材料）和工具——变成人的无机的身体”[③]，才能够完成对自身生命体的维持。而对于作为人的生命活动的对象与工具成为人的“无机”身体出现时，其就与人自身的“有机”身体共同构成了存在于自然界中的“完整人”。

---

① 陈永正：《马克思的生产工具思想及其当代启示》，《南京政治学院学报》2015 年第 5 期。

② 《马克思恩格斯全集》第 46 卷下，北京：人民出版社，1980 年，第 219 页。

③ 《马克思恩格斯文集》第 1 卷，北京：人民出版社，2009 年，第 161 页。

故而,在认识到生产主体的工具化为生产工具提供了原始模型的基础之上,我们更应该看到作为自然物的生产工具在经过人为改造后的主体化过程,只有充分认识到"生产主体工具化"与"生产工具主体化"这一双向过程,才能够真正理解作为生产力结构要素核心之一的生产工具同生产主体与生产力的关系,了解其本质规定。

第三,生产工具与生产主体的双向建构。按照马克思对于生产力构成要素的论述,我们可以知道生产力不仅包括生产主体与生产工具,还包括科学的应用以及除却工具以外的其他劳动资料。然而,在众多要素中把握好主体与工具是掌握生产力基本内核的根本。

首先,在劳动资料中占据统摄地位的是生产工具,而不是其他的用于生产的自然物。在马克思看来,"在劳动资料中,机械性的劳动资料(其总和可称为生产的骨骼系统和肌肉系统)比只是充当劳动对象的容器的劳动资料(如管、桶、篮、罐等,其总和一般可称为生产的脉管系统)更能显示一个社会生产时代的具有决定意义的特征"①。而这"机械的劳动资料"就是生产工具,在劳动资料的基本构成中,它更具决定性。因此,掌握劳动资料的前提应当是抓住用于生产的"骨骼系统"——生产工具。

其次,强调生产工具作为核心劳动资料在生产力结构中表现为关键要素的同时,我们也要注意到生产主体的关键性。正如前文已经提到生产工具不是自然物,而是具备社会属性的人为再造物。也就是说,生产工具由自然物的制作到作用于下一劳动过程中的自然物,需要有生产主体的参与。生产主体对于生产工具制作和使用的熟练程度也决定着生产力水平的大小。如果说在同等生产条件下,生产工具等一类劳动资料的规模决定了生产力"量"的累增,那么主体对于劳动资料的合理化使用则决定了生产力"质"的方面。因此,生产工具与生产主体在生产力结构中属于关键要素,不仅在于二者共同构成了生产力,更在于二者在某一程度上决定了生产力水平与性质。

当然,生产工具与生产力的双向构建才是构成生产力的基本前提。对于二

---

①《马克思恩格斯全集》第23卷,北京:人民出版社,1972年,第204页。

者，学界曾将其进行拆分研究，并对二者在生产力构成中谁更具决定性进行过较长时间的讨论。观点大致分为两类：一是生产工具更具决定性，强调生产工具更具决定性的学者认为从客观现实角度看待工具的决定性符合历史唯物主义基本原则；二是生产主体更具决定性，主要是出于主体的主观能动性以及工具制造者、使用者的实用角度阐述主体的决定性。但是对于生产工具、生产主体在生产力构成中的关键作用，绝不能如此简单考虑。从人类社会整体发展历程来看，生产工具与生产主体本就是不能分割的生产力的两个基本要素，生产工具源自于主体的人为创造，并附加主体个人意志，且工具的革新与使用必须依赖主体的代续传递。生产主体从事生产脱离工具的加持，就根本无法完成对生产力量的累增，更无法实现生产力质的提升。因此，马克思在研究生产工具之时，是将其同生产主体与生产力一同考察的，而不是将三者进行分割考虑，只有将生产工具置于生产力框架之下同生产主体进行辩证考察才能真正认识到生产工具的本质。有且仅有将生产工具与生产主体视作辩证的统一体，才能理解二者间的合理建构，才能从根本把握生产力的实质。

但是，马克思将生产工具、生产主体、生产力进行统一考察，并不代表等量齐观。而生产工具与生产主体二者在生产力中占据的表象地位也是随着生产主体赋予工具的思维意识不断累加而不断变化的。例如在机器工业出现之前，工具虽然存在主体化的现象，但只不过是主体自发附加的过程。当人将自身控制的自然物演化为其生产活动所需的器官之时，“这样，自然物本身就成为他的活动的器官，他把这种器官加到他身体的器官上，不顾圣经的训诫，延长了他的自然的肢体”①。也就是说，在工具主体化的早期过程中，占据支配地位的还是生产主体，依赖于其主体意识的自愿附加。然而，机器的出现则改变了这一现状，生产工具主体化不再是自愿附加的结果，而是主体被迫沦为服从机械工具的“活部件”。机器与手工工具最大的不同，在于其自身内部结构的日趋合理完善，而成了自在主体，“机器的特征是‘主人的机器’，而机器职能的特征是生产

① 《马克思恩格斯全集》第23卷，北京：人民出版社，1972年，第203页。

过程中(‘生产事务’中)主人的职能”①。

三、“机器工具”与“资本主义生产”

生产工具的内容和形式是随着经济社会和科学技术的发展而不断发展变化的,早期的生产工具表现为石木工具、金属工具等,而在传统手工业被资本主义机器大工业所替代后,生产工具应用表现得最直接的就是机器工具的运用。因此,机器在本质上从属于生产工具,“机器是从那些以手工业生产为前提的工具中产生的”②。但这并不意味着,就可以将生产工具简单等价为机器,生产工具成为机器具有一定条件,简单的机器或者说不纳入资本主义生产过程中的机器,成不了剥削的工具。在研究过程中,马克思对于生产工具的论述也是具化为对“机器”“机器工具”与“机器体系”的论述,并经常与“资本”“科学技术”“机器大工业”等相关概念搭配使用。这也表明生产工具理论不再是以生产工具单个概念名词的存在而存在,在现代大工业的语境下体现出的是概念群。正是在这一系列群概念中,马克思对于生产工具的初始研究聚焦到了资本主义生产过程中机器工具的研究。马克思生产工具理论也在现实支撑下开始走向细化,对于其他思想家关于机器工具论述的合理扬弃更是标志着马克思生产工具理论开始走向成熟。

第一,资本主义生产活动的最终目的是机器工具的应用取代生产主体,进而实现资本“增殖”最大化。约·斯·穆勒在《政治经济学原理》中就对机器的应用抛出质疑,即“一切已有的机械发明,是否减轻了任何人每天的辛劳”③。对此,马克思直接指明:“在资本主义生产的基础上,使用机器的目的,决不是为了减轻或缩短工人每天的劳动。”④而在于缩短生产单件商品所需的必要劳动时间,从而达到相对延长生产者的剩余劳动时间,取得“事半功倍”的收益。当

① 《马克思恩格斯全集》第47卷,北京:人民出版社,1979年,第571页。
② 《马克思恩格斯全集》第47卷,北京:人民出版社,1979年,第412页。
③ 《马克思恩格斯全集》第47卷,北京:人民出版社,1979年,第359页。
④ 《马克思恩格斯全集》第47卷,北京:人民出版社,1979年,第359页。

然，对于机器工具在资本主义场域化下的应用，“只有在个别情况下，资本家使用机器的目的是直接降低工资”①，但资本家的最终目的在于机器的应用尽可能地取代生产者，进而实现剩余价值最大化。

机器工具使用的目的在资本支配的结果下经历最初目的与最终目的形式的转变。在机器应用的原始阶段，大部分机器工具是比较有力的手工业工具，必须以简单的协作为前提，“在于以简单劳动代替熟练劳动，从而也在于把大量工资降低到平均工资的水平”②，进而实现直接降低工资的最初目的。在机器运用水平较高阶段，机器的应用“不仅仅是使与单独个人的劳动不同的社会劳动的生产力发挥作用，而且把单纯的自然力——如水、风、蒸汽、电等——变成社会劳动的力量”③，即依靠机器自身化学或物理学的应用补偿单个人的社会劳动。并且随着机器工具的日趋完善，工具主体化的主动趋势变得更为显著，生产主体的被动服从也日益成为现实。生产者唯一能引以为傲的“生产技能”也在机器完善的趋势下变得不值一提。当生产技能的优势被机器抹平，生产者也就自然失去与资本抗衡的优势，资本就能顺理成章地在机器的加持下，“以非熟练的，因而也更受它支配的工人来代替熟练工人”④。就如同用妇女、儿童等低廉的劳动力代替壮劳力的年轻男工一样，用较低的成本实现更为可观的资本增殖。当然，要实现机器工具对生产主体的取代需要满足以下两个条件。

首先，机器工具用于生产的总投入需要低于(至少不超出)节约下的劳动力成本。机器工具的生产投入包括两个方面：一是生产、研发机器工具的投入，即制造工具，或者说购买工具的成本投入；二是机器用于生产的投入，主要表现为机器的磨损与维修投入，即机器自身价值的本质消耗。仅当用于生产的原料价值不变时，一定量原料转化为产品，只有机器工具用于生产的总投入低于节约的劳动力成本投入时才能实现资本节约与资本的正增殖。

其次，机器自身的发展完善乃至机器体系的完整建立是实现其取代生产者

① 《马克思恩格斯全集》第 47 卷，北京：人民出版社，1979 年，第 361 页。
② 《马克思恩格斯全集》第 47 卷，北京：人民出版社，1979 年，第 363 页。
③ 《马克思恩格斯全集》第 47 卷，北京：人民出版社，1979 年，第 363 页。
④ 《马克思恩格斯全集》第 47 卷，北京：人民出版社，1979 年，第 374 页。

的首要前提。从运用机器生产降低必要劳动时间进而降低生产成本到机器工具取代生产者实现资本增殖最大化的过程中,资本家要完成这一目标的前提是机器相对完善且能形成完备的机器体系。即相对完善的机器能够实现自然力到社会劳动的转变,机器体系能够实现对传统简单协作的替代,“正如机器体系消灭或改变了发展为分工的协作一样”①,它可以实现消灭或改变简单协作。

第二,以机器体系为基础的资本主义生产体系是资本实现剥削的现实场域。在马克思看来,机器体系是指一定空间内部的机器相互连接,“表现为形成各种阶段的各种机械过程的总体,并且所有机器都以借助自然力用机械方法推动的原动机作为共同的发动机”②。当我们的劳动对象依次通过连成整体的一系列不同阶段过程的时候,并且这个过程的相互连接是由机器来完成的,那么真正的机器体系才得以出现③。因此,机器体系的完整建立就犹如人体自然器官的有机组建。即各单个机器的连接,在外力驱动下形成一个完备的生产整体,与机器工具简单组合不同的是,机器体系不再是某一空间中各机器的简单附加,而是各机器单元的有序整合。在这一体系中,生产主体的地位似乎已经显得不那么重要,成为配合机器运作的某一环节,乃至是一个可有可无的环节。或者说,以往的生产主体成为组成机器体系的一个活的“机器单元”,生产者不再是工具的持用者,而是机器体系的附加者。所以,以机器体系为基础的资本主义生产方式,就表现为以机器组合单元为基础的生产者在以资本家指挥为前提下的某一空间场域下从事生产劳动的形式。

机器体系能够形成有两个方面的原因:首先是其背后有一个阶级的概念,一方面机器体系的形成能够给社会带来更高的生产力,另一方面它又成为资本主义借以剥削工人的工具④;其次是“创造性劳动”依靠人的脑力不断萌发、更新现有技术、思维,使创造性劳动成果(机器)的社会效能得到不断显现。生产力的提升、劳动价值的创造给资本参与提供了介入的前提,也进一步促进了“机

---

①《马克思恩格斯全集》第47卷,北京:人民出版社,1979年,第384页。

②《马克思恩格斯全集》第47卷,北京:人民出版社,1979年,第517页。

③《马克思恩格斯文集》第5卷,北京:人民出版社,2009年,第436页。

④ 徐丹、朱进东:《马克思对尤尔的思想超越及其理论意义》,《南京社会科学》2015年第6期。

器工具”同“资本主义生产”之间的合谋。在这一过程中，资本强大的增殖动机使得工人势必就会沦为资本实现剥削的现实对象，而机器工具也必将成为资本实现剥削目的、完成自身增殖的工具。工人从事生产集中化的某一空间场域，也势必在资本的参与下成为被机器替代、资本剥削的场域。这一剥削主要体现在以下两个方面。

一方面，表现出来的是资本对生产者“生产技能”的剥削。机器体系越发完善的阶段，对人的生产生活影响越大。而引起生产生活变化说到底还是在于机器对于生产者生产技能的影响。在机器体系愈发完善的过程中，人的生产技能就不断被工具或是机器所替代，人在劳动中的精神性、创造性也被机器工具进一步剥夺。这一结果就导致整体劳动价值量在创造性劳动成果(机器)等新兴工具加持下被放大，而在机器体系下的工人具体劳动所创造的社会价值被进一步掩盖乃至被“取代”。劳动价值量的放大与工人劳动创造价值的掩盖就使得劳动价值愈发表现为创造性劳动创造。当然，事实上这个问题很复杂，但是可以肯定的是这一问题仍然没有超出马克思劳动价值论的分析范畴。在机器工业出现前，乃至机器工业初期，简单协作的生产体系下，人的生产技能还未被工具或是机器替代，生产者依靠自身生产技能还是可以在生产过程中体现个人的主体地位，表现出对工具的支配。但是，随着机器工具的完善，特别是机器体系的完整建立，人的生产技能在机器面前已经变得不再精益。在这样的情况下，劳动价值的创造似乎可以不再仅依靠本劳动环节从事生产的工人劳动来实现，通过前一劳动阶段创造的成果(机器)为主导的生产体系也可以实现，此时的人成为机器的附庸就可以大大减少人工成本的投入。然而，由机器工具完善与机器体系建立锚定的现有创造性劳动成果的实现都需要大量资本涌入，也正是在这一资本投入过程中，资本家可以通过这一资本投入来间接剥削生产者的“生产技能”，进而实现资本对劳动价值创造的支配。

另一方面，表现出来的是资本对劳动力价值的剥削。在马克思剩余价值的分析范畴内，现有的创造性劳动成果(机器)既是前一阶段劳动的结果，又参与了资本对后一阶段劳动的剥削。在以机器体系为基础的资本主义的生产体系下，由于机器运用自然力驱动机器自身而替代以往社会劳动力，则会出现工人与机器比例的相对减少。随着机器转速、自动化能力的提升，工人的体力消耗并未减轻，相反变得更加繁重。但是生产一件产品的社会必要劳动减少。同时，商品中凝结的生产者的活劳动总量表现为相对减少。进而引起“单个产品包含的劳动总量(过去劳动和目前完成的劳动的总量)减少了”①。由此可见，生产者的生产率相对提高了，能够在更短的时间内生产出同等商品，但是，“由不变资本形成的那部分商品价值没有增大”②。由商品价值公式：W＝C＋V＋M(W代表商品价值，C代表不变资本，V代表可变资本，M代表剩余价值)可知，当商品价值保持相对平衡时，相对剩余劳动时间增大导致的剩余价值扩大会引起作为可变资本的劳动力相对贬值。也就是说，剩余价值扩大趋势越大，劳动力本身相对越发贬值。

第三，机器工具是资本实现剥削的重要科学技术手段。通过马克思对生产力的定义我们可知，生产力除了具备生产主体与生产资料(主要是工具)两大核心要素之外，还包括了科学技术及其发展水平。因此，科学技术与工具之间本就存在密不可分的联系。一方面，科学技术同机器工具之间存在相互转化的过程，机器工具的应用成为科学技术的指代项。科学技术作为研究自然现象及其规律的自然科学理论，在实践的生产经验加持下，为某一预设目的实现而协同形成了各种工具、设备、技术和工艺体系。所以，科学技术同机器工具之间的转换是一个理论经验到物自体之间的转换，即理论知识的物化过程。当科学技术物化为工具和劳动对象时，就成为直接的物质生产力。另一方面，科学技术与机器工具之间还表现为相互促进。“在这些劳动资料提供积极服务的时期内所取得的科学技术的进步，就有可能用另一些效率更高的而且相对来说更便宜的工具来替代那些已经损坏的工具。”③同时，科学技术物化后的工具在直接生产上的应用就又成了对科学技术具有决定性的和推动作用的要素④。但是，当科学技术物化为机器时，机器工具充当了资本的剥削工具，此时的机器工具不再

---

①《马克思恩格斯全集》第47卷，北京：人民出版社，1979年，第516页。
②《马克思恩格斯全集》第47卷，北京：人民出版社，1979年，第516页。
③《马克思恩格斯全集》第49卷，北京：人民出版社，1982年，第233—234页。
④《马克思恩格斯全集》第3卷，北京：人民出版社，1960年，第68页。

是单纯的生产工具,而是资本实现剥削的物质技术。

首先,在以机器工业为基础的资本主义生产过程中,“大工业则把科学作为一种独立的生产能力与劳动分离开来,并迫使科学为资本服务”①。从而“科学和技术使执行职能的资本具有一种不以它的一定量为转移的扩张能力”②。而这一能力并不是通过资本直接支配科学技术所表现出来,而是通过对机器的支配所有而体现出来,因为资本更为直接掌握的是科学技术的物化体——机器工具,而非作为理论知识存在的科学技术本身。

其次,在马克思看来,资本不创造科学,但是它为了生产过程的需要,利用了科学,占有了科学。这种占有对于劳动而言意味着两个对立面的存在。一方面是科学技术与劳动成为对立面的存在,“科学对于劳动来说,表现为异己的、敌对的和统治的权力”③;另一方面是在机器工具上实现了的科学,作为资本同工人相对立,表现为剥削劳动、占有剩余劳动的手段,表现为阶级的对立性。因为资本除了物的属性,在马克思那里还是资产阶级社会的生产关系,一种物化的人与人之间的关系。因此,机器工具作为科学技术指代项、资本的物性存在的同时,还作为一种社会关系属性而存在。

马克思对于机器观念的阐释,事实上就体现了资本主义批判视域下机器工具应用的出场目的与方式,机器工具作为促进生产力发展而出现,但机器工具更作为生产关系范畴,体现的是一种剥削方式和剥削关系。基于这种关系,机器工具在资本主义下的应用,表现出来的不是解放工人而存在的工具,也不是缩短工人时间、缓解劳动压力的工具,而是抛弃原有固有工具形式,成为资本借以实现剥削的重要技术手段。

四、“机器体系”与“社会化大生产”

生产工具的变革发展是随着技术深入发展的必然结果,是合乎变革性与有

① 《马克思恩格斯文集》第5卷,北京:人民出版社,2009年,第418页。
② 《马克思恩格斯文集》第5卷,北京:人民出版社,2009年,第699页。
③ 《马克思恩格斯全集》第47卷,北京:人民出版社,1979年,第571页。

用性的统一。即工具的发明与完善在本质上既从属于技术的物化体，在运用上又合乎创造主体的主观预设目的。虽说生产工具在资本主义生产体系中发展到了机器体系阶段并沦为资本借以剥削的手段，但这并不妨碍工具的出场目的。在从机器体系到社会化大生产到转变中，这一目的也必将以资本主义生产方式的土崩瓦解而成为现实。

第一，生产工具发展到机器体系阶段，为资本主义生产社会化的出场奠定了现实基础。“生产社会化”又简称社会化大生产，资本主义生产社会化的形成不是一蹴而就的，而是通过一系列阶段过程，形成了机器体系，或者说机器体系的形成才成就了资本主义的生产社会化。在经济学的解读视角下，不同社会制度下的生产社会化概念也不尽相同。主要划分依据为相对参考对象的不同。例如在原始社会时期，生产资料归属部落公有，整个部落形式就是一个完整的生产社会化结构。作为生产社会化的高级阶段，资本主义时期的生产社会化则是以整个世界为基本单位，以机器体系的形成为标示。比如，“曾以制造业闻名于世的印度城市遭到这样的衰落决不是英国统治的最坏的结果。不列颠的蒸汽和不列颠的科学在印度斯坦全境把农业和手工业的结合彻底摧毁了”①。这种结果的出现并不是资本直接压制，而是新科技的发展引发的工具革新与应用使得英国获得了相对的生产优势，进而导致了以制造业闻名的印度的衰败。从英国到印度，就是资本主义生产社会化的典型案例，即工具发展取得相对优势的国家不再仅满足于本国市场需求，而继续开拓新市场以满足资本的无序扩张。而这一切，都需要以新的航海工具、制造业工具等新工具的产生并为之形成较为完备的工具体系为前提。

在资本主义发展的高级阶段，以机器体系为主的社会生产方式逐渐被固定为资本主义生产方式，不仅极大促进了社会生产力的发展，更为资本主义生产社会化的形成提供了物质基础。在《共产党宣言》中，马克思就写道：“资产阶级在它的不到一百年的阶级统治中所创造的生产力，比过去一切世代创造的全部

---

① 《马克思恩格斯全集》第9卷，北京：人民出版社，1961年，第147页。

生产力还要多，还要大。”①生产力的显著提升，极大促进了社会发展，也为资本主义社会化生产提供了相应的经济基础。与此同时，机器体系的形成也为资本主义构筑了生产社会化的关系条件。通过前文分析，机器不仅具有资本的物性，还有一种社会关系属性。在资本主义机器体系下，作为资本的机器与生产者的根本对立就反映了剥削与被剥削的社会生产关系。

第二，机器体系下，机器工具决定了分工的发展，分工的发展推动生产社会化的继续发展。生产工具作用于生产社会化并非一个直接的过程，其中还涵盖着分工这一环节，这是一个互相影响的过程。首先，对于生产工具决定分工，而不是分工决定生产工具这一结论，马克思认为：“劳动的组织和划分视其所拥有的工具而各有不同。手推磨所决定的分工不同于蒸汽磨所决定的分工。”②并直接指出蒲鲁东关于“先从一般的分工开始，以便随后从分工得出一种特殊的生产工具——机器”③的观点是对工具与分工关系的颠倒、更是对历史的侮辱。也就是说，不同的社会分工在本质上是由这个社会所普及的生产工具决定的，在资本主义机器生产体系下，机器工具决定着分工，而非分工决定机器。“机械方面的每一次重大发展都使分工加剧，而每一次分工的加剧也同样引起机械方面的新发明。”④其次，分工的发展在一定程度上又会引发生产社会化的发展。在马克思看来，“交换的需要和产品向纯交换价值的转化，是同分工，也就是同生产的社会性按同一程度发展的”⑤。因此，将分工同社会化生产等同，将分工的发展同社会化生产的发展等同是符合马克思本人观点的。

从生产力与生产关系的辩证关系也可看出分工作为中间环节的传递作用。生产力的提升促进了分工的发展，分工的发展一定程度上推动了生产关系的变革。事实上生产力的提升在很大程度上就得益于工具的变革，甚至可以说，在除却生产主体从前人那里继承来的生产力，生产力的提升就依赖于工具的变

---

① 《马克思恩格斯文集》第 2 卷，北京：人民出版社，2009 年，第 36 页。
② 《马克思恩格斯文集》第 1 卷，北京：人民出版社，2009 年，第 622 页。
③ 《马克思恩格斯文集》第 1 卷，北京：人民出版社，2009 年，第 622 页。
④ 《马克思恩格斯文集》第 1 卷，北京：人民出版社，2009 年，第 627 页。
⑤ 《马克思恩格斯全集》第 46 卷上，北京：人民出版社，1979 年，第 91 页。

革。归根到底，还是生产工具决定了分工的发展，在资本主义机器生产体系下这种趋势表现得更加明显。分工的发展进一步促进了生产关系的变革，生产社会化的发展在本质上又体现了生产关系的进一步更新。分工发展引发生产关系的变革，说到底还是得依靠生产社会化来体现。因此，从生产力、分工再到生产关系，在形式上表现的就是工具—分工—生产社会化三者之间的关系，作为生产力代表的工具决定了分工，分工的发展推动着生产社会化的发展。

第三，社会化大生产持续发展的背景下，生产工具集聚发展为人的解放提供了可能。生产社会化的发展依赖分工的发展，分工又由工具的发展决定。但是在生产社会化持续发展的情况下，生产社会化也会反作用于分工与工具。在双向循环的作用下，势必会引起生产工具的积聚发展。工具的积聚发展也必将形成资本持续宰制与助力人的全面发展的对立局面。

一方面，对于资本主义制度下的生产社会化，马克思的研究就已经表明，资本必须依靠工具等生产资料的积聚以应付竞争现状。“资本家如果不把有限的生产资料从个人的生产资料变为社会的生产资料，就无法形成强大的生产力。”[①]这也表明，如果无法形成强大的生产力，资本就无法在竞争中完成扩大化生产，就不存在资本的再积累。也就是说，对生产工具等生产资料的积聚以扩大生产应对竞争压力是资本无法逃避的必然归宿，资本势必通过对生产工具等生产资料的宰制进一步实现其本身增殖。在这一增殖过程中，工具被宰制的程度将变得愈发深化，其剥削、分割人的趋势变得愈发强烈。

另一方面，随着工具的不断发展，劳动的专业性质将势必被改变，生产主体在分工越发明确的情况下走向专业化。在马克思看来，“机器的采用加剧了社会内部的分工，简化了作坊内部工人的职能，集结了资本，使人进一步被分割”[②]。但此时，“个人对普遍性的要求以及全面发展的趋势就开始显露出来”[③]。这也说明，以机器为代表的生产工具的发展与使用势必会促进人的自

---

① 王传利：《社会化大生产的逻辑与国家治理体系和治理能力现代化》，《马克思主义研究》2020 年第 7 期。

② 《马克思恩格斯文集》第 1 卷，北京：人民出版社，2009 年，第 628 页。

③ 《马克思恩格斯文集》第 1 卷，北京：人民出版社，2009 年，第 630 页。

由全面发展，而一些学者所认为的机器制造了“专业和职业的痴呆”也会在生产工具持续化的发展中被消除。

由以上两个对立面不难看出，在社会化大生产的时代背景下，工具既有继续被资本宰制成为“剥削工具”的可能，也有促进人的自由全面发展成为“解放工具”的可能，两个方面既对立又存在相互转化的空间。由“剥削工具”转向“解放工具”需得满足几个前提。首先，社会化大生产条件下资本之间的竞争状况愈发强烈，迫使资本加大对工具等生产资料的集中控制。此时资本在推动生产社会化发展的同时也将在社会化生产中从内部走向灭亡。其次，被工具简化、分割了的工人需要有对于自由全面发展诉求的意识自觉。拥有意识自觉是走向行动自觉的前提，争取人自身自由全面发展的行为才能变为现实。最后，社会群体需要有高度自觉的工具共享意识。“共享”是破除资本宰制、打破部门与部门之间生产隔阂的有效手段，当工具不再隶属于单个部门或个人，而从属于社会群体时，其工具效能才能被充分利用，才能避免制造“专业和职业的痴呆”。因此，在生产社会化持续发展的背景下，我们既要能够看到生产工具被资本持续宰制的一面，又要看到其成为解放工具的另一面；既要看到“剥削工具”与“解放工具”的对立存在，又要意识到二者之间转换的可能，善于将“剥削工具”转变为“解放工具”。

总而言之，马克思的生产工具理论充分体现了马克思主义的真理性，从生产力结构下的生产工具到资本主义生产体系下的机器工具，最后再到社会化大生产背景下的解放工具，为我们理解未来工具发展、社会发展提供了一种全新的理论视角。在人工智能发展的今天，对人工智能的分析框架相信也跳不出马克思生产工具理论的分析框架，期待人类通过科学技术的发展不断通向解放之途。

第二十章　林德宏技术生存思想

在国内学术界，林德宏教授因其科学思想史上的成就而为人熟知，这方面代表作是《科学思想史》①。实际上，林德宏在推进技术哲学相关理论的发展上，也富有积极建树。他认为“科学是认识已有的世界，技术是创造将要出现的世界”②。在19世纪和20世纪，基础科学理论有了革命性发展，相继出现诸多形态各异科学思想，科学与技术日益一体化，使人们的自然观和科学观发生了深刻的变化。在科学思想史的研究中，林德宏敏锐察觉到这一系列的变化，开始关注和研究技术，尤其对“技术化生存”问题进行了具有开创性深入的研究。

一、技术生存思想的渊源

早在19世纪中叶，马克思、韦伯等人就已经从政治经济学、社会学角度对被技术规定的生存方式的负面效应展开批评，表达了对技术的担忧。进入20世纪后，以胡塞尔、海德格尔、马尔库塞等为代表的具有人文主义倾向的思想家，延续了马克思、韦伯等人的问题意识，与技术乐观主义在技术与人类生存的关系等问题上，产生严重分歧，深化了对技术的思考。林德宏站在哲人的肩膀上，既看到了人类社会从自然生存到技术生存的发展必然趋势，同时也看到技术发展所带来的问题日益加剧，于是从对科学思想史的研究转向了对技术哲学

① 《科学思想史》有两个版本，是由江苏科学技术出版社出版的，分别是1984年版和2004年版。

② 林德宏：《科技哲学十五讲》，北京：北京大学出版社，2004年，第217页。

的研究。

在这样的生存背景之下，人与技术的矛盾开始慢慢呈现出来，林德宏对这一矛盾从两方面进行了论述。

这种矛盾首先是技术物与自然物的矛盾。林德宏借用恩格斯对“自然界的规律”和“自然界的惯常行程”的区分，认为自然物是在自然选择中产生的，遵循的是自然界的“惯常行程”。技术物虽然也遵循自然界的规律，但毕竟是按照人工选择制造出来的，偏离了自然界的“惯常行程”。如果我们把自然界的“惯常行程”称之为自然的，那么，技术物就是非自然的。如果说自然界的“惯常行程”构成了自然界的正常结构，那么遵循效率原则的技术物就有可能破坏了自然界的正常结构，不按照正常结构运行的自然界，就是我们说的“生态危机”。在这个过程中，技术物取代自然物，建立了新的物与物的关系和结构，但是这个结构是不稳定的、失衡的。生态危机，不是说自然界本身不能继续存在，而是说，这个结构不再适合人生存，即在这个结构中，在人与自然物、技术物构成的网络中，不再有人合适的位置。这就关系到第二个矛盾——人与技术物的矛盾。

林德宏认为，如果说技术物与自然物导致了人与自然物“失联”的话，人与技术物的矛盾，则导致人与自身的“失联”。这表现在“人体的功能将全面被技术物的功能所取代”①，不仅是功能上被取代，甚至连器官也可以被取代，“人造器官取代生物器官”②。如此，人的生物性、物质性，甚至整个人都可以被技术物取代。人成了可有可无的“幽灵”，在去魅的时代，无处存身。“人的世界异化为物的世界，人的命运由技术物来主宰。”③在使用技术的过程中，人成了非人。这就是人性危机，即对于何为人的困惑。

这两个矛盾中，都发生了技术取代的现象，一个是技术物取代自然物，一个是技术物取代人，这导致了人不仅不知身在何处（自然界正常结构被瓦解，我不知我在何处），而且导致了人不知何谓人（人成了技术物或人物化了，使得人的

① 林德宏：《技术生存的内在矛盾》，《自然辩证法研究》2004 年第 2 期。
② 林德宏：《技术生存的内在矛盾》，《自然辩证法研究》2004 年第 2 期。
③ 林德宏：《技术生存的内在矛盾》，《自然辩证法研究》2004 年第 2 期。

面目模糊,甚至人被取代了)。

林德宏的技术生存理论正是在这种背景下产生的。他对技术生存的一系列问题进行了深入的探索,在国内首先系统地提出了关于技术生存的理论,这一理论,占据了他整个技术哲学思想的核心,尤其是他最后提出克服技术生存的矛盾,走向艺术生存的思想,都极富理论生发性。这一系列的思想集中在他的专著《物质精神二象性》《科技哲学十五讲》和《技术生存的内在矛盾》《人与技术关系的演变》等相关论文中。

二、技术生存思想的逻辑理路

林德宏在分析技术发展带来的矛盾时强调,要解决这一矛盾,就必须了解矛盾背后的深层原因,为此,他对技术生存理论做了更加细致的分析。

首先是关于技术生存的历史必然性——从自然生存到技术生存。

林德宏认为技术生存有其历史必然性,它不是一蹴而就的,是有一个历史过程的,对于技术化生存的由来,林德宏从人类赖以生存的主要因素,探究了人类生存从自然生存到技术生存的历史。

自然生存是“人类主要依据自然界所提供的自然因素而生存的生存方式”①,所谓的自然因素,包括自然资源和自然环境。自然资源又包括生物资源、矿物资源等。在此一阶段,人类所能使用的自然资源主要是生物资源。但并不是说,在这一阶段就没有技术,只是不同于后来的大机器生产,这一时期的技术,主要是手工技能。自然生存主要依赖生物性资源,但依据的生物性资源不同,自然生存可以大致分为两个阶段:原始自然生存和农业自然生存。在原始自然生存中,人们并不生产生物资源,只是利用自然界已有的生物资源,与之相对应的经济形态是原始经济,即采集和狩猎,在这种活动中,不论是瓜果蔬菜,还是野兽猎物,都是自然生长的,人类只是获取成果。当人类开始种植可食

① 林德宏:《技术生存的内在矛盾》,《自然辩证法研究》2004 年第 2 期。

用的食物，畜养动物，人就介入了动植物的生长，“人从旁观者变成了参与者”①，原始自然生存就发展为农业自然生存，原始经济则发展为农业经济。如果说，原始自然生存阶段，人和动物差别还较小的话，那么，在农业自然生存阶段，人则更加远离动物，但无论如何，都与动物共同分享了很多物质前提，都用自身的生物性条件获取生物资源，因而这两个阶段的人，都可以含糊地称之为“半动物”②。

但我们看到，从茹毛饮血到农耕时代，人类的技术已经得到了极大发展，不论是生产工具，还是培育作物的能力，比如水车、大坝等，技术已经开始逐步地远离人，成为相对独立的力量。这为时代从自然生存过渡到技术生存提供了物质条件。当自然资源满足不了人们的需求，而自然环境也在剧烈的变化时，人类的生存再次受到威胁，于是人类不得不开始进行进一步的调适。从更多的依赖自然现成提供的资源，到更多的依赖人工制造物，这个过程，也就是从自然生存到技术生存的转变。

这一转变的内在动力是，自然生存方式只能满足人的物质需求，人的生存的多维度与自然生存的单一性相互冲突，要求人超越自然界，用人工物取代自然物，来满足人日渐增长的需求。所以，人的精神维度为人的生存方式从自然生存到技术生存提供了内在的不竭的动力。而它得以实现，则依赖于技术，“人造物取代自然物和人本身，关键是依靠技术”③。简单地说，就是人通过发明、改进各种工具，取代原来主要依靠人力的局面，使人从依赖自然物生存转变为依赖通过工具创造出来的人造物生存。

其次是关于技术生存的弊端及其克服，即从技术生存到艺术生存。

在林德宏看来，技术生存的阶段，人主要依靠技术和人造物生存，这是一种更加高效的生存方式。在这里，技术主要是指近代技术。“人类真正意义上的技术是从近代开始的。近代技术诞生的标志，是机器的大规模应用，是人类劳

---

① 林德宏：《从自然生存到技术生存》，《科学技术与辩证法》2001 年第 4 期。

② 这个阶段人类也使用工具进行劳动，虽然总的来说，工具比较简单。动物的直接依赖生物性条件获取生存资料，故而此阶段人类还是区别于动物。

③ 林德宏：《从自然生存到技术生存》，《科学技术与辩证法》2001 年第 4 期。

动从手工劳动发展为机器劳动”①。林德宏对于技术生存内涵的分析主要从两个方面入手——机器主义和技术主义。

所谓机器主义，最显著的特征是技术可以和人分离。这主要表现为：一是产品的技术水平主要由机器的功能决定，而不是由技工的熟练程度决定；二是机器的功能能够以明述的方式加以表达、传播，而不依赖于技工的身体；三是机器的设计者与机器的使用者分离，机器使用者与机器处在相互外在的关系中，机器有自己的程序，使用者不得不遵从，机器成为主导的力量，而人退化为机器的一个易犯错的肉身化的零件。这样的机器具有标准化、精确化、自动化的特点，在人与机器的关系中，人与技术的关系彻底改变，与自然生存阶段人与技术相互内在的关系不同，“技术有了自己的实物形态和知识形态，并形成了自己的体系与发展逻辑”②，技术成了独立的强大力量，对于机器使用者而言，外在的、异己的必须服从的机器，成了异化人的力量。

通过上面的分析，我们看到，在技术生存时代，机器技术可以与人分离，一方面，提高了技术能力，使得人类改造自然的能力惊人地提高，也强化了作为主体的人的能力。但另一方面，技术成为异己的力量，使人成为技术的奴隶，成为不合格的产品——人不够精确、不够标准化。其次，近代技术带来了物质能力的极度发展，同时对技术的过度迷恋和崇拜也带来了相应的技术主义。技术主义是物本主义的一种形态，所谓物本主义，区别于作为本体论范畴的唯物主义，它是一个价值论的范畴，“在人与物的关系上，片面强调或只讲物的作用，忽视或否认人的作用，特别是人的精神的能动作用”③。他对于物本主义的刻画很容易让我们联想到马克思描绘的拜物教，作为一种拜物教，技术主义从崇拜自然物转而崇拜技术物。

从技术生存的内涵中我们看到，技术是人的本质力量、人的能动性、创造性的表现，人拥有技术，通过人化了的工具，在实践中，改造自然物，使得人的本质

---

① 林德宏：《人与技术的关系演变》，《科学技术与辩证法》2003 年第 6 期。
② 林德宏：《人与技术的关系演变》，《科学技术与辩证法》2003 年第 6 期。
③ 林德宏：《物本主义不是唯物主义》，《哲学研究》2001 年第 8 期。

力量对象化为技术物;本来技术物是为了服务于人的,但是现在技术物导致了人对它的依恋,比如现代人的生产、生活离不开电脑、手机等,人反过来又成了技术物的附庸,这个过程中,人不断物化,人成了技术物。技术主义的极端立场是技术统治论,如埃吕尔认为技术是自足的。

以上技术生存带来的弊端已经让人类生存陷入困境,克服这一现状迫在眉睫,按照林德宏技术生存的逻辑线路来看,人类终将进入到艺术生存的状态。

三、关于技术生存思想的拓展思考

在对技术生存理论内涵及发展史的分析中,林德宏始终站在人是物质精神二象性的立场上展开的。他认为技术生存最大的困境便是,物质与精神在同步发展过程中出现了偏颇,精神的落后变相地提高了技术的威慑力。如果我们再往前追溯,为什么会出现物质与精神的失衡?只有清楚知道为什么,才能知道怎么做,但林德宏在此并没有去追问这层原因。基于他对物质与精神的二元对立及物质、精神二象性的理论,我们可以进一步展开理论探究。

这种二元对立是如何产生的?海德格尔对之有深刻的分析,他认为这主要是因为长期以来人们只是从存在者的角度去理解自身与他物,忽视了作为存在者敞开领域的存在。因此从柏拉图理念世界的构造到笛卡尔主客二分,再到康德物自体与现象二分,这一路走来,哲学家们的"表率"都没有做好,这一段将"存在遗忘的历史"形成了一种严重的二元对立,把"存在"看成了"存在者",这样一来就把存在"物"化了,所以在技术时代人被看成是存在者而不是一个特殊的存在——"此在",因而人的存在被遮蔽了,"此在"所具有的反思性与精神性被遗弃了。在这样一个过程中,我们看到了林德宏所说的精神是如何失落的。

林德宏对技术生存中人的生存困境的分析入木三分,在意识到技术生存固有的这些矛盾之后,同时也提到一些克服路径。如同海德格尔对人类下一生存阶段充满期许一样,林德宏对未来社会也有积极期待,林德宏将其命名为"艺术生存"。在艺术生存中,如上所说的人的精神失落将不复存在,但那并非仅仅是一种精神性的生活。

对于人类未来生活的状态，马克思早已在他的共产主义社会的设计方案中概括出他对未来人类生活的状态，"社会调节着整个生产，因而我有可能随自己的兴趣今天干这个事，明天干那事，上午狩猎，下午捕鱼，傍晚从事畜牧，晚上进行批判工作"①。马克思的理论关键在于他并没有告诉我们未来的人类生活用什么形式去表达，而只是勾勒出一种"艺术体验"。这种体验可以让我们实现更多的角色。"这样就不会使我是一个猎人、渔夫、牧人、狩猎者或批判者。"②在这些丰富的体验中，人不再被异己之物所奴役，而是自由的。

海德格尔也将诗意栖居视作面对技术时代困境的可能方案。关于何谓艺术生存？他山之石，可以攻玉，海德格尔关于艺术作品和人的诗意生存的思考，给我们思考艺术生存提供了很好的参照。海德格尔对于艺术的分析是从艺术品着手的，而对于艺术品的分析又是从物开始的，通过对物性的丰富性的揭示，通过物走向诗意生存的可能性。他对物的分析建立在对传统哲学(包括作为传统哲学之延伸的现代科学)对物的误解的批评之上。林德宏所说的技术生存时代的技术主义，相当于海德格尔所指责的传统哲学、现代科学的物观，或可视为技术主义的基础。因此，对传统哲学、现代科学物观的批判，实际上就是对技术主义基础的批判。在现代科学那里，物是以对象的方式出现、服从于因果律的，物与物之间的差异被磨平，都以类的方式存在，实际上遮蔽了物。

林德宏对于艺术生存的理解表现在他《从自然生存到技术生存》的文本中："未来的人类的生存，将是艺术生存，这是一种高度的生存和谐——人与自然的和谐、人与物的和谐、人与社会的和谐、人与人的和谐、人身心和谐、人的内心和谐。在艺术生存中，人才真正成为人。"③我们可以看出，在这种高度的和谐中，林德宏给我们提供了两个维度的思考，他不仅仅考虑到人的生存状态，也考虑到技术未来的走向。毕竟技术已经嵌入我们的日常生活，成为不可或缺的一部分，我们不能极端地去抵制技术退回到"自然生存"，所以对未来技术走向的规划也是林德宏艺术生存中的核心点。

---

①《马克思恩格斯全集》第3卷，北京：人民出版社，1960年，第30页。

②《马克思恩格斯全集》第3卷，北京：人民出版社，1960年，第30页。

③ 林德宏：《从自然生存到技术生存》，《科学技术与辩证法》2001年第4期。

在人的生存状态中，既有马克思在共产主义社会中描绘的“在那里，每个人的自由发展是一切人的自由发展的条件”①，也有海德格尔的影子。在海德格尔看来，存在与栖居具有词源上的亲缘，所以为诗就是不仅建树存在，而且使得栖居成为可能，诗“把人引向大地，携入其栖居。……凡人居住在土地上，天空下，神圣者面前”②。即海德格尔后期所宣扬的天地神人四元共处的诗性世界。艺术就是天地神人的聚合的敞开空间，人在这种空间中不再是遮蔽状态，也不再是虚无的存在，而是一种有根基的存在。这是海德格尔所提供的关于何谓诗意栖居的图景，这种栖居，带有语言和神性因素的结合。这种天地神人四方相聚，和林德宏所说的和谐有异曲同工之妙。

更重要的是，林德宏在技术的维度上拓展了自己的技术生存思想。人与物的和谐，前面已经提到林德宏对于物做了两种形态的划分：自然物与人工物，后者承载了技术手段。与自然物的和谐更多是与自然的和谐，而与自然的和谐便是让我们手中的技术降低到对自然最低的危害，如雾霾、资源紧张等这些来自自然界的问题，无非还是来自我们技术手段的影响。因此，与人工物的和谐会成为人与自然和谐的一个焦点。对于这种和谐，林德宏用高技术表达了这种期许，他认为在未来人工物中会有更多的人性，会更多体现人智力的张力。

在《人与技术关系的演变》一文中，他将人与技术的关系分成三个阶段：一是人与技术融为一体的手工技能，二是人与技术分离的机器技术，三是人与技术再结合的高技术。它们分别对应着人类的过去、现在和未来。这里有一点需要指明的是，林德宏在此用的“高技术”不同于《科技哲学十五讲》中所谓的“高技术”，在后者中他更多的是将高技术看成高科技，“高技术的概念传入我国之后，我们把它称为高科技”③。这里的高科技依然是一把双刃剑，它越高其危险就越大，林德宏用了“人机大战”与“克隆风暴”来分析高科技的负面作用。而我

① ［德］马克思、恩格斯：《共产党宣言》，中共中央马克思恩格斯列宁斯大林著作编译局译，北京：人民出版社，1997 年，第 50 页。

② 陈嘉映：《海德格尔哲学概论》，北京：商务印书馆，2014 年，第 268 页。

③ 林德宏：《科技哲学十五讲》，北京：北京大学出版社，2004 年，第 240 页。

们在此探讨的高技术“是技术发展的新阶段,使技术出现了新的本质”①。林德宏对人类生存新阶段的技术的憧憬,“高技术是人类深层本质力量的展现”②。这种展现主要体现在“体能”与“智能”上:高技术既保留了机械技术的优势让人的体能得以放大,也让带有个体个性的智能得到发挥,“劳动者既是制造者,又是设计者,其智能得到空前的发挥”③。在对这种高技术的发展中,林德宏把“体能”与“智能”看成并行不悖的,体力在高技术中得以扩大,但这并非最重要的。“智能”才是高技术的核心,智能也不仅仅是一种简单的智力,这种智力是带有主体的个性与情感。“人们智能的发挥同其素质、经历、兴趣、性格、风格、思想境界、心理状态有密切关系。”④也就是说,高技术不仅仅是一种人的技术,更是人性的技术;不仅是人的技术水平的提高,更是技术人性化的提高。并且在技术的制作过程中,将会投入更多的人性与创造力,技术不再仅仅只是一种工具手段,而是一种“具身技术”,扩大人的体能并且充分发挥人的能动性。

在通往艺术生存的道路中,林德宏把高技术视之为一种途径。在这里,人的诗意的创造力部分会与技术出现一个恰当的交融,他把高技术看成人与技术融合的一种技术,“我们可以把技术及其与人的关系的演变变成这样的概括:从手工技能到机器技能再到脑工技能,从生理技术到机械性技术再到二者的结合,从体内技术到体外技术再到二者的结合,从个性化技术到非个性化技术再到个性化技术,从人与技术到融合为一体到二者的分离再到二者新的基础上的结合”⑤。从现实角度看,这种高技术具有一定现实基础,因而具有实践意义与价值。海德格尔通过对艺术作品的分析,揭示了艺术生存的特征,这给我们如何走向艺术生存提供了一种选择。不难看出,海德格尔通往艺术生存的过程是不断质问技术的本质,静候诸神的复归,但这样一条道路太理想化了,太过精英化了,在实践上我们也只能望而却步。可是他提醒我们要从最危险的地方寻找

① 林德宏:《人与技术关系的演变》,《科学技术与辩证法》2003年第6期。
② 林德宏:《人与技术关系的演变》,《科学技术与辩证法》2003年第6期。
③ 林德宏:《人与技术关系的演变》,《科学技术与辩证法》2003年第6期。
④ 林德宏:《人与技术关系的演变》,《科学技术与辩证法》2003年第6期。
⑤ 林德宏:《人与技术关系的演变》,《科学技术与辩证法》2003年第6期。

拯救者,即我们应该回归技术,沉思其本质,并且时刻准备着。在这一点上,林德宏的高技术更能贴近我们的生活。在这条通往艺术生存的道路上,海德格尔过于诗化的路径也在高技术的基础上有了实践价值指向。

后　记

南京大学荣誉资深教授林德宏先生是哲学大家，著作等身；也是科学思想史专家，他的很多学术著作都影响巨大，尤其所著的《科学思想史》滋养了一代代学人。他的学生桃李满天下，其中很多人成就斐然，已成名师。我非常幸运，2004年入得师门，成为他的学生，今年恰好20年。

林先生系统地指导了我的硕士论文，我的学术研究深受他的影响。记得他说过这样的一句话："技术决定人的生存，新的技术不断涌现，关于技术的研究永远会具有巨大的社会需求。"20年来，科学技术的迅猛发展愈发印证了这种学术前瞻，也体现了先生对技术本质的深刻把握。这句话也深深影响了我的学术路径选择，我的博士论文和其后的很多研究都是围绕技术进行的。

能够与他合作出版《谁是"造物主"：关于技术的哲学思考》一书，我虽内心诚惶诚恐，但又无比自豪与幸福！这是我生命历程中的一件大事，既是我们20年来关于人与技术关系的哲学思考的总结，也是20年师生情谊的特殊呈现，不仅具有学术意义，更具有重要的人生意义！

这部著作分上下两篇，上篇内容是先生所写。从2021年7月7日起笔，2022年4月文稿收笔，先生文章全部手写而成，我亲历了一代学人在传统写作方式下的"文若春华，思若涌泉。发言可咏，下笔成篇"。但其间经历了严重的疫情，直到2023年5月20日，我才拿到林先生亲手交给我的手稿。一刹那，感慨万千的复杂心情我至今仍然深深记得。

下篇是我近些年关于技术的系列思考。在我所写的内容中，部分是我与学生合作的成果，参与者分别为曹思、马超、王晓蕾、谭勇、叶圣华、苏长恒和罗海旗，其中有六位在高校、党校体系从事育人相关工作。在这一点上，学术的传承性和育人的代际性得到了体现。

我的博士生张佳、武宏光、李伟达，硕士生王子晋、王明玮承担了全部书稿的校对工作，他们认真而细致，对学术的用心和敬畏让我倍感欣慰。

非常感谢复旦大学出版社副总经理王联合先生！他是安徽桐城人，我在微信朋友圈看他的文章、书法、文化评论甚至日常感悟时，都能体会到千古文风浸润桐城的深厚文化底蕴和出版人的文化风骨。能够得到他的支持，在复旦大学出版社出版著作，荣幸之至，感谢之至！

感谢编辑刘畅老师的辛勤工作！她的认真、细致体现出专业性与敬业精神。

王治东

2024年6月24日

于东华大学镜月湖畔

图书在版编目(CIP)数据

谁是"造物主":关于技术的哲学思考/林德宏,王治东著.--上海:复旦大学出版社,2024.12.
ISBN 978-7-309-17793-0

Ⅰ.N02

中国国家版本馆 CIP 数据核字第 2024AL1862 号

谁是"造物主":关于技术的哲学思考
SHEI SHI "ZAOWUZHU":GUANYU JISHU DE ZHEXUE SIKAO
林德宏　王治东　著
责任编辑/刘　畅

复旦大学出版社有限公司出版发行
上海市国权路 579 号　邮编:200433
网址:fupnet@fudanpress.com　http://www.fudanpress.com
门市零售:86-21-65102580　团体订购:86-21-65104505
出版部电话:86-21-65642845
上海盛通时代印刷有限公司

开本 787 毫米×960 毫米　1/16　印张 22.75　字数 336 千字
2024 年 12 月第 1 版
2024 年 12 月第 1 版第 1 次印刷

ISBN 978-7-309-17793-0/B · 820
定价:86.00 元